中国工程科技论坛

中国食品制造技术与轻工工程科技

Zhongguo Shipin Zhizao Jishu Yu Qinggong Gongcheng Keji

高等教育出版社·北京

内容提要

在“健康中国2030”的大背景下，为了促进食品制造技术与轻工工程科技的发展，中国工程院开展了“食品制造技术及发展战略研究”重点课题研究。2017年5月8日，由中国工程院主办，中国工程院环境与轻纺工程学部和大连工业大学共同承办了以“促进轻工行业结构调整，创新中国食品制造技术，推动大健康食品产业发展”为主题的第248场中国工程科技论坛——“中国食品制造技术与轻工工程科技高端论坛”。本书是在会议上交流发表的论文报告基础上，经过筛选编辑而成。全书共四部分：第一部分为综述，介绍了论坛的基本情况和与会院士、专家的主要观点；第二部分为领导致辞；第三部分为主题报告，分享了健康食品产业、食品安全、发酵工程、肉类制造技术、皮革加脂剂等领域的先进科学思想和创新技术；第四部分为主题论文，分别对低场核磁技术、多糖的检测技术、重金属的脱除技术、食品品质评价技术等做了前瞻性的研究。

本书是中国工程院“中国工程科技论坛丛书”之一，可供轻工与食品领域专家学者参阅，也可作为轻工与食品相关专业研究生参考用书。

图书在版编目(CIP)数据

中国食品制造技术与轻工工程科技 / 中国工程院主编. -- 北京：高等教育出版社，2018.9
(“中国工程科技论坛”系列)
ISBN 978-7-04-050198-8

Ⅰ.①中… Ⅱ.①中… Ⅲ.①食品加工-技术-研究-中国 ②轻工业-生产工艺-中国 Ⅳ.①TS205 ②TS05

中国版本图书馆CIP数据核字(2018)第168553号

总 策 划　樊代明
策划编辑　黄慧靖　　责任编辑　张　冉
封面设计　顾　斌　　责任印制　赵义民

出版发行	高等教育出版社	网　　址	http://www.hep.edu.cn
社　　址	北京市西城区德外大街4号		http://www.hep.com.cn
邮政编码	100120	网上订购	http://www.hepmall.com.cn
印　　刷	北京盛通印刷股份有限公司		http://www.hepmall.com
开　　本	787mm×1092mm　1/16		http://www.hepmall.cn
印　　张	16.5		
字　　数	320千字	版　　次	2018年9月第1版
购书热线	010-58581118	印　　次	2018年9月第1次印刷
咨询电话	400-810-0598	定　　价	60.00元

物 料 号　50198-00

编委会名单

目　录

第一部分　综　述

第二部分　领导致辞

第三部分　主题报告及报告人简介

第四部分 主题论文

第一部分

综　　述

综　述

一、论坛概况

轻工业作为重要民生产业，承担着满足消费、稳定出口、扩大就业、服务“三农”的重要任务，在经济和社会发展中发挥着举足轻重的作用。食品工业是朝阳产业，承担着为我国约13亿人口提供安全放心、营养健康食品的重任，是国民经济的支柱产业和保障民生的基础产业。随着我国经济步入新常态化，经济增长逐渐从高速转向中高速，发展规律由速度型粗放增长转向质量效率型集约增长，投资驱动力由要素投资驱动转向创新驱动，食品产业的发展也呈现出相应的变化。当前，营养与健康问题已经成为全球性的公共焦点问题，食品制造业逐步向绿色、环保、节能、高品质、个性化等方向发展，传统食品产业也逐步向大健康食品产业延伸和升级。我国食品工业在中央及各级地方政府的高度重视下，在市场需求的快速增长和科技进步的有力推动下，迎来了良好的发展机遇。

为了促进食品制造技术与轻工工程科技的发展，2017年5月8日，由中国工程院主办，中国工程院环境与轻纺工程学部及大连工业大学国家海洋食品工程技术研究中心共同承办的第248场中国工程科技论坛——“中国食品制造技术与轻工工程科技高端论坛”在辽宁省大连市顺利召开，并取得圆满成功。中国工程院副院长刘旭院士、华南理工大学陈克复院士、北京工商大学孙宝国院士、中国检验检疫科学研究员庞国芳院士、四川大学石碧院士、华南理工大学瞿金平院士、中国烟草总公司谢剑平院士、大连工业大学朱蓓薇院士、广东省微生物研究所吴清平院士、国投集团岳国君院士、大连市副市长温雪琼女士、中国工程院二局副巡视员王元晶女士、大连工业大学校长李荣德教授，以及轻工和食品领域的长江学者特聘教授、国家杰出青年科学基金获得者、国家优秀青年科学基金获得者等200余名专家学者出席论坛。中国工程院副院长刘旭院士、中国工程院主席团成员陈克复院士、大连市副市长温雪琼女士和大连工业大学校长李荣德教授先后致辞。论坛开幕式由本次论坛主席、国家海洋食品工程技术研究中心主任、中国工程院院士朱蓓薇主持。

中国工程院副院长刘旭院士对本次论坛的成功举行表示祝贺。他指出，轻工业在经济和社会发展中起着举足轻重的作用，食品工业是轻工业必不可少的组成部分，同时，我国食品产业正向智能制造方向转型升级。他希望此次论坛的召开，能为我国轻工与食品产业提供科技支撑。

中国工程院主席团成员陈克复院士指出，经过几个“五年计划”，我国轻工业和食品产业都取得了可喜的成绩，已成为重要的民生产业。随着我国经济的快速发展，居民食品消费向健康型、享受型转变，从“吃饱、吃好”向“吃得安全，吃得健康”转变，食品安全、营养、健康成为国民健康长寿的重要因素。他希望本次论坛的召开，能为促进食品产业主动适应经济发展新常态，加强供给侧结构性改革，向大健康食品产业延伸和升级发挥重要作用。

大连市副市长温雪琼女士对出席大会的院士、领导以及食品和轻工领域的专家、学者的到来表示热烈欢迎，对大会的胜利召开表示祝贺。她指出，大连是重要的食品工业城市，具有一批规模的食品企业，并对大连工业大学在大连食品产业发展中做出的贡献给予了高度的肯定。她希望通过此次大会的召开，大连工业大学国家海洋食品工程技术研究中心能够继续发挥学科优势，取得更好的成绩。

大连工业大学校长李荣德教授对本次论坛的召开表示热烈的祝贺。他简要介绍了大连工业大学的发展历程和办学成绩，以及大连工业大学食品学科的发展历程；并表示，学校承办此次论坛，是一次难得的机会，是中国工程院对大连工业大学的支持、关心和信任。他希望通过此次论坛的举办，可以促进轻工和食品科学领域的学术交流合作，积极地推动轻工和食品学科建设，推动大连工业大学食品学科向双一流学科的目标迈进。

本次论坛以“促进轻工行业结构调整，创新中国食品制造技术，推动大健康食品产业发展”为主题。在论坛交流中，共有 15 位院士、专家分别做了精彩的学术报告。上午的论坛由庞国芳院士和谢剑平院士主持，孙宝国院士、陈坚院士、周光宏教授、马建中教授、金征宇教授和孙润仓教授分别做了 6 场精彩的报告。下午的论坛由吴清平院士和岳国君院士主持，单杨研究员、王硕教授、张和平教授、胡小松教授、赵谋明教授、任发政教授、王守伟教授级高级工程师、陈卫教授和王兴国教授分别带来了 9 场精彩的报告。

二、论坛成效

经过为期一天的学术报告和研讨，本场论坛形成了以下见解和观点。

（一）中国食品产业向“双导向”发展

中国乃至世界食品发展的大趋势是健康、美味、方便、实惠，而未来食品的发展应该是“双导向”的，即风味导向和健康导向。中国传统食品中有许多瑰宝，需要大力挖掘。挖掘中国传统食品的养生保健功能，通过中西结合提升传统食品健康水平,依靠创新驱动健康食品发展,通过原料综合利用生产健康食品。未来食品的发展创新根源在于科技,需要利用科技创新提升日常食品特别是中国传统食品健康水平。

(二)加强基础理论研究是食品工业发展之根本

现代食品产业是现代农业生产系统的重要组成部分,是经济发展的战略性支柱产业。食品种类繁多,如肉制品、乳制品、果蔬制品、水产制品、粮油制品、淀粉制品、蛋白制品等。生产大国如何向生产强国转变,更多的是需要科技的支撑。由于人口激增、全球消费需求强劲增长,在资源和环境压力下,迫切需要传统食品制造模式的革新。亟须着重加强食品工业基础理论研究,开展营养与代谢的相关探索,从源头改善食品营养品质,开发食品制造关键技术和前沿技术,从而建设食品制造技术创新体系。淀粉类特膳食品的功能化设计与创制就是围绕淀粉结构-性质-加工的关系展开系统研究,阐明淀粉结构与生物可利用度的调控机制与策略,建立淀粉类特膳食品的高质化利用新模式,开发了功能化淀粉衍生物和新型淀粉衍生物等,并对其消化吸收方式及结构等进行了系统的研究。以此为基础开发许多新型特膳食品,包括低 GI(血糖生成指数)淀粉类食品的设计与食品载体、营养强化米配方设计与新产品开发、复配对营养米食用品质的影响及其机理研究、营养强化及工程化应用研究,配合营养米生产专用挤压机的研制、配合营养米的稳态化挤压技术、双轴分功能桨叶高熟化、强调质技术及密度控制技术、配合营养米的成型技术等,创新了淀粉类食品产业技术体系。

(三)创新高新技术是食品工业发展之动力

技术的创新是食品产业发展的动力,在一轮一轮的技术推动中,我国食品产业取得了快速发展。积极发挥科技创新的支撑作用,着力推进食品工业原始创新、集成创新、引进消化吸收再创新及创新示范,有助于促进创新成果产业化,加快管理创新和商业模式创新,积极培育新产业新业态。2016 年,我国食品工业在加入了科技创新的元素后,总产值达 11 万亿元。新一代发酵工程技术的特点是高产量、高转化率、高生产强度三者相对统一,可有效解决目前发酵工业存在的主要问题,如目的产物产量低、产品转化效率差、生产过程强度小等。高通量和超高通量筛选技术及基于单元精准控制的发酵模式重构技术,实现了细胞水平和工程水平上的提升,对原料碳氮比的连续操作装备的实时控制、黑曲霉菌丝球可控分割装置的开发、发酵体系供氧传质的静态混合器和气液喷射机构的开发为保障我国成为柠檬酸第一生产强国奠定了基础。

食品超高压技术在我国食品工业中广泛应用,“十二五”期间已形成系列装备开发和技术应用能力,解决了超高压装备的开发问题,重点突破了大型化、连续化、智能化、组合型(进一步降低装备成本;杀灭细菌芽孢和钝酶)问题。针对低酸性食品,在进一步降低压力和温度(小于 300 MPa 和低于 80 ℃,)的条件下,利用其或与微波、超声波等其他加工技术组合能达到有效杀灭细菌芽孢和钝化生物酶的效果;针对高酸性食品(pH>4.6),在冷等静压条件下完全钝化生物酶。此外,还系统构建与完善了工艺参数和技术标准,拓展了新技术和新工艺的应用领域,开发了一系列新产品,特别是在中华传统食品和中式菜肴工业化开发上。超高压加工技术不仅能够在非热条件下实现高酸性食品的灭菌,还能够在低于 100 ℃的条件下杀灭低酸性食品中的细菌芽孢,实现商业无菌,并能够大幅度保持原有风味品质及营养素,具有十分广阔的产业化开发空间和发展前景。

(四)营养和健康是食品工业发展之核心问题

随着社会的发展和人们生活的不断改善,人类的膳食结构也不断改变,一些与饮食习惯相关的代谢综合征(如肥胖、高血糖、高血脂、高血压等)急剧增加,而现代快节奏生活也加速了亚健康与慢性病人群比率增加,已经成为比较严重的社会问题。食品工业的发展必然要适应消费需求的转变,不仅要吃得营养,更要吃得健康。益生菌成为食品工业发展的新亮点,现已有研究在乳酸菌相关基因组、遗传多样性、蛋白组学等方面取得了新进展,还建立了乳酸菌库。基于益生菌对肠道的调节功能,完成了第一株乳酸菌全基因组测序,并随着研究的不断深入,发现更多的免疫及代谢调节功能都与益生菌相关。尝试采用食物干预手段,实现了肠道菌群的调节,对改善机体健康具有积极作用。与此同时,精准适度加工的理念在食品工业中得到普遍认可,精准适度加工技术的全面实施必将推动我国食用油等产业升级优化,促使居民膳食营养更趋合理,从而有效遏制慢性疾病高发态势,改善国民营养健康状况。

(五)综合利用和高效利用是食品工业发展之有效途径

探索资源节约和环境友好的食品工业可持续发展模式,强化资源循环利用,鼓励加强副产物二次开发利用,提高资源综合利用水平,是将我国农业优势转化为经济优势的必然途径,也是促进食品产业结构合理调整、加快产业发展的有效手段。我国目前人均蛋白质摄入量远远低于国际平均水平,且年蛋白质缺口巨大。然而由于技术上的缺失,我国有大量的食物蛋白质未被利用,亟须深加工,提高其附加值。科技工作者针对食物蛋白质资源精深加工提出了两条途径:一是提高各种食品功能特性、生物利用度等的改性蛋白;二是制备具有特种功效的生物活性肽。目前在改性蛋白、呈味基料、生物活性肽等方面都有研究,其中在改善记忆肽、降尿酸肽、美容肽、抗疲劳肽、镇静安眠肽、促发酵肽等方面都取得了较大的突破。

柑橘是世界第一大水果。2015 年我国柑橘种植面积和产量均居世界第一。柑橘皮渣中含有果胶、香油精和类黄酮等，目前世界上绝大多数的果胶都来自柑橘皮，而我国对于柑橘皮的需求 80% 由国外进口满足。我国长期面临柑橘产量大但综合利用度低的问题。“柑橘副产物综合利用技术研究”建立了柑橘高品质果胶高效制备与低酯化改性技术；建立了柑橘类黄酮及辛弗林制备新方法，研制了系列生物活性产品；建立了柑橘精油高效制备新工艺，研制了系列粉末香精产品；建立了基于橘皮残渣的糖化新方法，研制了可降解农用器具新产品，并将研究成果进行了产业化的应用，包括建立了柑橘皮渣高效节能干燥线、柑橘果胶生产线、柑橘果胶酰胺化生产线、柑橘辛弗林与类黄酮生产线、柑橘精油产业化示范生产线等，拓宽了综合利用新思路。

（六）食品检测新技术是食品工业发展之有力保障

针对国内日益严峻的食品安全形势，开发准确可靠、行之有效的食品安全检测方法是至关重要的解决方法。传统分析方法在许多方面无法满足复杂样品基质分析，需开发新的检测方法，如基于先进功能纳米材料的分析化学手段（比色法、荧光传感、表面等强拉曼、电化学等），其具有高灵敏度、高精密度、高特异性、高通量、简便快速、高效低成本等特点。目前已在基于贵金属纳米材料的比色法、基于发光纳米材料的荧光检测法、基于先进纳米材料的分子印迹手段、基于先进纳米材料的色谱方法、基于贵金属纳米材料的表面增强拉曼技术、基于先进纳米材料的电化学方法等方面取得了进展。未来需要不断加深纳米技术与材料科学的协同交叉，不断开发现有纳米材料的物理化学特性并拓展到新型复合纳米结构，利用这些特质来丰富和完善现有的食品安全检测手段，以满足日益复杂的食品分析需求，这是未来食品安全检测发展的方向。

（七）科技助力纺织与造纸产业发展

皮革及其制品的历史悠久，公元前 5000 年，人类已使用皮革制品，然而皮革中常用的加脂剂资源短缺、不可再生，利用动植物油生产功能性植物油基纳米复合皮革加脂剂的前景广阔。水性高分子的设计与合成包括聚丙烯酸类水溶性高分子的开发，基于水乳液聚合的功能高分子的设计与合成、有机/无机纳米复合材料等的研究实现了首次将纳米材料引入皮革化学品的突破。功能性植物油基纳米复合加脂在功能性坯革上，包括植物油的改性、纳米材料的改性、复合加脂剂表征、加脂坯革微观结构、加脂坯革功能性检测、功能性加脂剂的作用机制等的研究,提高了我国皮革加工行业的水平。

我国是农业大国,我国的木质纤维生物质数量巨大,是造纸、化工、纺织和生物能源等工业的主要原材料。但是木质纤维素结构复杂,其研究具有一定的挑战性。科技工作者对木质纤维素的细胞壁微区分布、木质素微区分布及解离、组分间键合机制、香豆酸存在形态进行深入研究,并基于此创建了工程化碱性氧基分离技术等,成功应用于水热处理油菜秆制备低聚糖、木质素高强度耐候胶黏剂、年产万吨木质素基多功能甲醛捕捉剂、年处理万吨级杜仲生产线——杜仲活性分子产品、年处理万吨级棉花秆等农林废弃物生产线。所获得的产品质量取得了良好的市场占有率,引领了生物质高效利用的产业化方向。

三、论坛意义

本次论坛是我国食品制造技术与轻工工程领域的一次高水平盛会。论坛中,各位专家代表就我国轻工与食品制造技术的创新和发展进行了充分研讨,针对“如何推动食品与轻工产业健康发展,向智能制造升级”这个科技界和产业界共同致力的课题提出了建设性意见,形成了对中国大健康食品产业的高度共识,提出了行之有效的工作方法和思路,为我国轻工行业转型,食品产业向智能制造升级,走向高端,提供了高水平的科学决策支持。

第二部分

领 导 致 辞

中国工程院副院长刘旭院士致辞

尊敬的各位领导、各位院士、各位专家，来宾们：

大家上午好！

今天，我们相聚在美丽的海滨城市大连，举行第248场中国工程科技论坛——“中国食品制造技术与轻工工程科技高端论坛”。受周济院长委托，我谨代表中国工程院，代表周济院长，对本次论坛的召开表示热烈的祝贺！对出席本次论坛的各位领导、院士、专家表示诚挚的欢迎！向此次论坛的承办单位——大连工业大学国家海洋食品工程技术研究中心的大力支持和会务组同志的辛勤工作表示衷心的感谢！

中国工程院是我国工程科技界最高荣誉性、咨询性学术机构，是国家工程科技思想库。组织院士开展战略咨询、学术引领、科技服务和人才培养是发挥思想库作用的重要途径。中国工程科技论坛是中国工程院主办的品牌学术活动，自2000年创办以来，已经成功举办了240余场。在各位院士和专家的共同努力下，中国工程科技论坛已发展成为中国工程科技界交流学术思想、凝聚集体智慧的重要平台，日益成为工程科技战略研究和服务国家科学决策的重要学术支撑。

轻工业承担着繁荣市场、满足消费、稳定出口、扩大就业、服务“三农”的重要任务，是我国重要的民生产业，在经济和社会发展中起着举足轻重的作用。民以食为天，食品工业是轻工业必不可少的组成部分，是一个古老而又永恒不衰的常青产业。当前，营养与健康问题已经成为全球性的公共焦点问题，它推动着食品产业的转型与发展，使传统食品产业向大健康食品产业延伸和升级。在“健康中国2030”的大背景下，我国食品工业迎来了良好的发展机遇，也对我国的食品企业提出了新的挑战，食品制造技术的发展将推动产业向绿色、环保、节能、高品质、个性化等方向发展。

为推进我国食品产业转型升级、全面提升，建设具有中国特色的现代食品工业体系，中国工程院于2016年启动了“食品制造技术及发展战略研究”重点咨询项目。项目实施以来，在轻工、食品、医药卫生等领域院士的领衔下，相关高校、研究机构专家学者积极参与，已经开展了大量的调查研究工作，初步形成了“食品制造技术及发展战略研究报告”框架。

本次论坛就是以“食品制造技术及发展战略研究”重点咨询项目为依托，将主题聚焦为“促进轻工行业结构调整，创新中国食品制造技术，推动大健康食品产业发展”，进一步听取食品产业和轻工领域最具影响力的专家、学者对轻工与食品产业创新的高端论述、相关意见和建议，以进一步丰富和完善食品制造技术及发展战略研究，形成基础扎实、内容完整、具有引领作用的战略研究报告，为我国食品产业向智能制造转型升级，走向高端提供真知灼见，用科学咨询支撑科学决策，用科学决策引领科学发展。

衷心祝愿本次论坛取得圆满成功！祝愿我国轻工与食品产业在科技创新的支撑下取得更加辉煌的成就！

祝各位领导、院士、专家身体健康，万事顺意！谢谢！

第三部分

主题报告及报告人简介

基于遗传多样性数据库的食源性诺如病毒分子进化机制研究

吴清平

广东省微生物研究所 华南应用微生物国家重点实验室，广州

据2015年WHO(世界卫生组织)统计,诺如病毒已成为全球引起贝类、浆果、沙拉等多类食品安全事件的重要微生物污染物。这种病毒能够感染各年龄段人群,临床表现主要为急性胃肠炎,对婴幼儿、老人及免疫缺陷人群还可能造成脱水性死亡。目前每年在全球各地会发生约6.8亿人次的诺如病毒感染,在发展中国家还引起了20万例以上的5岁以下儿童死亡,增加了至少42亿美元的治疗成本以及造成603亿美元的社会经济损失。随着我国食品安全监管体制及公共卫生系统的改善,近年来诺如病毒在许多省市被发现是引起群体中毒的主要食源性病原,对食品安全和公共卫生工作造成了极大威胁。然而合适感染模型的长期缺乏阻碍了对这种病毒的全面认识,至今仍没有有效的病毒防控策略和抗病毒手段。

诺如病毒的危害首先在于该病毒的暴发性。据报道,几十个病毒颗粒就能造成宿主感染,然而每克患者样本中的病毒拷贝数能够达到10^7以上,因此它极易在人群密集的封闭性场所暴发,例如学校、医院、养老院、军队、大型油轮等,一般24小时内就会造成环境内所有易感人群感染。其次,多样化的传播途径是诺如病毒难以防控的重要因素。常见的传播媒介包括贝类、浆果、叶菜、各类水体及食品从业人员等。其中以牡蛎为主的滤食性贝类是最重要的一类病毒传播媒介,其消化腺细胞存在着类似于诺如病毒受体的结构,因此它能够在进食的同时吸入大量特异性富集水体中的病毒,导致贝类体内的病毒浓度通常是周围养殖水体中的100~1 000倍。我们在2011—2014年间对我国市售牡蛎中的食源性病毒污染情况进行调查,共收集牡蛎腮组织样本2 747份,牡蛎肠道组织样本688份,检测结果发现诺如病毒污染率在两种组织中均达到1.16%。地理环境、气候条件、环境污染水平等因素会造成病毒污染率的不一致性,此外,不同检测方法的使用也是重要原因之一。荧光定量RT-PCR方法在食品中检测病毒方面存在灵敏度高、周期短等优势,借助合理质控品的设计能够充分保证结果的准确

性并计算病毒浓度。然而,这种方法却难以获得病毒的遗传信息,这对于深入认识病毒在食品中的多样性存在很大的缺陷。

作为 RNA 病毒,诺如病毒具有丰富的遗传多样性。目前根据衣壳蛋白的多样性诺如病毒可以分为至少六种基因群(genogroup),其中 GI、GII 与 GIV 可以感染人类。每种基因群可进一步分成不同的基因型(genotype),其中 GI 型包括至少 9 种基因型,而 GII 包括至少 22 种基因型。GII.4 型诺如病毒是近 20 年的主要流行基因型,它包括了十余种变异流行株,一般每隔两三年就会产生一种新变异株,并造成全球新一轮的流行。一般认为病毒衣壳蛋白的变化是导致病毒流行的主要因素,并且主要集中于分布有受体结合位点以及抗原表位的 P2 区域,一方面可以通过改变宿主结合受体能力而扩大易感人群范围,另一方面则通过改变自身免疫原性而能够逃逸宿主免疫保护作用,从而在人群中长期流行。除 GII.4 型外,其他非流行性基因型也存在不同的流行株,例如 GII.2 型、GII.3 型、GII.6 型、GII.17 型等,尤其是 2014—2015 年出现的新型 GII.17 变异株在东亚地区广泛流行,也是 20 余年来出现的首例非 GII.4 型流行株。因此,病毒遗传信息的不断积累是这种难培养微生物研究的重要基础。尽管目前诺如病毒的检测标准采用了荧光定量 RT-PCR 的方法,然而与快速检测相结合的全基因组扩增测序方法也是重要的研究方向之一。

此外,为全面理解诺如病毒的遗传多样性,我们还对全球已报道的 1 600 bp 以上的诺如病毒序列信息进行了整理,至本文撰写时已包括有 3 011 条序列(未包括鼠源诺如病毒 MNV),主要来自日本、中国、美国、澳大利亚、英国、越南等国家。根据双命名法对以上序列进行分型,其中依据 RNA 聚合酶区分析结果包括 GI 型 93 条、GII 型 1 560 条(其中 GII.4 型 1 016 条)、GIII 型 18 条、GIV 型 17 条、GVI 型 2 条;依据衣壳蛋白 VP1 区分析结果包括 GI 型 133 条、GII 型 2 808 条(其中 GII.4 型 2 112 条)、GIII 型 36 条、GIV 型 17 条、GVI 型 2 条。从以上 3 011 条序列中选择具有全长基因组序列的各类型代表株 53 条进行下一步分析。

首先,基于基因组扫描分析同义突变率(Ks)与差异突变率(Ka)考察了病毒遗传多样性分布情况,其中 GI 型代表株包括 GI.1 至 GI.9 型各一株(未包括 GI.5),GII 型代表株包括 GII.1 至 GII.22 型各一株(未包括 GII.9、GII.10、GII.13、GII.14 与 GII.19),GII.4 基因型代表株包括各流行株各一株(但不包括出现的 5 种重组株)。分析结果显示,不同基因群或者 GII.4 基因型内,病毒基因组 Ks 基本保持一致,这可能是由于 RNA 聚合酶的易错性决定的,仅在 ORF1/ORF2 连接区出现一个保守区域,目前该区域常被用作病毒检测的主要靶点;病毒基因组的 Ka 则分别在非结构蛋白 p48、p22、衣壳蛋白 P 区及次衣壳蛋白 VP2 的部分区域出现峰值,是病毒进化正向选择分布的主要区域,可用于病毒分型、分子溯源等。

其次,对以上各类型代表株不同蛋白的遗传多样性进行了比较分析。通过计算各蛋白核苷酸序列遗传距离大小的频数分布情况,可以发现不同基因群间(S)、基因型间(C)、基因型内(G)毒株的不同蛋白遗传距离大小均处于一定的范围内,其中ORF1编码6个非结构蛋白p48、NTPase、p22、VPg、3CL、RdRp的分界值分别为0.13/0.57、0.15/0.41、0.18/0.75、0.12/0.37、0.11/0.38、0.12/0.39,VP1及其几个结构域的分界值分别为0.15/0.53、0.11/0.44、0.18/0.66、0.24/0.89,VP2的分界值为0.22/0.62。此外,基于不同蛋白的S、C、G值之间也会存在交叉现象,包括目前的分型标准衣壳蛋白VP1。变异率高的蛋白对毒株具有更好的分型效果,例如在ORF1中p48与p22相比于原RdRp,以及VP2、P及P2区相比于VP1均具有更广泛的分型范围。此外,根据不同的蛋白区域对已报道序列进行分型比较,部分毒株也存在分型结果的不一致性,而对以上毒株进行重组区域的扫描分析发现,在病毒基因组上还存在除了ORF1/ORF2连接区的其他重组位点,如p22/VPg连接区及ORF2/ORF3连接区等。因此,随着病毒基因组信息的不断积累,建议推广更完善的多区域分型方法,将更有助于掌握病毒分子变异特征,发现不同类型的重组毒株。

在对诺如病毒基因组遗传特点及不同蛋白变异差异分析的基础上,我们主要针对2014—2015年东亚地区新发现的GII.17毒株进行了进化优势分析。衣壳蛋白VP1的P2区是GII.17型诺如病毒基因组中的最易变异区域,通过衣壳蛋白可以将GII.17分成4个基因簇/流行株a~d,其中最新出现的为GII.17-d(GII.17 Kawasaki 2014);进化追踪分析显示衣壳蛋白上共存在87处进化相关位点,其中58处(67.82%)位于P2亚区;变异位点中有21处呈现为新型GII.17-d变异株所特有的;不同的GII.17亚簇中存在缺失/插入突变,包括296/297、344、380、386和400(位置参考GII.17衣壳蛋白的共有序列)。对GII.17变异株衣壳蛋白同源建模分析,与GII.17祖先株a~c及原GII.4流行株进行结构比对;序列/结构差异主要体现在了衣壳表面外延的5个Loop区上;再借助表位预测计算,可以发现随着不断进化,GII.17型诺如病毒衣壳蛋白上抗原位点的分布情况逐渐与GII.4流行株相近,其中Loop3上发生的突变与前期GII.6型研究中的表位(Epi:369~380)一致,可能是此次变异株暴发的关键因素。

生物信息学的发展已经成为食品微生物安全研究的重要工具,而微生物遗传信息数据的积累更是检测与控制新技术研究的基础。因此,在未来的食品微生物安全研究工作中,除了不断优化病毒检测与防控技术研究外,还应加强遗传信息的积累以及生物信息学分析pipeline的构建工作,从而进入食品微生物安全研究的大数据时代。

吴清平 中国工程院院士，食品安全科学技术专家。广东省梅州市人。1999年获华南理工大学博士学位。现任广东省微生物研究所所长，并兼任中国食用菌协会副会长。针对我国食品行业出现严重的微生物安全风险，从基础研究着手，发明先进的共性监控技术并建立起相关理论体系，研制出重点产业食品安全控制技术和与国际接轨的先进标准，解决了食品安全中的重要科学问题和关键技术难题，显著推动我国食品安全科学理论不断提升和产业健康发展。获国家科技进步奖二等奖2项，省部级一等奖5项、二等奖4项，中国专利优秀奖2项，广东省专利金奖1项；2010年获全国优秀科技工作者，2012年获何梁何利创新奖，2014年获首届广东发明人奖。

聚焦营养与健康,创新发展海洋食品产业

朱蓓薇

大连工业大学食品学院,国家海洋食品工程技术研究中心,大连

在人类社会早期,人们以捕获野生动物和采集植物果实为生,食物种类极少、结构单一,以植物性食物为主,我国人民至今仍保持着这一膳食习惯。夏商周时期至19世纪,人类进入传统食物发展时期,以种植水稻为主,并逐渐开始种植玉米、麦类等高产作物;19世纪60年代后,人类开始摄入多肉多蛋白的食物,膳食结构向多元化发展。20世纪至今,人类进入现代食物发展时期,膳食结构包括植物性的各种粮食、蔬菜和果品,以及动物性肉类、奶类、蛋类和各种水产品等。随着生活水平的提高,人类的膳食结构进一步发生转变,人们开始大量摄入肉类蛋白、"高热量食品"(精制糖、精炼脂肪、牛肉等)。不合理的膳食结构造成了严重的健康负担。发达国家和地区(美国、西欧)在20世纪30—50年代开启了营养过剩模式,发展中国家在20世纪70年代也步入了营养过剩模式,致使II型糖尿病、冠心病等慢性非传染性疾病发病率增加。

一、不合理的膳食结构已造成严重的健康负担

联合国粮食及农业组织(FAO)提交的《2013年粮食及农业状况报告》指出,全球每年因营养不良而导致的经济损失约3.5万亿美元,其中以营养不足和微量元素缺乏为主,每年损失值约为1.4万亿~2.1万亿美元;2010年,与肥胖和超重相关的非传染疾病造成的损失估计为1.4万亿美元。妇幼营养不良造成全球最严重的与营养有关的健康负担[1]。联合国有关机构的《2016年全球营养报告》也指出,营养不良和不健康的饮食习惯是造成全球疾病负担的首要因素;全球1/3的人营养不良,在亚洲和非洲,每年由于消瘦、儿童发育不良和微营养素缺乏造成平均11%的GDP损失。近年来,全球贫血症发病率下降速度非常缓慢,而几乎每个国家和地区的超重、肥胖发病率却在上升,尤其是在亚洲,超重儿童数量增长速度最快。目前,全球营养目标还尚未步入正轨,究其根源,主要是各国在解决营养不良的问题上都投入不足。2014年,全球针对与营养相关慢性病的投入仅为6.11亿美元,不足整体医疗支出的2%;仅30%的国家从国家层面提出减少肥胖症、糖尿病和盐摄入量等目标;2/3的国家在执行世界卫生组织促

进健康饮食的三大核心建议(减少盐摄入量,执行世界卫生组织减少反式脂肪酸和饱和脂肪摄入量,执行世界卫生组织向儿童推销食品和非酒精饮料建议)方面毫无进展;营养数据缺乏导致各国难以了解百姓营养状况的实情[2]。

二、海洋食品产业创新发展的战略背景

(一)开发海洋资源势在必行

海洋占地表面积的71%,故被称作“蓝色国土”,空间广阔,蕴含丰富的资源。海洋生物种类占全球物种的80%以上,为人类提供了15%的蛋白质来源。海洋为人类提供食物的能力相当于全世界所有耕地提供食物能力的1 000倍,是食品和药品原料的重要来源,被誉为“蓝色粮仓”[3]。此外,海洋生物在高渗、低温或低氧环境下的进化使它们拥有与陆地生物不同的基因组、代谢规律和抗逆手段,形成了一系列结构各异、性能独特、具有巨大应用潜力的活性天然产物。因此,海洋食品不仅能增加人类食物资源,更有助于提高人类健康水平和生活质量。

(二)我国海洋生物资源的丰富性

我国拥有大陆海岸线18 000 km,管辖海域面积3×10^6 km^2,相当于全国陆地面积的1/3。渤海、黄海、东海、南海四大海域跨越了温带、亚热带、热带三个气候带。我国管辖海域水体营养丰富、生物种类多样,目前已记录到20 278种海洋生物,隶属5个生物界44个生物门,约占世界海洋生物总种数的10%[4]。2015年,我国水产品总产量高达到6.7×10^7 t,其中远洋渔业产量2.1×10^6 t,渔民家庭年人均纯收入达15 590元,可谓“海洋大国”[5]。更重要的是,海洋水产品能够提供蛋白质、高不饱和脂肪酸和藻类多糖等高质量营养物质。因此,“蓝色粮仓”不仅是粮食安全总量需求的重要组成部分,也是我国面向21世纪健康需求的粮食战略高地。

三、聚焦营养与健康,创新发展海洋食品产业

(一)政府引导海洋食品产业向营养与健康方向发展

目前,各国政府也聚焦于营养与健康发展战略。美国国立卫生研究院(National Institutes of Health,NIH)投入巨资支持公众营养健康水平提升的研究,研究经费约占美国非国防领域科研经费的1/3以上,并保持持续增长趋势。日本出台《生物技术战略大纲》,将提高国民健康水平作为主要研究内容。英国政府

制定了食品营养健康发展计划。我国制定了《中国食物与营养发展纲要》，以保障食物有效供给、促进营养均衡发展、统筹协调生产与消费作为主要任务，把重点产品、重点区域、重点人群作为突破口，着力推动食物与营养发展方式转变。

（二）科技主导海洋食品产业向营养与健康方向发展

1. 功能因子的发掘及作用机制的研究

（1）海洋生物活性多肽。肽类是海洋活性物质中发现最多的化合物，也是海洋生物活性成分最首要的候选资源。目前报道的活性肽的生理调节功能包括：① 通过矿物质螯合、饮食控制、抑菌、抗龋齿等作用，起到调节胃肠系统的功能；② 通过抑菌、免疫调节、细胞调节作用，起到调节免疫系统的功能；③ 通过抗吗啡活性，起到调节神经系统的功能；④ 通过钙结合作用，起到调节肌肉与骨骼系统的功能；⑤ 通过抗高血压、抗氧化、抗血栓、降胆固醇、降血脂等作用，起到调节心血管系统的功能。目前，被广泛研究并应用的海洋功能蛋白质和肽类包括抗菌肽、抗病毒多肽、抗肿瘤活性肽、降压肽、抗氧化肽、心血管活性肽、免疫调节肽、神经肽、神经保护肽、抗糖尿病肽、镇痛肽、食欲控制肽等。其中，由生物体内经诱导产生、分子量通常低于 10 kDa 的海洋抗菌肽多为芽孢杆菌，目前已获得 100 多株能产生抗菌肽的海洋细菌[6]。此外，海洋抗菌肽具有热稳定、抗菌谱广、不产生抗药性、靶向性强的特性[7]，如双环多肽 theonellamide G 具有抑制假丝酵母、梅奇酵母、酿酒酵母、解脂耶氏酵母的活性[8]，抗菌肽 parasin I 的抗菌活性是蛙皮素的 12~100 倍[9]。

（2）海洋功能性油脂。海洋油脂中富含 ω-3 多不饱和脂肪酸（ω-3 PUFA），具有重要的开发利用价值。ω-3 PUFA 的健康有益作用包括：① 保持细胞膜的相对流动性，以保证细胞正常的生理功能；② 使胆固醇酯化，降低血中胆固醇和甘油三酯水平；③ 降低血液黏稠度，改善血液微循环；④ 提高脑细胞的活性，增强记忆力和思维能力；⑤ 合成人体内前列腺素和凝血恶烷的前体物质。世界卫生组织/联合国粮食及农业组织（WHO/FAO）及欧盟食品安全署（EFSA）在 2010 年报告中提出，正常成年人 EPA+DHA 的推荐摄入量为 250 mg/d；全球 EPA 及 DHAω-3 组织（GOED）于 2014 年 4 月首次发布了正常成年人 EPA+DHA 的推荐摄入量，为 500 mg/d。全球鱼油总产量约 1.1×10^6 t，74%来自于整鱼，26%来自于加工副产物；75%用于水产养殖业等，25%用于保健食品和其他食品供人食用。保健食品行业和其他食品加工业对鱼油的需求不断上升。2015 年，DHA、EPA 相关产品的全球市场价值为 31.4 亿美元；亚洲市场占有率最大，约占全球市场的 36%[10]。

（3）海洋多糖。海洋多糖具有抗凝血、降血脂、消炎、抗病毒等多种生物活性,同时由于其优良的物理性质,还被作为增稠剂、稳定剂、胶凝剂、黏结剂广泛应用于食品、药品、生物材料、化妆品、养殖、农业、纺织等领域。目前,对于甲壳素(壳聚糖)、硫酸软骨素、海藻胶等海洋多糖的研究已十分成熟,形成了庞大的产业基础。例如,甲壳素为自然界唯一带阳离子的天然多糖,广泛存在于甲壳纲动物、软体动物和海藻等海洋生物体内,是地球上仅次于植物纤维的第二大生物有机资源,被誉为"人体免疫卫士"、当今人体所必需的"第六生命要素"。据估计,从海洋生物中提取的甲壳素年产量就可达 10 亿 t[11]。其可用于生产具有减肥、降血糖、抗骨关节炎功效的药品和保健食品,并可作为食品增稠剂、被膜剂应用于食品加工中,还可作为医学敷料、仿制人造器官、药物缓释剂的生产材料。而对于褐藻糖胶、海参多糖、鲍鱼多糖等新兴的海洋多糖的研究还处于起步阶段,但随着科技进步,其产品定位与工艺技术也日趋完善。此外,还有多种海洋生物中的多糖都得到了人们的关注,如牡蛎多糖、海胆多糖等,但由于存在技术瓶颈问题,目前还没有实现产业化。

(4) 维生素及矿物质。海洋食品中维生素 A、维生素 D 的含量高于猪肉、牛肉、羊肉,是人类摄取维生素 A 和维生素 D 的重要来源之一[12]。另外,海洋食品还含有多种人体所需的矿物质,主要有钙、磷、钾、铁、锌等,特别富含硒、镁、碘等多种元素。

2. 海洋食品营养素代谢与人类健康的关系研究

随着科学研究方法的发展和进步,基因组学、代谢组学、转录组学以及蛋白质组学等组学技术的成熟,食品营养学不再局限于对于营养素的消化、吸收、代谢、生理功能、需要量等方面的研究,更注重营养素生理功能以及与各种疾病发生发展的关系研究。前沿生命科学研究的飞速发展为食品营养科学基础研究提供了动力源泉。目前,肠道菌群与人类健康的关系的研究成为新热点。有研究发现,肠道微生物可能通过两种方式参与癌症发生:一是通过代谢产物或自身成分直接促进肿瘤发生;二是通过作用于免疫系统等间接完成对肿瘤的刺激作用[13]。海洋食品营养素具有独特的性质,其本身及其代谢与人类健康的关系研究日益受到关注。

3. 海洋食品营养素对特殊膳食人群健康改善的研究

不同人群对营养素的需求是不同的,如婴幼儿需注重摄取 DHA、牛磺酸、叶黄素、维生素等营养素,老年人则更注重 EPA、钙、维生素 D 的摄取,孕妇的膳食中需添加 DHA、胆碱、叶酸、维生素 D 等营养素,甲亢患者膳食应忌碘、高热量、高蛋白、高维生素,运动员的食物应以碳水化合物为主、少脂肪,航天员的食物需能经受住航天特殊环境因素的影响。因此,要针对不同人群开发不同的海洋营养食品,以满足个性化的健康需求。应积极建立海洋食品营养库,对鱼、虾、蟹、贝、藻、头足类、棘皮类的营养素进行系统的分析；对不同年龄、不同地域、不同身体素质的人群建立营养模型，有针对性地开发食品；建立营养代谢模型，利用组学技术研究海洋食品营养素代谢产物与人类健康的关系。

（三）海洋食品产业的创新发展

1. 传统海洋食品产业的创新发展

传统食品是世界各民族的文化瑰宝，是各民族食品文化的结晶。加强传统食品基础研究，引进现代食品加工技术，克服传统食品高热量、高脂肪、高盐、高胆固醇的缺点，通过标准化生产的方式，将各国人民餐桌上的海洋食材、菜肴转变为“安全、营养、美味、实惠、方便”的商品化食品。

2. 海洋功能食品产业的创新发展

功能（保健）食品的基本属性是食品，因此，改变功能食品的“药品”形态，加强功能因子构效关系和作用机理的研究，开发以食品为载体的功能食品，推动第三代海洋功能食品的开发，将成为未来海洋功能食品市场新的增长点。

3. 海洋特殊膳食食品产业的创新发展

特殊医学用途配方食品是指在医生指导下服用的、具有特殊用途的食品。我国自 1995 年以来一直致力于开展营养代餐方面的研究，目前已研制出满足不同疾病和不同病程的临床代餐食品，如具有治疗糖尿病功能的南瓜山药营养代餐粉以及低热量的大豆分离蛋白营养代餐粉等产品。2016 年 7 月 1 日，我国正式实施了《特殊医学用途配方食品注册管理办法》，标志着特殊医学用途配方食品的标准化之路正式开启。但目前以海洋食品为原料生产的特殊医学用途配方食品较少，这为发展海洋特殊膳食食品产业提供了良好的契机。

4. 海洋食品加工装备的创新升级

食品机械的现代化程度是衡量一个国家食品工业发展水平的重要标志。为保证海洋食品加工的安全性和营养性，推动海洋食品企业规模化、集成化建设，机械化和自动化的生产条件是必不可少的前提和基础。通过加快海洋食品产业科技创新，集成海洋食品加工技术特点及机械化生产优势，有望实现海洋食品制造业的自动化、信息化、网络化与智能化。

四、结　　语

随着资源和环境对人类生活的约束力增大，在食品刚性需求持续增长的大背景下，功能食品需求始终持续增长。海洋生物资源因其丰富性，且具有独特的结构特性、生理活性，已成为人类不可或缺的食品开发资源之一。通过不懈的努力，海洋食品研究逐步深入，传统产品不断升级，营养保健功能食品层层优化，越来越多安全、营养的海洋食品涌现市场,深受广大消费者喜爱。但对于丰富的海洋生物资源来说,目前的海洋食品研究仍处于萌芽阶段,有些海洋食品资源尚未开发,很多功能因子的构效关系尚不明确,生产装备的机械化、自动化水平仍需提高。但随着海洋勘探工作的深入和基因组学、转录组学、蛋白质组学、代谢组学等技术的进步,以及机械制造水平的提升,海洋食品一定会在保障人类营养和健康方面发挥更大作用。

参考文献

[1] 孙长胜. 营养强化剂能否成为改善营养状况的有效手段[J]. 食品开发, 2010(5): 39-40.

[2] 张卫. 2016 年全球营养报告在北京发布 五条关键信息值得关注[J]. 中国食品,2016(13):159.

[3] 高振生. 中国蓝色国土备忘录[M]. 郑州:中州古籍出版社,2010.

[4] 季千惠. 我国海洋生态环境保护保障机制研究[D]. 青岛:中国海洋大学,2014.

[5] 农业部渔业局. 中国渔业统计年鉴 2016[M]. 北京: 中国农业出版社,2016.

[6] TINCU J A, TAYLOR S W. Antimicrobial peptides from marine invertebrates[J]. Antimicrobial Agents & Chemotherapy, 2004, 48(10): 3645-3654.

[7] MASSOSILVA J A, DIAMOND G. Antimicrobial peptides from fish[J]. Pharmaceuticals, 2014, 7(3): 265-310.

[8] Youssef D T A, SHAALA L A, MOHAMED G A, et al. Theonellamide G, a potent antifungal and cytotoxic bicyclic glycopeptide from the Red Sea marine sponge Theonella swinhoei[J]. Marine Drugs, 2014, 12(4): 1911-1923.

[9] CUTRONA K J, KAUFMAN B A, FIGUEROA D M, et al. Role of arginine and lysine in the antimicrobial mechanism of histone-derived antimicrobial peptides[J]. Febs Letters, 2015, 589(24 Pt B):3915-3920.

[10] 小远. 鱼粉和鱼油在保持水产养殖业可持续发展中扮演的角色[J]. 渔业致富指南, 2013(9): 16-19.

[11] HAMED I, ÖZOGUL F, REGENSTEIN J M. Industrial applications of crustacean by-products (chitin, chitosan, and chitooligosaccharides): a review[J]. Trends in Food Science & Technology, 2016, 48: 40-50.

[12] KENNY D E, O'HARA T M, CHEN T C, et al. Vitamin D content in Alaskan Arctic zooplankton, fishes, and marine mammals[J]. Zoo Biology, 2004, 23(23):33-43.

[13] GALLO R L, HULTSCH T, FARNAES L. Recognizing that the microbiome is part of the human immune system will advance treatment of both cancer and infections[J]. Journal of the American Academy of Dermatology, 2016, 74(4): 772-774.

朱蓓薇 中国工程院院士，大连工业大学食品学院教授、博士生导师，国家海洋食品工程技术研究中心主任。1982年毕业于大连工业大学，2004年获日本冈山大学博士学位。兼任第七届国务院学位委员会食品科学与工程学科评议组召集人，中国科学技术协会第九届全国委员会常务委员，中国轻工业联合会第四届（特邀）副会长，国家高技术研究发展计划（“863”计划）海洋技术领域主题专家，第一届农业部农产品加工业专家委员会副主任委员，中国食品科学技术学会副理事长，中国营养学会副理事长，辽宁省食品科学技术学会理事长等职。长期致力于农产品、水产品精深加工的基础理论和应用研究，先后主持国家“973”计划前期研究专项、“十一五”国家科技支撑计划项目、“十二五”国家“863”计划项目、“十三五”国家重点研发计划专项、国际合作重大项目、国家农转资金计划项目、国家自然科学基金项目等30余项。在食品的精深加工技术方面取得了一系列创新性成果。作为第一完成人，获2005年国家技术发明奖二等奖、2010年国家科技进步奖二等奖、2008年何梁何利基金科学与技术创新奖、2009年大连市科学技术功勋奖等奖励。出版《海珍品加工理论与技术的研究》等学术著作10部。发表学术论文200余篇。获国际、国内授权发明专利70余项。

新一代发酵工程技术

陈 坚

江南大学,无锡

一、发酵工程在工业生物技术系统中的地位及其需要解决的关键问题

(一)发酵工程在工业生物技术系统中的地位

发酵工程,是指利用微生物的特定性状,通过现代工程技术,在发酵罐中生产人类所需的物质产品的一种技术系统。发酵工程是化学工程与生物技术相结合的产物,是生物技术的重要分支,是生物加工与生物技术实现产业化的核心技术。大宗发酵产品主要包括有机酸、酶制剂、氨基酸和酒(酒精),发酵工业年产值高达1万亿元。同时,发酵工业还为其他产业的发展提供重要支撑,相关产业主要为制药工业,相关产品包括抗生素、维生素和基因工程药物等,相关产业年产值高达5万亿元。

发酵工程技术是生物技术实现产业化的关键技术,研究探索如何从原料和微生物细胞出发,经过最优的发酵和分离纯化工艺,用最少的原料、最低的能耗、最清洁的生产工艺高效稳定地获得高质量的产品。作为利用微生物生产代谢产物的工程技术,研究对象微生物的复杂性和生产过程工程技术特点,决定了深入研究发酵工程技术既需要系统的生物学基础理论知识,又需要很强的工程技术素养。整个发酵工程技术系统由多个单元和模块组成,按照操作流程顺序依次为种子培养系统、原料加工系统、发酵系统以及产品分离系统。

(二)发酵工程需要解决的关键问题

发酵工程的关键科学技术问题是:① 微生物能够积累最大目的产物(高产量)的条件是什么?② 原料最多被微生物转化为产物(高转化率)的条件是什么?③ 微生物最快速度发酵生产目的产物(高生产强度)的条件是什么?通过微生物生理特性的优化、发酵罐中操作条件的控制以及发酵罐装备的选型改造,实现目标代谢产物的高产量、高转化率与高生产强度,这是发酵过程控制和优化

最基本的也是最关键的三个目标函数。目标代谢产物的最终浓度或总活性是发酵产品质量的一个标志。通常情况下,发酵过程代谢产物的浓度或总活性比较低,因此,提高最终浓度或总活性可以极大地减少下游分离精制过程的负担,降低整个过程的生产费用。产物生产强度是生产效率的具体体现。在某些传统和大宗的发酵产品的生产过程中,如酒精、有机酸和某些有机溶剂的发酵过程,其下游分离精制相对容易,但人们仍要综合考虑产物的生产强度和最终浓度,这样才能从商业角度上与化学合成方法相竞争。起始反应底物向目标产物的转化率,考虑的是原料使用效率的问题。在使用昂贵的起始反应底物或者反应底物对环境形成严重污染的发酵过程中,原料的转化率至关重要,转化率通常要求接近 100%(98%~100%)。通过优化发酵过程的环境因子、操作条件以及操作方式,可以得到所期望的最大终端产物浓度、最大生产效率,或者最高原料转化率。但是,通常情况下这三项优化指标是不可能同时达到最大值的。例如在酒精发酵过程中,通常情况下连续操作的效率最高,但其最终浓度和原料转化率却明显低于流加操作或间歇操作。提高某一项优化指标,往往需要以牺牲其他优化指标为代价,这就需要对发酵过程进行整体的性能评价。因此,发酵工程的核心学术思想是研究获得高产量、高底物转化率和高生产强度的相对统一的发酵过程优化理论,并成功地应用于实践,实现高水平工业发酵。

发酵过程中出现目的产物产量低、产品转化效率差、生产过程强度小的原因主要有以下两个方面:一方面是由于细胞合成能力不足;另一方面是由于发酵条件控制不佳。因此解决发酵工程关键技术问题需要同时从细胞水平和工程水平两方面入手。在细胞水平上,通过细胞工厂构建和改进,深化生理特性理解,促进代谢能力提升。在工程水平上,通过发酵过程优化和控制,获得最佳条件解析,实现合成效率最大。

二、传统发酵工程技术与新一代发酵工程技术

细胞工厂构建与改进和发酵过程优化与控制是解决发酵工程关键技术问题的重要方法。其中传统细胞工厂构建与改进技术包括传统诱变筛选、代谢调控育种、基因工程、代谢工程和适应性进化[1]。随着合成生物学技术、高通量筛选技术和基因组改造技术的发展,新一代细胞工厂构建与改进技术得到迅速发展,主要包括代谢途径精细调控与动态调控、高通量和超高通量筛选技术、基因组高效编辑技术和微生物基因组人工全合成[2-3]。

传统发酵过程优化与控制技术主要包括基于微生物反应原理的培养环境优化、基于微生物代谢特性的分阶段培养、基于反应动力学的流加发酵、基于辅因子调控的过程优化和基于代谢通量分析的过程优化。实时监控技术、计算生物

学、大数据分析以及系统生物学的发展和在发酵过程优化与控制领域的应用,推动了发酵过程优化与控制新技术的发展,主要包括多参数在线检测,实时分析与联动控制,计算流体力学模拟并结合细胞生理优化,统计分析建模、参数预测与风险评估,代谢流组学分析与过程优化和基于单元精准控制的发酵模式重构技术。

新一代发酵工程技术的开发和应用极大地提高了细胞工厂构建与改进的效率,提升了发酵过程优化与控制的精准性与有效性。下文将以发酵微生物菌种高通量筛选技术和基于单元精准控制的发酵模式重构技术为例,介绍新一代发酵工程技术的开发应用和研究进展。

三、发酵微生物菌种高通量筛选技术

(一)细胞工厂构建与改进的瓶颈——代谢改造的低效

传统细胞工厂构建与改进主要依赖于微生物代谢工程改造和诱变人工筛选。代谢工程改造过程中往往花费大量时间和精力用于解析相关的生理机制、构建基因工程操作体系、重构代谢途径和功能。但是,代谢改造策略有时候并不有效、有些不能实现工业应用,因此造成细胞工厂代谢工程改造效率低。而传统诱变人工筛选过程存在诸多缺点:① 工作强度大,纯手工挑取菌落,人力资源消耗多;② 挑取样品数量少,筛选到正突变的可能性低;③ 需要多台摇床进行筛选,设备占用率高。诱变人工筛选过程中不能高效快速筛选,严重影响了其效率。因此,建立高效快速的高通量筛选方法是决定细胞工厂构建与改进成败的关键之一。

(二)高通量筛选的前提和关键技术

获得具有功能多样性的菌种和目标功能基因是高通量筛选的前提。多样性的菌种和目标功能基因的获得方法包括:① 基于紫外线、X 射线、γ 射线、微波、宇宙射线、常压室温等离子体(ARTP)和超高压诱变等技术的物理诱变;② 基于烷化剂、碱基类似物、移码突变剂等试剂的化学诱变;③ 微生物适应性进化策略;④ 基于定向进化、转座子随机插入突变、多重自动化基因组工程(MAGE)、基因重排、基因组重排的基因工程策略。

在获得多样性的菌种和目标功能基因的基础上,高通量筛选流程包括以下 6 个步骤:诱变处理、平板初筛、自动挑取、多孔板初筛、摇瓶复筛、发酵罐验证。基于 QPix 微生物自动筛选系统、移液工作站等建立高通量筛选策略,每人每天约 9 600 株,每天耗材成本约 3 000 元。

高通量筛选技术的关键是分析策略,即筛选模型建立。需要根据不同产品的特性设计高通量分析策略。常用的高通量分析策略包括:① 紫外线、可见光、荧光、偏振光分析;② 酶联反应分析;③ 微量热反应测定;④ 直接成像和软件分析。图 1 为采用 13 种显色剂制定不同酮酸浓度产生的色差体系,根据吸光度对酮酸浓度进行高通量分析[4]。将基于 96 孔板的高通量与普通摇床比较可以形象地说明高通量的通量有多高。如果 1 块 96 孔板相当于 4 个普通摇床的工作量,那么 300 块 96 孔板的工作量大约需要 1 200 台普通的摇床和 28 800 个摇瓶。因此,高通量筛选技术大大提高了菌种筛选的效率。

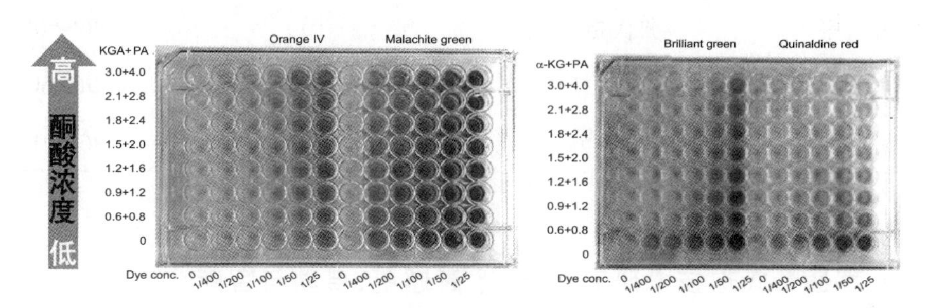

图 1　采用 13 种显色剂制定不同酮酸浓度产生的色差体系

(三) 高通量筛选应用的重点领域

与基因工程改造相比,高通量筛选技术更适合于在以下四个方面进行应用:① 代谢途径清晰但调控复杂的初级代谢产物,如位于碳中心代谢途径关键节点的丙酮酸和位于碳、氮代谢平衡调控关键节点的 α-酮戊二酸;② 代谢途径及尚未清晰阐明的次级代谢产物,如代谢途径复杂、副产物多的抗生素和代谢途径长、调控复杂的辅酶 Q10 等;③ 安全要求高的发酵食品和食品酶生产菌株,如降低酿酒酵母发酵生产黄酒过程中氨基甲酸乙酯的积累、提高肉制品加工关键酶制剂谷氨酰胺转氨酶的产量;④ 遗传操作比较困难的对象(霉菌、放线菌等)。

(四) 通过高通量筛选取得的代表性结果

笔者所在研究室运用高通量筛选技术针对不同类型微生物(包括细菌、链霉菌、酵母、霉菌)和不同类型产品(包括酶、有机酸、氨基酸、多糖、抗生素、其他小分子)筛选到了产物产量提高的菌株或有害物质降解能力增强的菌株,取得的代表性结果汇总于表 1。

表 1　本研究室通过高通量筛选取得的代表性结果

产品	菌株	产量提升/%	筛选量
丙酮酸	光滑球拟酵母	15	96×60×12
α-酮戊二酸	解脂亚洛酵母	40	96×60×16
谷氨酰胺转氨酶	吸水链霉菌	200	96×60×18
金霉菌	金色链霉菌	14	96×60×12
阿维菌素	阿维链霉菌	12	96×60×12
泰乐菌素	弗氏链霉菌	10	96×60×12
酪氨酸氨基裂解酶	大肠杆菌	65	96×60×8
尿素	酿酒酵母	-60	96×60×12

（五）高通量筛选技术研究近况：超高通量、自动与智能

随着微流体操控与微滴分选系统以及人工智能的发展，高通量筛选技术在筛选通量和自动与智能方面进一步取得了技术上的突破[5]。微流体操控与微滴分选系统平台可以在一个筛选周期中从 10 亿中选出较优的 1 万~10 万个细胞，通过流式细胞分选技术可以实现筛选过程超微、可控。微流控芯片 3D 打印技术突破了针对细胞种类、大小、特点不同，对芯片要求多样化的技术瓶颈。本研究室正在建立的基于自动化控制和人工智能的菌种自动挑选系统与移液和测定工作站能够从 1 万~10 万中选出最优细胞。基于机器人技术实现自动检测和智能筛选包括以下操作单元：培养液离心、孔板液体转移、显色化学反应、数据采集和筛选、机器人间数据反馈和最佳菌株富集。该技术的建立将会进一步推动发酵工程领域的创新技术。

四、基于单元精准控制的发酵模式重构技术

（一）柠檬酸传统分批发酵中存在的问题

有机酸是典型大宗发酵产品，柠檬酸是最大的有机酸。我国是世界柠檬酸第一生产大国，产量占全球 80%以上。柠檬酸生产主要采用传统分批发酵模式，培养基一次性加入，产品一次性收获。然而分批发酵存在如下问题：单位产品消耗（人力、物力、动力）较大、生产周期较长、批次稳定性差和生产效率低。从而导致在柠檬酸工业发酵中的工艺和技术问题，主要包括：① 原料处理工艺和装

备不精准造成能耗高、生产稳定性差;② 发酵菌株工业性能差,导致发酵残糖偏高、产生较多杂酸等;③ 传统发酵模式能效低、辅助时间长。解决以上问题需要进行重构柠檬酸发酵模式。

(二) 柠檬酸发酵模式重构技术的前提——原料工程改革

针对年产 18 万 t 柠檬酸工艺进行原料工程改革,通过改变投料模式(由间歇改为连续),提高投料温度(由常温提高到 80 ℃)、降低液化温度(由 128 ℃降低到 108 ℃)、降低液化 pH(由 5.8 降低到 4.8)和设计制造连续自动投料装备,实现了连续投料、阶段温控、低 pH 液化。改革工艺和装备极大地稳定了原料质量并提高了生产效率。

(三) 柠檬酸发酵模式重构技术

实时控制原料碳氮比的连续操作装备:柠檬酸发酵过程中,原料中碳氮比对柠檬酸发酵产酸和转化率影响很大。以往工业上只能通过加料量控制 C/N,不能根据原料质量、来源不同调节 C/N。柠檬酸发酵模式重构系统通过浓液和清液(无蛋白)混合比例方式,实现实时精装控制。

黑曲霉菌丝球可控分割装置:前期研究证明,黑曲霉菌丝球数量比总生物量对柠檬酸发酵产量影响更直接。以往工业上分批发酵只控制孢子接种量(总生物量)。柠檬酸发酵模式重构系统可以控制适度剪切,使菌球分裂,但不破坏生理特性,从而实现可控分割。

发酵体系供氧传质的静态混合器和气液喷射机构:发酵罐中传质是关键,本项目率先在大型发酵罐采用混合器和改进的气液喷射机构。提高发酵初期底物传质效率(淀粉与酶充分接触),增强发酵中期空气传氧效率,控制发酵后期菌丝球大小。

分割式半连续发酵:半连续发酵,特别适合柠檬酸等(边糖化边发酵),将连续发酵(种子连续培养)和分批发酵优点(发酵后期时间长、条件单一)结合。

(四) 柠檬酸发酵模式重构技术效果

通过柠檬酸发酵模式重构技术,柠檬酸转化率和生产强度得到显著提高。其中,底物转化率提高 5.4%,柠檬酸生产强度提高 21.4%,生产能耗降低 33.7%,生产成本节支 1 245 元/t(降低 21.3%),实现了高转化率、高强度柠檬酸发酵过程。重构发酵模式保障了我国柠檬酸第一生产强国的地位。

五、结　　语

传统发酵工程技术正在进行变革。相对于生物学知识的丰富和实验装备的提升，创新的思想、方法更为重要。新一代发酵工程技术的真正形成是在发酵工业生产中。中国发酵工业技术与国际最先进水平的关系正在从跟跑转向伴跑，何时可以领跑？不妄自菲薄，不妄自尊大。通过与其他学科交叉，发酵工程的任务应从产品制造和技术改进，拓展到新理论的发现、新方法的发明和新学科的发展。

参考文献

[1] WOOLSTON B M, EDGAR S, STEPHANOPOULOS G. Metabolic engineering: past and future[J]. Annual Review of Chemical and Biomolecular Engineering, 2013, 4: 259-288.

[2] JAKOČIŪNAS T, JENSEN M K, KEASLING J D. System-level perturbations of cell metabolism using CRISPR/Cas9[J]. Current Opinion in Biotechnology, 2017, 46: 134-140.

[3] BREITLING R, TAKANO E. Synthetic biology advances for pharmaceutical production[J]. Current Opinion in Biotechnology, 2015, 35: 46-51.

[4] ZENG W, DU G, CHEN J, et al. A high-throughput screening procedure for enhancing α-ketoglutaric acid production in *Yarrowia lipolytica* by random mutagenesis[J]. Process Biochemistry, 2015, 50:1516-1522.

[5] WANG B L, GHADERI A, ZHOU H, et al. Microfluidic high-throughput culturing of single cells for selection based on extracellular metabolite production or consumption[J]. Nature Biotechnology, 2014, 32:473-478.

陈坚　江南大学教授，博士生导师，江南大学校长，中国工程院院士，国家杰出青年基金获得者，国家“973”项目首席科学家，新世纪百千万工程国家级人选，全国优秀教师、全国百篇优秀博士学位论文指导教师。国务院学位委员会轻工学科评议组召集人、中国食品科技学会副理事长、粮食发酵工艺与技术国家工程实验室主任。长期从事发酵工程教学与科研，重点关注发酵微生物细胞工厂构建与改进、发酵过程优化与控制等技术，主要应用于有机酸、酶制剂、功能糖等产品的工业生产。以第一完成人获国家技术发明奖二等奖2项、国家科技进步奖二等奖1项，何梁何利基金科学与科技创新奖，部省级（教育部、江

苏省、中国石油与化学工业协会、中国轻工业联合会)自然科学、技术发明、科技进步一等奖6项,中国专利奖金奖。研究成果在*Nature Communications*、*Metabolic Engineering*等杂志上发表。

肉类制造技术进展、趋势及政策建议

周光宏　李春保　徐幸莲

国家肉品质量安全控制工程技术研究研究，
南京农业大学 江苏省肉类生产与加工质量控制
协同创新中心，南京

肉类工业是我国第一大食品产业，具有重要的战略地位。当前，我国肉类产业发展呈现出生产总值增长明显放缓（由增速20%以上降为增速8%左右），产业结构不断优化（由“第一二产业为主”转向“第一二三产业融合发展”），内驱动力正在发生根本的变化（由“要素驱动、投资驱动”转向“创新驱动”）。在此“新常态”下，本研究分析了我国肉类产业与制造技术的发展现状及制约产业发展的瓶颈问题；通过对比美国、德国等发达国家肉类产业科技发展历程，找准我国肉类制造技术的差距；提出未来5到10年我国肉类制造业需要突破的关键科学与工程技术问题和政策建议等。

一、国际肉类制造业科技发展的现状和趋势

目前，德国、丹麦、荷兰在屠宰加工和肉制品深加工装备研发及应用方面处于世界领先地位，美国在肉品标准化及包装技术研发和应用方面处于世界领导地位，而意大利、西班牙等地中海国家引领干腌火腿的现代化加工技术和装备。

（一）智能化肉品加工技术

在过去20年中，丹麦、德国、荷兰投入巨资研发智能化屠宰加工技术和装备。例如丹麦肉类研究所（DMRI）在自动化技术研究方面总研发费用预算超过40.0亿欧元，用于开发自动化屠宰线、自动化分割和自动化剔骨设备及信息通信技术系统、胴体分级在线测量系统、在线追溯体系及在线加工控制系统。丹麦SFK公司与丹麦肉类研究所合作，研发了一系列精密机器人技术，用于家畜的自动化屠宰线和自动化分割线。机器人技术系列的每一部分被作为单独的标准组件加工，每个机器人技术都有单独的水压设置和可编程逻辑控制（PLC）。另外，还合作研制了比较成熟的胴体分级中心系统（由DMRI研制）和超声波胴体自动

分级系统(AUTO-FOM,由 SFK-Danfotech 开发)等。自动化最大的好处是改善了工作环境和提高了卫生条件,降低了劳动力成本。丹麦通过生猪屠宰加工智能化模式,在丹麦皇冠(Danish Crown)和提坎(Tican)等大公司进行了应用,促进了本国生猪屠宰的规模化。更重要的是,极大地提高了其生猪屠宰加工智能化设备在国际市场上的竞争力。我国目前也有部分大型肉品企业引进了智能化生猪屠宰设备。在 2016 年的德国法兰克福国际食品机械展会(IFFA)上,德国 CSB 公司展示了全新的生猪屠宰和分割自动化加工线,在胴体分割等环节上基本上实现了无人化操作。荷兰 STORK 公司也已研发出全自动的屠宰加工设备。

在家禽自动化屠宰加工设备方面,以荷兰梅恩公司、林科公司、STOCK 公司的产品最为先进。此套设备主要包括家禽屠宰线、自动掏膛线、胴体分割线几个部分。这些设备在加工性能、结构原理等方面具有连续性、精确性和可靠性等特点,已在企业中得到较好的应用[1]。其中,目前自动掏膛关键技术掏膛机械手的结构设计和运动控制有扒取式、挖取式、夹取式等几种,其在性能上虽各有利弊,但在很大程度上提高了生产效率,保障了食品安全,对行业发展起到了推动作用[2]。

在肉品深加工,尤其是肠类肉制品加工技术及装备方面,德国等发达国家在西式肉制品精深加工、保鲜技术和设备方面的总体水平处于领先地位,形成了具有鲜明特色和优势的加工技术工程化与集成模式。目前,德国在肉品精深加工及保鲜设备上的研发正向多品种、自动化的方向发展。德国西式肉制品的主要成套设备包括盐水注射机、滚揉机、斩拌机、灌装包装机、烟熏炉等,基本实现产品从原料投入到成品出库完全自动化。人员只需在关键岗位进行质量控制。这些设备可单体使用,可配套成生产线,性能可靠。多年来,德国肉制品加工设备出口量居世界第一。

(二) 肉类标准化加工技术

美国和澳大利亚是世界肉类出口大国,非常重视肉类标准化生产加工,在国际肉类标准化方面起主导作用。

美国早在 1916 年就完成了肉牛胴体分级标准,1925 年制定了联邦肉品评级标准,1927 年首次建立了政府评级制度,1997 年由美国联邦推荐的美国农业部(USDA)牛胴体品质分级体系由活体分级、胴体分级、犊牛分级三部分组成。美国的牛肉分级标准包括牛肉质量等级标准和牛胴体产量等级标准两部分。牛肉的质量等级由美国农业部指派的独立牛肉评定员通过综合上述两个等级值来判定,并使用不同的等级标志。2009 年开始在原有人工分级的基础上逐渐推行智能化分级技术。本着自愿、付费、分级员评定三原则,美国推行牛肉分级标准取得了明显的效果：牛肉分级率由初期的0.5%发展到目前的95.0%。尽管肉牛品种由5个增加到100个，遗传变异增大，但牛肉质量由遍布8级到集中在前3级，产品趋向一致，优质牛肉比重大大提高。因此美国牛肉加工标准化模式促进了美国肉牛业的发展，增强了产品市场竞争力。

澳大利亚设有AUS-MEAT专业机构，制定了以牛羊肉为主导的肉类标准，对其国内牛羊肉的标准化生产和出口起重要作用。另外，基于本国的牛羊肉标准，澳大利亚牵头制定了联合国欧洲经济委员会（UNECE）牛肉和羊肉标准，推进了澳大利亚牛羊肉的国际贸易。

（三）肉类包装技术

肉类包装在延长产品货架期、保障产品安全等方面发挥重要作用。近年来，肉类包装技术得到了快速发展。美国希悦尔（Sealed Air）公司是全球专业生产肉品保护包装、贮藏包装和新鲜包装等各类包装材料及系统装备的领先制造商，开创了以企业为主导的包装技术、材料、装备一体化成功模式。旗下的Cryovac公司拥有世界一流的专业肉品包装技术，与超市、肉品加工和餐饮行业紧密合作，不断研制开发各种新型包装产品和系统，使生鲜与加工肉品能够安全配送和保存。Cryovac公司还从事气调（MAP）式托盘盖膜包装系统和其他食品包装设备业务。对于新鲜易变质的食品，其产品在全球的覆盖率高达80.0%。肉品包装通过增强安全性和降低损耗而延长保质期，使冷却肉可以跨区域进行长途冷链运输，扩展全球市场，因此可降低总成本，创造更大的经济回报。

（四）传统肉制品现代化加工技术

在世界范围内，干腌火腿是一类典型的传统干腌肉制品，在西班牙、意大利等地中海国家尤为流行。从20世纪60年代开始，西班牙、意大利、法国等先后对干腌火腿的传统工艺和品质进行了较为系统的研究，完成了传统工艺的现代化改造，基本实现了机械化、自动化生产，大大提高了生产规模和效率。在基本保留了干腌火腿的传统风味特色的同时，使其更加适应现代肉品卫生、低盐、美味、方便的消费理念。通过这种传统制品现代化改造模式，西班牙Serrano和Iberian传统火腿、意大利Parma和San Daniele传统火腿经现代化工艺技术改造后的产品已得到国内外消费者的高度认同，并得到欧盟原产地命名保护许可，而且传统火腿现代化改造生产线已占领了世界市场，创造了肉品发展史上传统与现代完美结合的成功典范。在传统制品现代化改造模式的成功带动下，采用新技术结合新工艺开发适合不同传统肉制品大规模自动化生产的智能化控制成套新装备和新产品已成为国际传统肉制品的发展方向。

（五）营养与健康型肉制品制造技术

食物营养与人体健康已成为全球关注的热点。欧美发达国家纷纷掀起了人类肠道微生物组计划、人类大脑计划等重大基础研究工程，旨在深入探究与人类饮食、疾病和健康密切相关的分子基础，为疾病预防提供理论和技术上的支撑，也为营养健康型食品的制造技术提供了理论基础。肉品在人类进化中发挥了不可磨灭的贡献，但过量摄入可能会带来一系列健康问题。欧美及日本已着手研究吃肉与肠道微生物、大脑结构和行为的关系，占领了本领域研究的制高点，为个性化膳食方案的实现提供了重要基础。过去几十年，动物脂肪（主要存在于畜禽皮下脂肪、乳及蛋黄中）被认为是引起众多代谢类疾病的罪魁祸首。直到最近，美国有新的研究结果为其正名。在正常摄入量条件下，动物脂肪的营养与健康问题，需要从新的视角加以重新认识和研究，对肉类生产也具有重要指导意义。

就营养健康型肉品制造技术而言，国际上重点从两个方面着手。① 采用适度加工技术，使肉及肉制品中蛋白质、脂肪、维生素等营养素的生物利用率达到最佳状态。肉品的适度加工不仅包括热处理的温度、时间等参数的控制，也包括腌制、干制等工艺参数的控制，尽可能降低蛋白质、脂肪的过度氧化。② 在肉制品配方中，添加天然抗氧化物、膳食纤维等功能性植物源成分，能够改善产品加工贮藏过程中的氧化问题，同时使营养素互补，提高产品的综合营养价值。

二、我国肉类制造业科技发展的现状

（一）科技进展

我国从20世纪80年代中后期开始，肉类工业得到快速发展，而肉类科技起步于20世纪90年代。主要肉类科技进展如下：

1. 畜禽屠宰加工技术

新中国成立以来，我国畜禽屠宰加工业发生了翻天覆地的变化，从成立初期的“一把刀杀猪、一口锅烫毛、一杆秤卖肉”的传统模式逐渐发展为“规模化养殖、机械化屠宰、精细化分割、冷链流通、连锁销售”的现代肉品生产经营模式。20世纪90年代，在肉品专家的呼吁和政府的支持下，一批有实力的大型肉品企业开始以冷却肉加工和流通为突破口，引进了国外先进的畜禽屠宰分割生产线，按国际工艺技术标准建设了现代化的屠宰、分割基地，在引进和消化国外先进技术的基础上，屠宰工艺技术水平得到迅速提升。当前我国冷却肉占生鲜肉的市场份额从20世纪90年代中期的不足1%上升到现在的30%，部分大城市达到70%。

在国家和部省级相关科技计划的支持下，系统研究了冷却肉品质形成和变化规律，研发出雾化喷淋冷却技术及装置、乳酸喷淋减菌工艺和冷链不间断技术及装备、基于动物福利的宰前管理技术及快速冷却工艺等系列冷却肉品质控制关键技术，解决了冷却干耗大、保质期短和品质难以控制等产业技术难题，为我国生鲜肉生产消费由热鲜肉向冷却肉的转变升级提供了重要技术支撑。

2. 肉制品深加工技术

我国肉制品分为 10 大类 500 余种，其中腌腊肉制品和酱卤肉制品以风味浓郁著称，是我国最具特色和影响力的传统肉制品[3]。但千百年来我国传统肉制品一直采用传统技术进行手工作坊式生产，不适应大规模标准化工业生产需求，产品质量不稳定，安全没有保障。近年来，在国家和地方科研项目资助下，完成干腌火腿、板鸭、风鹅、盐水鸭、卤肉等传统肉制品的加工理论、现代化工艺技术与装备的研究与开发，在阐明肉品品质形成机理的基础上，阐明了“腌制防腐、风干控制、成熟生香”的传统工艺原理，提出了以调控内源酶活性为核心的现代加工理念，研发了“低温腌制、变温风干和快速成熟”的现代加工工艺，使干腌火腿生产周期由传统的 8～10 个月缩短到 4 个月以内，优级产品率由 75%提高到 97%以上，使板鸭、风鸭和风鹅的生产周期由传统的 3～4 个星期缩短到 1 个星期以内。该技术突破了传统腌腊肉制品生产周期长、受季节限制、风味品质难以控制的瓶颈，对中国传统肉制品由作坊式生产走向现代化加工起到了引领和示范作用。

20 世纪 80 年代末，我国肉品企业引进西式高温火腿肠加工生产线及其配套技术获得极大成功；之后，相继引进了火腿肠生产线，我国肉制品加工业从此进入高温肉制品快速发展阶段。以火腿肠为代表的高温肉制品生产技术装备的引进与消化吸收，有力推动了我国肉制品加工技术和整个产业的迅猛发展，成为我国肉品发展史上的里程碑，催生了一批大型肉品加工企业。90 年代初，随着肉品加工业快速发展，我国冷链体系逐渐建立并完善起来，发展低温肉制品的条件逐渐成熟，引进国外先进技术（如盐水注射技术、滚揉腌制技术）从事低温肉制品加工。但是低温肉制品加工技术引进到我国后一直“水土不服”，主要表现在产品出水出油严重、褪色快和保质期短。在国家科技计划支撑下，提出了“以改善肌肉蛋白的乳化凝胶特性来降低产品蒸煮损失，以维持主导色素的结构稳定性来延缓产品褪色，通过对优势腐败菌群生长关键点控制以延长保质期”的品质控制理念，并优化了低温肉制品腌制、滚揉、斩拌和热加工关键工艺参数，研发出高效乳化、注射—嫩化—滚揉一体化腌制、色泽保持和腐败菌抑制等关键技术，解决了产品出水出油严重、品质不稳定、货架期短等难题，进一步提升和发展了低温肉制品加工技术，初步形成了具有自主知识产权的技术体系。

3. 肉品加工机械装备

近年来,国内大型民营肉品加工企业和在华外资/合资企业引进了一大批先进的肉品加工装备,显著提升了我国肉制品加工的科技水平。在我国民营企业中,雨润集团先后引进了智能化的屠宰加工成套线、西式肉制品加工全自动生产线、智能化产品堆码和配送线等,达到了世界领先水平。在外资或合资企业中,荷美尔公司、正大食品等也投资建成了肉制品深加工全自动生产线,很大程度上解决了肉品质量安全难以控制、生产效率低下等问题,契合了“工业 4.0”时代下的生产技术需求。

另外,我国肉品加工装备国产化率不断提高。在引进肉品技术装备的过程中,通过合资合作、测绘仿制、自行研发,我国肉品加工机械行业迅速崛起。2009年,国内具有一定规模和品牌的肉品机械制造企业达到 50 余家,肉品机械国产化比例不断提高。2008 年国产设备市场占有率已达 60.0%。我国大型屠宰加工企业的常规设备一般为国产,关键设备依赖进口,个别企业整体进口;中等规模企业 95.0%以上的常规设备以国产为主,部分关键设备依赖进口。其中,斩拌机、自动灌肠机、连续包装机、封口打卡机、烟熏炉等设备已实现国产化,虽设备性能上与国外同类设备还有一定差距,但成本优势相当明显。

4. 标准化建设

肉品加工产业链长、影响因素多、标准化难度大,是质量最难控制的农产品之一。我们借鉴国际经验,根据我国实际情况,研制出《牛肉质量分级》《牛肉等级规格》等标准, 形成我国第一个与国际接轨的畜禽质量分级技术——牛肉分级技术,有力推进了我国肉品质量控制的标准化进程。

另外,我国肉品学者积极活跃于国际舞台。参加联合国欧洲经济委员会肉品标准化委员会的成立和标准制定工作,牵头制定鸭肉、鹅肉和兔肉标准 3 项,联合制定了猪肉、牛肉、鸡肉等标准 11 项。标准规定了养殖、屠宰加工、分级、分割、包装、保鲜等工艺的基本要求,建立了产品全球唯一编码方法,成为世界贸易通行标准,为我国赢得了国际话语权。我国成为国际标准化组织“肉禽鱼蛋及其制品委员会”(ISO/TC34/SC6)主席国,实现了我国由引进、参与到牵头制定国际标准的跨越。

(二) 存在问题

1. 科技投入不足

2015 年,我国科技投入累计 4 090 亿元,仅次于美国,位居世界第二。但我国科技投入占 GDP 的比重为 2.1%,位居世界 16 位。我国人均科研投入仅 299 美元,位列世界 32 位,仅为排名第一的瑞士的 18.2%。我国科研经费支出中,企业、政府属研究机构、高等学校经费支出所占比重分别为76.2%、15%和7.6%。我国科研总投入中,政府、企业及其他来源分别占23.4%、75.7%、4.8%,与美国等国家政府科研投入相比,我国政府科研投入比重相对较低。

2. 科技人员投入偏低

我国现有各类畜产品加工从业人员约180万人,从事肉品加工科研、教学的部分高校和科研单位100余家。企业中研发人员数量总体较为缺乏,大型企业在科技研发人员配备上投入较大,但总体规模仍偏小。

3. 技术装备国产化率有待提升

近年来,我国肉类加工业得到了快速发展,出现了一批非常重视技术和装备应用的龙头企业。其中,雨润、双汇等肉品企业从国外引进了大型成套装备和技术,使我国肉品加工的技术水平整体得到了大幅提升。但是,国产化的装备制造水平与国外相比仍有很大差距,对国外的依存度高。其原因在于,装备研发投入大、人员流动大、核心技术仿制容易,使得设备制造企业不愿意投入大量精力开展创新,进而限制产业的整体发展。

4. 重大原创性理论和技术不足

与国际先进水平相比,我国在宰后肌肉生化变化机制与肉品品质形成关系、肌肉蛋白质乳化和热诱导凝胶形成机理、传统肉制品风味形成机制等部分肉品科学领域达到"并跑"阶段,个别领域达到"领跑"水平;但在肉品品质的分子调控机制、微纳水平上的肉品加工原理、肉品微生物控制的分子基础以及肉品营养的分子生物学基础等重大科学问题仍处于"跟跑"阶段;在冷却肉、传统肉制品、西式肉制品等加工技术领域,部分技术达到"并跑"阶段,但核心技术装备依赖进口,存在先进高端技术引进消化吸收慢、适用性受限、工程化技术集成不够、国产装备性能差等问题,处于"跟跑"阶段。需要加大投入,重点发展,加强研究,实现"并跑"甚至"领跑"。

三、"工业4.0"时代我国肉类制造业发展的愿景和技术需求

(一)"工业4.0"的介绍

2013年12月,德国发布了"工业4.0"标准化路线图,成为德国政府面向2020年的国家战略。"工业4.0"就是通过充分利用通信技术和网络空间虚拟系统-信息物理系统(cyber-physical system,CPS)相结合的手段,并应用这种模式在工业生产领域,使制造业更加智能化与网络化。"工业4.0"的主要内容涵盖如下几个方面。① 一个网络:即信息物理系统,强调虚拟和现实的联系与融合,形成一个"智能工厂"。② 两个主题:即"智能工厂"和"智能生产","智能工厂"是

运用互联网网络将各个工厂相联结,从而共享数据;“智能生产”主要涉及整个企业的生产物流管理、人机互动以及3D技术在工业生产过程中的应用等。③三大集成(即“智能物流”):即企业在价值链上的横向集成、制造系统网络化的纵向集成及生产过程中的端对端集成,主要通过互联网、物联网、物流网整合物流资源,充分发挥现有物流资源供应方的效率,而需求方则能够快速获得服务匹配、得到物流支持[4-6]。

(二)我国肉类制造业发展的愿景和技术需求

1. 智能化肉品品质在线控制和标准化

在“工业4.0”条件下,畜禽屠宰加工过程中将无须人工介入,活畜禽进厂至鲜肉产品出厂的整个过程中肉品品质的控制将由机器人完成。因此,肉品品质的评价标准尤为重要,标准化将作为“智能生产”的重要基础。就畜禽屠宰加工而言,加强致昏、烫毛、劈半等关键设备参数与个体大小(肥瘦)的对应关系标准研究,从而实现这些工序操作的精准控制,最大限度保证肉品品质;加强胴体智能化分级技术和标准、智能冷库等研究,实现质量分级、胴体冷却过程的自动化控制。就胴体分割和包装而言,加强胴体精细分割技术和标准、智能包装技术研究;就肉品贮运过程而言,加强肉品新鲜度和品质的在线预警技术研究。同时,加强宰前因素(品种、营养、运输、待宰)与宰后肌肉生化变化和肉品品质(如风味、质地、色泽等)形成的内在联系研究,为品质选育和饲养调控提供一定的理论依据。

2. 个性化的肉制品制造技术

在“工业4.0”条件下,肉品制造将会是“订单式”生产,个性化、营养健康将会成为重点方向。在此条件下,结合消费者实际需求(如体重、身高、年龄、健康状况等)的“订单式”产品制造将具有广阔市场。因此,须加强不同人群的营养需求研究和新产品开发。在此基础上,研发新型的肉制品加工技术,如超声辅助促渗腌制技术、静电场辅助解冻技术、挤压成型技术、3D打印技术、生物工程技术、“组织培养肉”技术等。同时,加强肉的摄入对人类免疫系统及其形成的影响研究,肉的摄食的生理调节作用研究,胆固醇消化、吸收及代谢调控机制研究,以及食物过量摄食与现代代谢类疾病的关系研究,为合理膳食和健康营养型肉制品开发提供理论基础。

3. 肉品安全控制技术

研究肉品加工过程中化学有害物生成、衍化、迁移、残留的规律;研究肉品加工过程中重要腐败和致病微生物有害因子生成、残留的规律;研究肉品中的化学残留、致病或腐败微生物等的生物传感器快速检测及污染表征确认技术;研究肉品产业链质量安全控制全程跟踪与追溯（“物联网”）关键技术，建立新型跟踪与溯源系统，实现动物饲养、卫生防疫、收购、屠宰、加工、存储、运输和销售过程中的信息化。

四、政策建议

（一）进一步增加科技投入

针对过去投入资金分散、浪费现象严重，资金投向不合理（如投向重大建设项目）等问题，结合科技体制改革，在国家自然科学基金、国家科技重大专项、国家重点研发计划、技术创新引导专项（基金）、基地和人才专项五个大类计划，进一步加大对于肉品制造的科技投入，特别是针对重大基础、关键技术与装备的研究、产业化和推广的基础性及公益性投入，保障先进实用技术的推广应用，加强人员培训与教育投入。政府应积极鼓励其他相关部门、企业和个人等社会力量或民间资本对肉品加工的投入，在财政和金融上进行支持，出台相关的优惠政策，在科技开发、贷款等方面给予积极的倾斜。

（二）加强技术创新，推动产学研结合

建立和完善肉品加工技术创新体系建设。支持教育部、农业部管辖的肉品加工相关重点实验室等基础研究平台的建设，推荐行业影响力大、运行优良实验室进入国家重点实验室序列，加强重大基础研究。充分发挥国家工程技术研究中心和企业国家重点实验室的技术引领作用，强化产学研合作，推进肉品加工技术创新与升级，形成肉品加工技术创新中心。引导龙头企业加大技术研发投入，自主研发大型的肉品加工成套智能化技术装备，研发新的核心技术，从而提高科技进步贡献率。由此，切实解决制约我国肉品加工关键技术问题，支撑行业的健康与可持续发展。

（三）完善标准体系

借鉴发达国家肉品加工标准体系的特点和建设经验，逐一分析具体标准和法规内容。结合国家标准体系架构的调整，充分发挥肉品加工相关的社会团体的作用，制定一批可以促进产业发展和技术进步的团体标准，加强国家标准和行业标准的制修订。同时，鼓励和支持我国的相关机构参与国际标准化组织（ISO）、联合国欧洲经济委员会（UNECE）等国际组织的肉品标准制修订，提升我国肉品加工在国际上的影响力。

（四）支持龙头企业，带动产业发展

通过采取积极的财政、金融、税收、科技等政策扶持措施，培育肉品加工产业化龙头企业，促进向全产业链发展，提高产业集中度、产品深加工程度及集约化效率，发挥龙头辐射带动作用，引导行业和相关产业可持续发展，带动“三农”问题的解决；同时，鼓励龙头企业积极参与国际竞争，扩大产业发展空间，树立优质安全的国际形象，提高肉品加工业的国际竞争力。

参考文献

[1] 徐平生. 家禽胴体加工线自动分割线开发方向与设计思考[J]. 肉类工业，2017(2)：34-36.

[2] 网盟，李阳阳，叶金鹏. 家禽自动掏膛线机械手的发展和应用现状[J]. 农产品学刊，2014(3)：62-64.

[3] 周光宏，罗欣，徐幸莲，等. 中国肉制品分类[J]. 肉类研究，2008(10)：3-5.

[4] 马超. “工业 4.0”——德国制造的未来[J]. 港澳经济，2016(26)：21.

[5] 郝敏，付聪. 基于工业 4.0 的制造业工程流程构想[J]. 西部皮革，2016(2)：8-9.

[6] 欧阳劲松，刘丹，汪烁，等. 德国工业 4.0 参考架构模型与我国智能制造技术体系的思考[J]. 自动化博览，2016(3)：62-65.

周光宏　1960 年 6 月生。1982 年毕业于西北农林科技大学，1987 年获英国诺丁汉大学理学硕士学位，1991 年获南京农业大学农学博士学位。1991 年 10 月至 1994 年 3 月在澳大利亚联邦科工委（CSIRO）肉类研究所做访问学者。南京农业大学校长、教授，国家肉品质量安全控制工程技术研究中心主任，中国畜产品加工研究会名誉会长。长期从事肉品加工与质量安全控制方面的研究，研究成果“冷却肉品质控制关键技术及装备创新与应用”获国家科技进步奖二等奖、“传统肉制品品质形成机理及现代化生产研究与示范”获教育部科技进步奖一等奖。主编出版了《畜产品加工学》《肉品学》《肉品加工学》等专著和教材；主持制定了多项国际和国家肉品标准；发表论文 200 余篇（其中 SCI 收录 100 余篇）。曾担任 *Meat Science* 期刊副主编和第 53 届国际肉类科技大会（ICoMST）主席。

功能性植物油基纳米复合皮革加脂剂

马建中[1,2]　高建静[1]　吕　斌[1,2]

1. 陕西科技大学轻工科学与工程学院，西安；

2. 陕西农产品加工技术研究院，西安

皮革生产中的加脂是仅次于鞣制的重要工序[1]、加脂的目的是在皮革纤维表面形成一层油膜，增加革纤维之间的润滑性，使成革柔软且耐折，防止皮革在干燥后因革纤维彼此黏结而变硬，提高成革的抗张强度、崩裂力、耐磨性、防水性和使用寿命，增加成革的得革率、光泽和美观，同时皮革加脂还具有一定的补充鞣制作用[2]。

随着人们消费水平的提高和应用市场的发展，传统加脂剂已不能满足现在加脂工艺与消费者的要求，开发具有阻燃性、防水性、耐光性、低雾化值等功能性的加脂剂已经成为市场发展的趋势。

一、植物油基加脂剂概述

加脂剂的组成主要包括油脂成分、具有两亲作用的成分(表面活性剂)及助剂，其中油脂成分主要有天然油脂、矿物油、石蜡、合成油等。矿物油、石蜡和合成油均来源于石油加工产品，属于不可再生资源，且因石油资源有限性带来的能源危机以及使用过程中造成的环境污染问题迫使人们寻求可替代资源。以天然油脂替代石油作为化工原料进行深度加工是化学工业发展的一个方向，尤其在我国这样一个需要大量进口石油的国家，天然油脂化工的发展显得尤为重要[3]。

随着人们对绿色环保产品需求的提高，天然油脂化学品尤其是植物油基化学品越来越受研究者青睐。植物油基加脂剂品种多、产量大，其加脂后的坯革特性主要表现为油润、丰满、手感不干枯和易生物降解等。植物油基加脂剂的这些优异的特性，使其在皮革加脂剂中所占的比例会逐渐提高。

二、阻燃型改性菜籽油/蒙脱土纳米复合皮革加脂剂的研究

加脂剂在赋予皮革良好性能的同时，也存在与胶原纤维结合牢度低，在受热时油脂易迁移至皮革表面，从而导致皮革易燃的问题。目前，阻燃性已经成为高

层建筑的内装潢、飞机和汽车的内装饰、办公家具的制造、森林防火装备的制造用皮革的要求之一[4]。我国对于皮革阻燃技术以及阻燃材料的研究开发较少，特别是具有高效无毒、无腐蚀、多功能化的阻燃材料，几乎还是空白[5]。近年来，利用具有纳米尺度的蒙脱土(MMT)制备具有一定阻燃性能的聚合物/层状硅酸盐纳米复合材料，已越来越受到研究者青睐[6]。

基于以上背景，笔者所在课题组以菜籽油为原料，先进行酰胺化改性，再通过丙烯酸引入—COOH，最后对其进行磺酸化改性，制得改性菜籽油皮革加脂剂。在此基础上，选用蒙脱土作为外添加阻燃剂，采用季铵盐、脂肪酸、鞣性离子、硅烷偶联剂对蒙脱土进行改性，制备了四种改性蒙脱土；进而将不同类型的改性蒙脱土采用原位法引入改性菜籽油加脂剂的合成中，制备纳米复合加脂剂[7-8]。以硅烷偶联剂 KH551 改性蒙脱土为例，制备的阻燃型改性菜籽油/蒙脱土纳米复合加脂剂(MRO/KH551-MMT)的结构与性能如下[9]。

图 1 为不同用量硅烷偶联剂 KH551-蒙脱土的纳米复合加脂剂的 XRD 谱图。当纳米复合加脂剂中 KH551-MMT 用量小于 4%时，复合加脂剂中观测不到改性蒙脱土的特征吸收峰，原因可能是当 KH551-MMT 用量增加时，油脂中较大的分子能够进一步进入到改性蒙脱土的层间，使改性的层间距继续增大，进而使其发生剥离。图 2 为不同用量硅烷偶联剂 KH551-蒙脱土的纳米复合加脂剂的 TGA 曲线，与改性菜籽油加脂剂(MRO)的 TGA 曲线对比，引入不同用量 KH551-MMT 后，纳米复合加脂剂与 MRO 在30~330 ℃的损失主要都是水分的减少，基本相当；330~590 ℃是油脂中小分子有机物的挥发过程，MRO/KH551-MMT 的最大分解温度向右移，主要是由于改性后的纳米蒙脱土可以均匀地分散在纳米

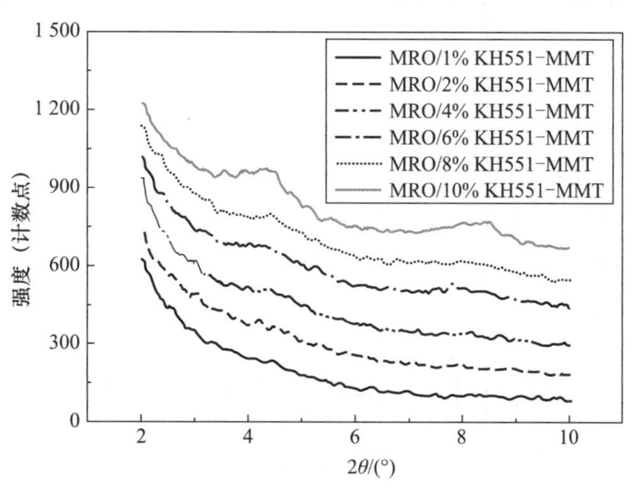

图 1　MRO/KH551-MMT 的 XRD 谱图(2°~10°)

复合加脂剂中,有利于形成逾渗网络。因此改性蒙脱土的引入能够使加脂剂的耐高温性有所提高。

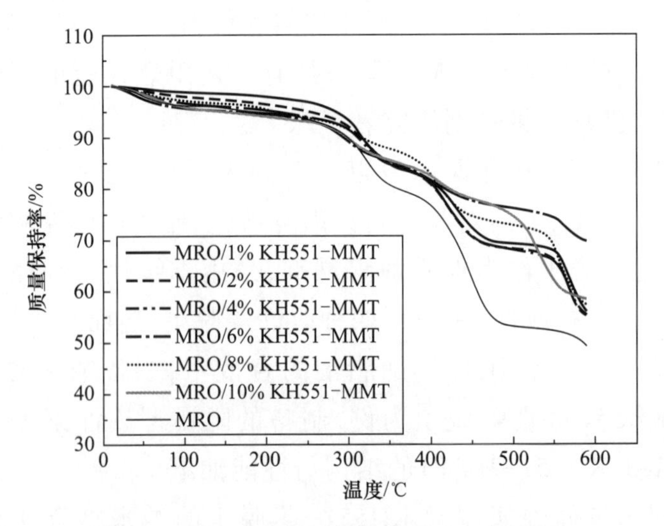

图 2　MRO/KH551-MMT 的 TGA 曲线

如图 3 所示,与 MRO 加脂后革样的燃烧速率 0.57 mm/s 相比,引入不同用量的 KH551-MMT 后,纳米复合加脂剂加脂后革样的燃烧速率有很大程度的降低。由图 4 可以看出,与 MRO 加脂后革样相比,纳米复合加脂剂加脂后革样燃烧时的极限氧指数(LOI)有所提高,且随着 KH551-MMT 用量的增加而增加。KH551-MMT 的引入能明显提高革样的阻燃性能,这是因为革样在燃烧或受强热时可形成焦炭层,含有硅酸盐的焦炭层能够进一步增加炭层的阻隔能力,硅酸盐能强化炭层的稳定性使之致密、坚硬且难于“破坏”;焦炭在高温热氧化之后,

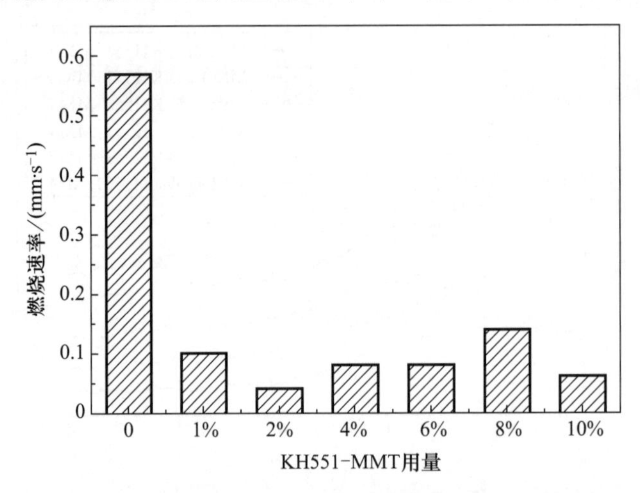

图 3　MRO/KH551-MMT 加脂后革样的燃烧速率

硅酸盐层形成多孔性陶瓷材料，继续对基材起保护作用。

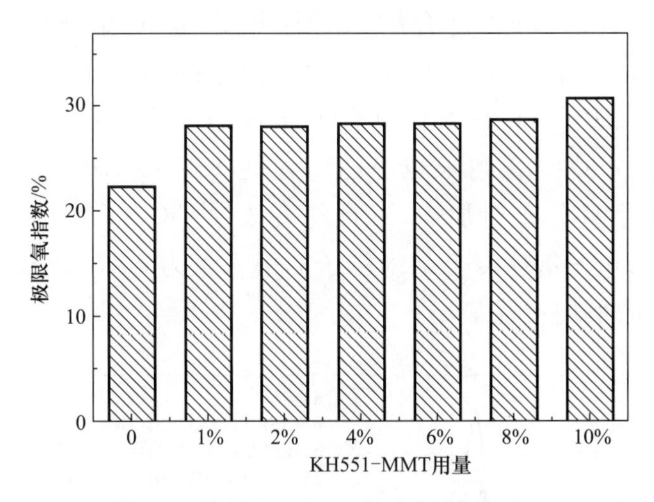

图 4 MRO/KH551-MMT 加脂后革样的极限氧指数

综上所述，阻燃性改性菜籽油/蒙脱土纳米复合加脂剂的制备，克服了传统皮革阻燃中卤素作为阻燃剂燃烧时会产生大量烟雾并释放有毒的、腐蚀性的卤化氢气体，对人体和环境造成严重危害的缺点，为无卤阻燃皮革化学品的发展奠定了基础。

三、耐黄变性改性氢化蓖麻油/TiO_2-ZnO 纳米复合皮革加脂剂的研究

加脂剂是皮革加工过程中用量最大的皮革化学品之一，渗入到胶原纤维中的加脂剂组分表面活性剂及油脂大多都含有不饱和双键，容易发生聚合反应或被氧化而造成皮革老化发黄，从而干扰染色，影响浅色革或白色革的耐光性[10]。目前皮革工业中使用的耐光型加脂剂主要原料是饱和烷烃，来源于石化产品。纳米材料的兴起推动了耐光型高分子材料的发展，被誉为耐光技术的革命，其中纳米 TiO_2 和 ZnO 可以用于制备具有一定耐光性的纳米复合材料，这种材料的耐光性主要来自于纳米 TiO_2 和 ZnO 对紫外线的吸收及反射能力[11-12]。

基于以上背景，笔者所在课题组以氢化蓖麻油为原料，先将其与顺丁烯二酸酐反应，再进行磺酸化改性，获得改性氢化蓖麻油加脂剂（SSF）。在此基础上，结合纳米 TiO_2 紫外吸光度高及纳米 ZnO 紫外线吸收稳定的特点，制备出一种广谱紫外吸收剂 TiO_2-ZnO 复合纳米粒子，并对其进行有机改性；进而将其采用原位法引入到氢化蓖麻油加脂剂的制备中，制备复合加脂剂。以钛酸酯偶联剂 NDZ201 改性 TiO_2-ZnO 为例，制备的改性氢化蓖麻油/钛酸酯偶联剂改性 TiO_2-ZnO 纳米复合加脂剂（SSF/NDZ201-TiO_2-ZnO）的结构与性能如下。

由图 5 可知，与 SSF 相比，SSF/NDZ201-TiO_2-ZnO 具有更高的紫外吸光度，且随着 NDZ201-TiO_2-ZnO 复合纳米粒子引入量的增加而增加，说明 SSF/NDZ201-TiO_2-ZnO 复合加脂剂较 SSF 具有更好的抗紫外性能。如图 6 所示，与 SSF 相比，SSF/NDZ201-TiO_2-ZnO 复合加脂剂的平均粒径均有大幅度减小，说明 NDZ201-TiO_2-ZnO 复合纳米粒子的引入使 SSF/NDZ201-TiO_2-ZnO 复合加脂剂乳液粒径减小且分布更加均一，且随着改性 TiO_2-ZnO 引入量的增加而减小。当 NDZ201-TiO_2-ZnO 复合纳米粒子的引入量为 4%时，SSF/NDZ201-TiO_2-ZnO 复合加脂剂的平均粒径最小。

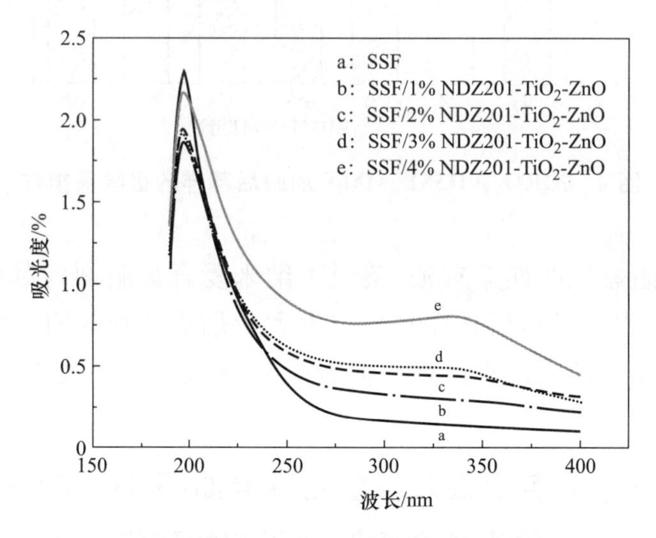

图 5 SSF/NDZ201-TiO_2-ZnO 的 UV-Vis 谱图

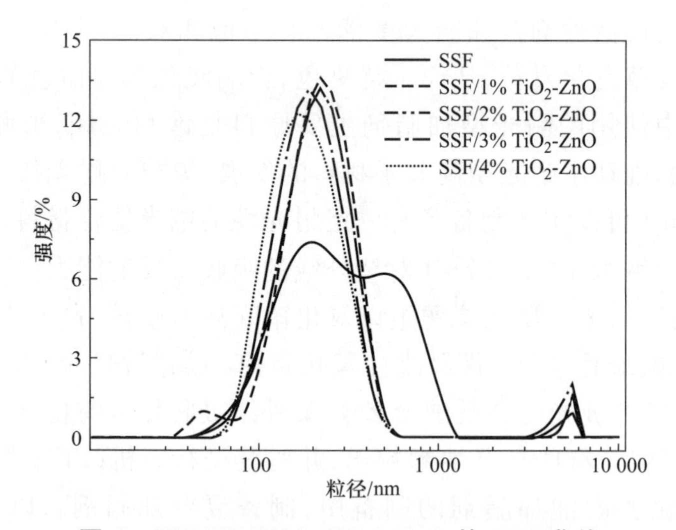

图 6 SSF/NDZ201-TiO_2-ZnO 的 DLS 曲线

从表 1 可知，与 SSF 相比，SSF/NDZ201-TiO_2-ZnO 复合加脂剂加脂后坯革具有更好的耐黄变性能，且随着 NDZ201-TiO_2-ZnO 复合纳米粒子引入量的增加而提升。当改性 TiO_2-ZnO 复合纳米粒子的引入量为 4%时，SSF/NDZ201-TiO_2-ZnO 复合加脂剂加脂后坯革的耐黄变等级达到 5 级。NDZ201-TiO_2-ZnO 复合纳米粒子的引入能够提高坯革的耐光性，使其不易变黄，这是因为 NDZ201-TiO_2-ZnO 复合纳米粒子具有吸收和反射紫外线的作用，为坯革提供一种延迟光照—氧化过程的屏障。

表 1　SSF/NDZ201-TiO_2-ZnO 复合加脂剂加脂后坯革的耐黄变性能

改性 NDZ201-TiO_2-ZnO 用量/%	加脂后坯革耐黄变等级
0	3~4
1	3~4
2	4~5
3	4~5
4	5

综上所述，耐黄变性改性氢化蓖麻油/TiO_2-ZnO 纳米复合加脂剂利用无机纳米粒子的紫外吸收作用，对紫外线进行吸收屏蔽，降低了皮革胶原纤维及化学品中不饱和键的氧化及异构化，从而提高皮革的耐黄变性能。

四、防霉性改性大豆磷脂/TiO_2 纳米复合皮革加脂剂的研究

天然油脂加脂剂是制革用加脂剂种类最多、用量最大的一类加脂剂；然而天然油脂加脂剂因自身所含的不饱和脂肪酸与游离脂肪酸很容易被微生物污染，为微生物的生长繁衍提供营养，导致加脂剂及加脂后皮革及其制品易霉变，尤其是大豆磷脂类加脂剂，更为严重。目前，主要的解决途径是在加脂剂中直接加入防霉剂，或在加脂工序中加入防霉剂，而这两种方法普遍存在结合性差、长效性差、环境污染严重等缺点[13]。

基于上述原因，笔者所在课题组以易发霉的大豆磷脂为原料，对末端氨基进行亲水化改性，再经过氧化亚硫酸化改性制得多羟基大豆磷脂加脂剂；然后将具有防霉性能的锐钛矿型纳米 TiO_2 采用原位法引入到大豆磷脂加脂剂体系中，获得防霉性改性大豆磷脂/TiO_2 纳米复合加脂剂（SBP/TiO_2）复合加脂剂，将其应用于制革加脂工序，进而获得具有防霉效果的坯革。

由图 7 可知，未加加脂剂的空白组皮样周围有明显的抑菌圈，这是因为纯铬

鞣的坯革不易生长霉菌。改性大豆磷脂加脂剂(SBP)组皮样周围的黄曲霉菌能正常生长而不受抑制,48 h 时黄曲霉菌已几乎覆盖住皮样。SBP/TiO_2 组在 32 h 时出现了明显抑菌圈;48 h SBP/8% TiO_2 组皮样周围长满了黄曲霉菌,但没有被黄曲霉菌感染或覆盖,还存在微小抑菌圈,这证明了 SBP/TiO_2 加脂后的坯革对黄曲霉菌的生长具有一定的抑制作用。这可能是由于锐钛矿型纳米 TiO_2 产生的电子、空穴迁移到表面,攻击霉菌的细胞膜和内膜系统,使其发生脂质过氧化,损伤 DNA 碱基,从而达到防霉目的[14]。

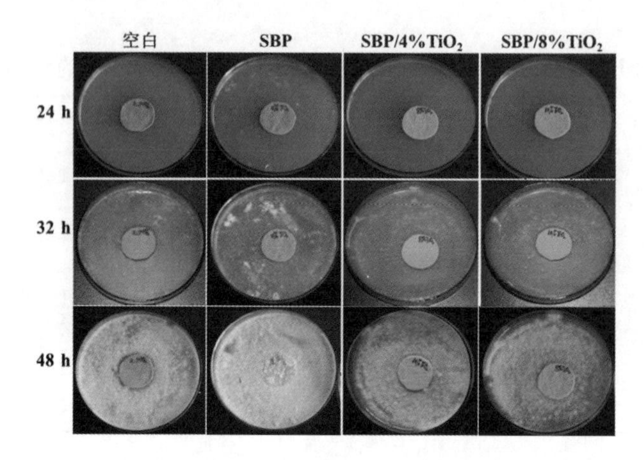

图 7　坯革培养基中黄曲霉菌的生长情况(24~48 h)

综上所述,防霉性 SBP/TiO_2 纳米复合加脂剂加脂后的坯革具有一定的防霉性,且对黄曲霉菌生长的抑制作用随着 TiO_2 用量的增加而增强。因此,研究具有防霉性能的纳米复合加脂剂,可以充分发挥无机纳米防霉剂的优势,对获得具有持久防霉性的皮革及其制品具有重要意义。

五、结　　论

笔者所在课题组近年来一直致力于功能性植物油基纳米复合加脂剂的开发和应用。利用蒙脱土良好的阻燃性、阻隔性及热稳定性,制备了阻燃性改性菜籽油/蒙脱土纳米复合加脂剂,其加脂后坯革的燃烧速率可降低 0.29~0.53 mm/s,需氧浓度可提高 6.4%~11.7%。利用氢化蓖麻油的高饱和度及纳米 TiO_2 与 ZnO 良好的紫外吸收性,制备了耐黄变性氢化蓖麻油/改性 TiO_2-ZnO 纳米复合加脂剂,其加脂后坯革的耐黄变指数最高可达 5 级。利用锐钛矿型纳米 TiO_2 优异的防霉性能,制备了改性大豆磷脂/TiO_2 纳米复合加脂剂,其加脂后皮革对黄曲霉菌具有良好的抑制效果。这些功能性植物油基纳米复合皮革加脂剂的研制,不仅为开发高品质、高性能、高附加值的皮革提供了新途径,而且也为天然植物油脂的深加工提供了新思路。

参考文献

[1] 马建中,卿宁,吕生华. 皮革化学品[M]. 北京:化学工业出版社,2008.

[2] PRABHAVATHY C, DE S. Treatment of fatliquoring effluent from a tannery using membrane separation process: experimental and modeling[J]. Journal of Hazardous Materials, 2010, 176(1): 434-443.

[3] 李秋小. 我国油脂深加工研发现状[J]. 日用化学品科学,2007,30(8):15-20.

[4] 陈高明. 皮革阻燃技术的研究[J]. 中国皮革,1997,26(11):16-18.

[5] 段宝荣,王全杰,马先宝,等.皮革阻燃技术研究进展[J]. 西部皮革,2008,30(6):9-13.

[6] HU Z, CHEN L, ZHAO B, et al. A novel efficient halogen-free flame retardant system for polycarbonate[J]. Polymer Degradation and Stability, 2011, 96(3): 320-327.

[7] 吕斌. 改性菜籽油/蒙脱土纳米复合加脂剂的合成及性能研究[D]. 西安:陕西科技大学,2013.

[8] LYU B, GAO J J, MA J Z, et al. Nanocomposite based on erucic acid modified montmorillonite/sulfited rapeseed oil: preparation and application in leather[J]. Applied Clay Science, 2016, 121: 36-45.

[9] LYU B, DUAN X B, GAO D G, et al. Modified rapeseed oil/silane coupling agent-montmorillonite nanocomposites prepared by In-situ method: synthesis and properties[J]. Industrial Crops and Products, 2015, 70: 292-300.

[10] 慕科仪,赵国樑,周伟. 纳米 TiO_2 和纳米 SiO_2 改性及分散性能的研究[J]. 合成纤维工业,2011,34(1):5-8.

[11] LYU B, WANG H D, MA J Z, et al. Preparation and application of castor oil/nano-TiO_2 composite fatliquoring agent via a Pickering emulsion method[J]. Journal of Cleaner Production, 2016,126: 711-716.

[12] 段徐宾. 琥珀酸酯磺酸化氢化蓖麻油/改性纳米 TiO_2 复合加脂剂的合成及性能[D]. 西安:陕西科技大学,2015.

[13] BOCCHINI P, PINELLI F, POZZI R, et al. Quantitative determination of dimethyl fumarate in silica gel by solid-phase microextraction/gas chromatography/mass spectrometry and ultrasound-assisted extraction/gas chromatography/mass spectrometry[J]. Environmental Monitoring and Assessment, 2015, 187(6): 320.

[14] 陈春英. 二氧化钛纳米材料的制备、表征及安全应用[M]. 北京:科学出版社,2014.

马建中 博士、二级教授、博士生导师。陕西科技大学党委委员、副校长，兼任国务院学位委员会轻工技术与工程学科评议组第六届委员、第七届召集人，教育部高等学校轻工类专业教学指导委员会副主任，教育部轻化工助剂重点实验室主任，中国皮革协会技术委员会主任、名誉主任，国际多种知名学术期刊及会议论文审稿专家，并多次担任国际会议执行主持。入选教育部新世纪优秀人才支持计划，获中国皮革协会皮革行业杰出贡献奖及中国轻工业联合会“十一五”“十二五”科技创新先进个人、陕西省优秀留学回国人员、陕西省先进工作者、陕西省教学名师等荣誉称号。享受国务院政府特殊津贴。

马建中教授率领他的团队长期以来致力于新型皮革化学品的研制，成功开发了具有自主知识产权的新型皮革鞣剂、复鞣剂、涂饰剂、加脂剂等 37 项新技术，并在国内外 31 家企业进行了转化，实现了工业化生产，累计生产并销售产品 8 万余吨，不仅经济效益和社会效益显著，而且大幅度增加了皮革制品附加值，提升了国际竞争力。获国家技术发明奖二等奖 1 项，国家科学技术进步奖二等奖 1 项，何梁何利基金产业创新奖 1 项，省部级特等奖 1 项、一等奖 3 项等。获授权国家发明专利 64 荐，并申请 PCT 国际发明专利 10 项，其中 2 项已分别进入美国和德国；发表 SCI 收录论文 159 篇，2 篇入选 ESI 高被引论文，论著被国内外同行他引 3400 余次。

淀粉类特膳食品的功能化设计与创制

金征宇

江南大学食品科学与技术国家重点实验室,无锡

一、背景意义

(一) 碳水化合物是人类生存和健康的基础

在生物界的能量循环和物质循环中,绿色植物通过光合作用获得了生物体赖以生存的能量,并将大气中的二氧化碳引入生物体成为机体的组成成分,且为异养生物提供了能源和碳源。碳水化合物在生物体内经过一系列的分解作用后释放出能量,供生命活动之需,在分解过程中形成的某些中间产物又可以作为合成蛋白质和脂肪的原料。因此,碳水化合物是人类生存和健康的基础,占绿色生物质总量的3/4,绿色植物年合成4 500亿t,提供人体60%左右的能量,有效利用碳水化合物资源将对社会的发展起到很大的促进作用。

碳水化合物在食品、纺织、医药、化工等各行业的应用越来越广泛。20世纪70年代以来,随着免疫物质、生物膜及多种生物活性物质的研究进展表明,碳水化合物尤其是糖类在生物体内具有各种关键的生物学功能,如抗病毒、抗衰老、降血糖、刺激造血、免疫调节与抗肿瘤、改善肠道功能、促维生素合成、钙吸收等生物学功效,且对机体的毒副作用非常小。因此对糖类的研究再度成为人们关注的焦点,国际科学界视多糖的研究为生命科学前沿的领域。碳水化合物是天然药物类的重要来源,如免疫调节药物、抗肿瘤药物、抗病毒药物以及抗衰老药物等。此外,碳水化合物也是食品功能配料来源,如食品工业中的脂肪替代品、增稠剂及乳化剂等。基于此,碳水化合物已成为最引人注目的生物研究领域。但是,由于碳水化合物结构复杂多样,使其研究落后于蛋白质领域。

(二) 碳水化合物的结构修饰及功能性调控

近年来,饮食结构的改变、社会结构的变化以及生活节奏的加快,一些与糖组分代谢相关的慢性疾病发生率正处于快速增长期,包括糖尿病、心脑血管疾病、高血压、肥胖/超重等。糖代谢失衡相关慢性病成为威胁人类健康的突出问

题。世界卫生组织调查显示,2015 年 23 亿成人超重,7 亿多成人肥胖;2010 年欧洲非传染性疾病高级别研讨会报告显示,糖尿病等每年致死 3 500 万人;2010 年全球风险报告(世界经济论坛)研究表明,非传染病每年造成的损失达 1 万亿美元。现今中国,全民健康状态也不甚理想,慢性病患病率达 20%,亚健康者超 70%;13 亿人口中有 9 000 万肥胖者、9 700 万糖尿病患者以及 5.6 亿龋齿患者。

在丰衣足食的现代社会,人们已不再需要追求食品的营养和味道,而在饮食生活中,最关心的是食物对“生活习惯病”等疾病的预防功能和维持健康的功能。由于对食物功能要求的转换,随之产生了“功能性食品”的概念。

碳水化合物的生物活性、功能性质由特定的糖苷键或空间构象决定,因此经常采取化学和酶技术手段对降解得到的特定碳水化合物组分进行转苷、异构、氢解、侧链修饰处理,以获取具有特定功能的碳水化合物产品。碳水化合物结构修饰是调控其加工特性与生理功能的重要手段。玉米是重要的碳水化合物资源,其产量较大(2.6 亿 t),“去库存”任务紧迫。通过碳水化合物结构修饰,可以实现其功能特性的调控,从而特定地应用到各种功能性食品中,实现食物对“生活习惯病”等疾病的预防功能和维持健康的功能。

二、淀粉结构基础研究

淀粉是食物的典型组分,占机体能量总摄入量的 50%~70%,其“质”和“量”直接影响着血糖的调节。根据生物可利用性,可将淀粉分为易消化淀粉(rapidly digestible starch, RDS)、慢消化淀粉(slowly digestible starch, SDS)、抗性淀粉(resistant starch, RS)。RDS 在人体吸收后能实现能量快速释放,产生高血糖应答;SDS 则能够持续缓释能量,维持餐后血糖稳态;而 RS 类似于膳食纤维,不被人体吸收,不产生血糖应答,具有促进肠道健康的功效。SDS 和 RS 作为低热膳食纤维,正在成为食品营养学的研究热点。

SDS 和 RS 属于典型低升糖指数原料。SDS 能在小肠中被完全消化吸收,但吸收速度较慢,为在体外模拟条件(37 ℃、pH = 5.2)下被混酶(胰 α-淀粉酶、糖化酶与转化酶)在 20~120 min 内消化的淀粉营养片断,主要指一些生的未经糊化的谷物淀粉、部分老化淀粉及淀粉复合物。RS 为在小肠中不能被酶解、在结肠中被发酵利用的淀粉。RS 的形成是通过一定分子量的淀粉分子在凝成过程中发生重排聚集而形成的有序的结晶结构。根据理化性质的不同,RS 可被分为五类:① RS1,封闭在植物细胞内,很难与酶接触,如部分粉碎的谷类;② RS2,马铃薯、香蕉或高直链玉米中存在的抗酶解的原淀粉颗粒;③ RS3,淀粉经压热后形成的回生淀粉,其存在于冷却或熟淀粉类食物中;④ RS4,通过化学改性淀粉得到,如交联淀粉;⑤ RS5,通过形成淀粉共聚复合物得到,如淀粉-脂质复合物。

淀粉资源粗放利用、高效转化途径少,高性能新产品缺乏,玉米产业链供给改革为当前淀粉加工存在的主要问题。因此,围绕淀粉结构-性质-加工的关系展开系统研究,阐明淀粉结构与生物可利用度的调控机制和策略,建立淀粉类特膳(即特殊膳食)食品的高质化利用新模式具有重大的现实意义。

功能性特膳食品,专业上称之为特殊适应性食品。特殊人群饮食调控的科学本质是控制常规饮食,补充特殊膳食,强化针对营养,减少代谢负担,促进身体健康。根据最近的免疫学调查结果显示,在各种各样的癌症中,有几种癌症是可以事前预防的。另外,对于糖尿病患者来说,如果每天注意自己的饮食,预防糖尿病发作也是可能的。通过调节饮食,除了可以预防疾病和身体老化外,对于"生活习惯病"的预防也将起到重要作用。因此,通过实现抗性淀粉/膳食纤维、低血糖生成指数方便主食和方便营养米等功能性特膳主食的创制及产业化,可实现食物对"生活习惯病"等疾病的预防功能和维持健康的功能。

三、功能化淀粉衍生物开发

淀粉颗粒结构或者淀粉分子结构的改变可以使其物理化学性质发生一系列变化,从而得到多种功能性质的淀粉衍生物。所以,研究淀粉的精细结构,建立淀粉结构与品质之间的联系,开发多功能性淀粉衍生物,成为科学家共同关注的课题。

(一)淀粉结构-品质关系

在天然淀粉中,20%~30%的淀粉为直链淀粉分子。直链淀粉由D葡萄糖以α-1,4-糖苷键连接而成的多糖链;支链淀粉在支链交叉处为α-1,6-糖苷键连接,其余部分由α-1,4-糖苷键连接。直链淀粉分子的立体结构呈螺旋状,遇碘形成蓝色的络合物,分子聚合度在100~6 000之间,一般不超过1 000;支链淀粉的相对分子质量较大,一般主链每隔6~9个葡萄糖残基就会有一个分支,相对分子量一般超过2×10^7,平均聚合度约为1 000~30 000,难与碘形成络合物,所以遇碘仅呈红紫色。所以利用此特性,建立了HPSEC-MALLS-RI-碘混合反应器-UV五单元串联分析技术,实现直链淀粉与支链淀粉的在线分离和相对分子质量同步检测。

在淀粉精细结构方面,研究发现淀粉链的长度可以决定淀粉的消化速度,含有较多短链(DP<13)和长链(DP>13)的淀粉会具有较好的慢消化特性,可以作为制备SDS的参考。如果进一步进行聚类分析,可以揭示DP值与慢消化片段含量的几何关系。

另外,实验研究发现直链淀粉还可以与其他大分子物质发生相互作用。例如淀粉与脂质、蛋白质、酚类等活性物质会发生主-客体相互作用,可以用来设计制备不同功能性的自组装纳米复合物,如水溶性良好的直链淀粉/β-乳球蛋白/α-亚油酸三元自组装纳米复合物、可替代常规塑料包装的豌豆淀粉纳米复合膜。目前,笔者所在实验室已成功利用分子对接技术探讨多酚类物质与消化淀粉酶的结合作用,提出黄酮醇化合物苯环或吡喃环结构上羟基化、糖基化或酰化调节淀粉消化过程的机制。

(二) 新型淀粉衍生物

目前,淀粉衍生物的制备方法主要有物理改性、化学改性和酶法改性。物理改性淀粉主要包括预糊化淀粉、电子辐射处理淀粉、热降解淀粉等,以及对糊精进行焙烧得到的一系列产品。化学改性淀粉主要包括氧化淀粉、醚化淀粉及酯化淀粉等。例如,笔者所在实验室发明了一步干法制备琥珀酸淀粉酯、交联木薯淀粉等新工艺,并阐明了取代度和化学基团分布参数对其消化性能的影响规律。酶法改性淀粉是淀粉在酶的作用下发生生物化学作用而制备的,如直链淀粉、糊精、普鲁兰等。改性的淀粉酶来源一方面可以从自然界筛选得到,诸如麦芽糖淀粉酶、4-α-糖基转移酶、分支酶等多功能糖酶,它们被证实可以诱导构建具有慢消化性的束状超分子结构;另一方面可以通过基因工程技术筛选得到。笔者所在实验室已证实通过筛选特异性糖苷酶结合构建专一性基因工程菌,可以创制出具有柔性包埋结构的新型糊精类淀粉衍生物,包括弹簧糊精、分支环糊精和大环糊精等。

在实际生产过程中,淀粉衍生物的制备往往会涉及两种及两种以上的改性方法,以达到最佳的淀粉衍生物品质要求。笔者所在实验室建立了玉米淀粉“限制解簇+酶法脱支+低温回生”结晶制备抗性淀粉新工艺,可使开发的产品中抗性淀粉含量达到73.2%,热加工稳定性达到130~140 ℃;并进一步筛选与利用结晶助剂硬脂酰乳酸钙,淀粉 B-型结晶体系向Ⅵ-型结晶转化,使Ⅵ-型慢消化淀粉含量提高至60.7%,热加工稳定性提高至95~120 ℃。

此外,由于淀粉分子独特的结构性质,基于淀粉基的纳米材料也成为纳米科学领域和食品领域的研究热点。纳米淀粉微球具有生物相容性、无毒、无免疫原性,且储存稳定,还具有穿过组织间隙并被细胞吸收、靶向、缓释、高效、多种给药途径等优点。纳米淀粉微球的结构、物理化学性质可在制备过程中进行控制,以改善其载药性能。笔者所在实验室研究发现,通过温和酸解修饰制备淀粉纳米晶粒,并在淀粉纳米晶表面引入羧基,可使制备的纳米粒子分散性得到显著提高。

我国在淀粉衍生物行业的发展与国外相比仍然较为落后,但是发展潜力巨大，增长速度较快。目前，交联辛烯基琥珀酸淀粉酯、硬脂酸淀粉酯、抗性淀粉等变性淀粉类淀粉衍生物干法生产技术在国内变性淀粉生产规模最大的企业——诸城兴贸玉米开发有限公司实现了大规模工业化生产，该公司自2004年应用本项目技术以来，累计生产上述系列变性淀粉超过5万t。淀粉创新研究包括多功能性淀粉衍生物、纳米材料、氢键保护剂等助剂组合，同时解决淀粉回生问题。提高淀粉类食品的品质与加工性能，是未来淀粉工业发展的主要趋势。

四、新型特膳食品创制

基于慢消化淀粉与抗性淀粉两大类衍生物与饭、面、饼干三大类食品载体，创制低血糖生成指数（GI）淀粉类主食等功能性特膳主食，将最终实现食物对“生活习惯病”等疾病的预防功能和维持健康的功能。其中，低GI主食-方便营养米的制备关键技术如下所述。

（一）营养强化米配方设计与新产品开发

根据科学膳食的要求，将一些天然营养物质如各类杂粮按一定比例与碎米进行质构重组，制成与普通大米一样蒸煮性能和蒸煮方法的天然营养复合大米，研制出适合不同人群需求的营养米产品。

（二）复配对营养米食用品质的影响及其机理研究

建立了乳化剂、谷物粉、糯米粉等添加剂与籼米淀粉凝胶特性以及大米食用品质之间的相互作用关系，从淀粉、蛋白质等分子空间结构以及分子间相互作用角度探明了挤压配合营养米质构重组机理，并通过响应面优化确定最佳的复配方案。

（三）营养强化及工程化应用研究

挤压工艺原料采用粉料，为复配食品改良剂、其他谷物粉、营养强化剂等制备各种风味独特的产品提供了广阔的空间。采用添加2%的大豆蛋白质，使大米蛋白质的效价提高了5.8%，添加维生素B1的最大保留率可达到73.5%，维生素A的最大保留率达到85.1%。

（四）配合营养米生产专用挤压机的研制

（1）螺杆的设计与组合。螺杆以渐开线为依据，设计了缓速并配置多个弱剪切力的正向剪切块，使米粉在不超过100 ℃的挤压过程中充分糊化，同时保证营养成分损失少和产品白度。

（2）模头结构的探究。根据米的外形特点，研究了模具的构型对产品形状及品质的影响，详细探讨了模具的开孔形式、模具的开孔面积和挤压机螺杆直径之间的关系；得到了稳流出料的出料模装置，使营养米产品的外形同普通大米的形状一致。

（五）营养方便米干燥设备与工艺研究

采用脉冲流化技术设计了干燥-冷却一体机。探索温度、风速等干燥工艺参数对干燥的影响，确定最佳干燥工艺条件，建立干燥工艺数学模型，实现干燥过程的全自动控制，研究分析最佳干燥条件下的配合营养米的食用品质，并制造了相应的干燥机。

（六）配合营养米的稳态化挤压技术

稳态化挤压技术是配合营养米生产装备的核心技术。通过高分子理化分析及流变学分析，对米粉等物料在挤压腔内所受剪切力曲线进行研究，对双螺杆构型及组合、膨化腔体、出料部件进行了优化，降低了挤压过程中物料所受剪切力的峰值，增加了挤压产品品种，保证了整个挤压过程平稳剪切，最终降低设备能耗、提高挤压产品品质。

（七）双轴分功能桨叶高熟化、强调质技术及密度控制技术

优化设计带有双轴分功能桨叶结构的调质器，让物料与蒸汽紧接触、强渗透，在更大的空间里相对高速运动，降低蒸汽消耗，拓宽物料粒度和水分调质范围，提高物料混合均匀性和糊化度；研制了在挤压腔末端与出料模具之间的密度控制装置，通过控制冷却水的流量，从而控制带走物料能量的大小，进而控制物料的膨胀程度，使产品密度可控。

（八）配合营养米的成型技术

针对营养米的外形特点，研究模具的构型对产品形状及品质的影响，详细探讨模具的开孔形式、模具的开孔面积和挤压机螺杆直径之间的关系，设计出稳流出料的出料模装置，使营养米产品的外形同普通大米的形状一致。

其他的低 GI 类主食，包括低 GI 面条及低 GI 韧性饼干，可通过调 pH+助剂诱导结晶等关键技术进行制备。例如在低 GI 面条的制备中，筛选并添加结晶助剂，使得在和面、熟化、压片过程中形成淀粉-脂质络合体类等淀粉复合物，降低消化速率。

五、结　　语

特膳食品已经被认为是当今营养产品的新型、朝阳产业。与国外相比，我国的特膳食品产业仍处于起步阶段，因此怎样细化与开发符合我国国情的特膳食品将成为这一新型产业的突破口。制备低 GI 类特膳食品研究具有十分重要的现实意义，建立高效制备低 GI 主食的技术、开发满足糖尿病等患者需求的特膳食品，将给糖尿病、心脑血管疾病、高血压患者及健康生活追求者带来福音。

金征宇　江南大学教授、博士生导师，食品科学与技术国家重点实验室主任，江南大学食品科学与工程国家一级重点学科带头人，教育部食品类专业教学指导委员会主任，中国食品科学技术学会副理事长，中国粮油学会副理事长。长期从事食品工程领域淀粉深加工方向的科研工作。在淀粉深加工基础研究、新产品开发及装备工程化等方面成果突出。获国家科技进步奖二等奖 3 项、国家技术发明奖二等奖 1 项。发表 SCI 收录论文 165 篇，他引 3 000 多次，入围 2014 年、2015 年、2016 年农业领域中国高被引学者。主编出版专著、教材 8 部(其中 1 本英文专著在国外出版)；授权国家发明专利 58 件(美国专利 1 件)，其中转移专利技术 17 件，主持设计淀粉工程建设项目 13 项，产业化效果显著。

木质纤维素生物质多级资源化工业利用探讨

孙润仓

北京林业大学 林木生物质化学北京市重点实验室，北京

我国木质纤维素生物质资源丰富，仅秸秆生物质年产量就超过 7 亿 t，是造纸、化工、纺织和生物能源等工业领域的主要原材料。同时，我国木质纤维素生物质产品消耗量巨大，需求量仍在急剧增长。例如我国纸和纸板、人造板产量均居世界第一。然而，我国木质纤维素生物质长期处于单一组分资源化利用状态，导致其他组分在加工过程中被破坏、丢弃，造成生物质资源的巨大浪费。例如传统制浆造纸工业主要利用纤维素，而半纤维素和木质素在制浆过程中却未能实现高值化利用。纤维素乙醇产业也仅仅利用纤维素，产生了大量的发酵残渣，残渣的主要成分是木质素。据统计，我国每年木质素产量超过 1 100 万 t，但有效利用率不到 20%。这种传统生物质单一组分直接转化利用的方式存在的弊病是资源严重浪费、产品附加值低、环境污染大。特别是随着化石资源的日益减少，作为解决后化石资源时代能源、材料和化学品短缺的重要途径，生物质精炼技术正日益受到国内外研究者的极大关注与重视。木质纤维素生物质精炼技术的不断发展是对传统制浆造纸产业发展方式的变革与创新，同时对新兴的生物质材料和化学品产业具有直接的推动作用。

众所周知，木质纤维素原料主要由纤维素、半纤维素和木质素三大部分组成，三者占到总细胞壁含量的 90% 以上（图 1）[1]，其中纤维素是由葡萄糖以 β-1,4-糖苷键聚合而成的线性聚合物，分子内及分子间具有很强的氢键作用力，具有一定的结晶度；半纤维素是由木糖及其他糖基聚合而成的具有一定分支度的多糖聚合物；木质素则是由苯丙烷基聚合而成的芳环大分子聚合物，以化学键（酯键和醚键）与半纤维素结合在一起，其基本成分（紫丁香基、愈创木基和对羟基苯基单元）通过自由基偶合反应形成不同的连接方式（芳基醚键和碳碳键），其结构在细胞壁组分中最为复杂。目前，生物质高值化利用的有效途径是当前的生物质炼制模式，即生物质单一组分分别转化为材料或化学品，最终实现生物质全组分的高值化利用，以解决环境和能源问题、实现人类可持续发展和生态文明。如能将生物质各组分全部利用，将会产生巨大的经济、社会和环境效益。生物质炼制工程是一种以木质纤维素可再生资源为主要原料，通过各种物理和化

学转化的方法,综合利用原料各组分和中间产物,实现以炼制生产液体燃料与大宗化工产品为目标的新型工业模式,是建立新型生物质产业最有希望的技术路线(图2)[2]。美国、欧盟等已投入巨资进行大规模战略技术开发[3]。

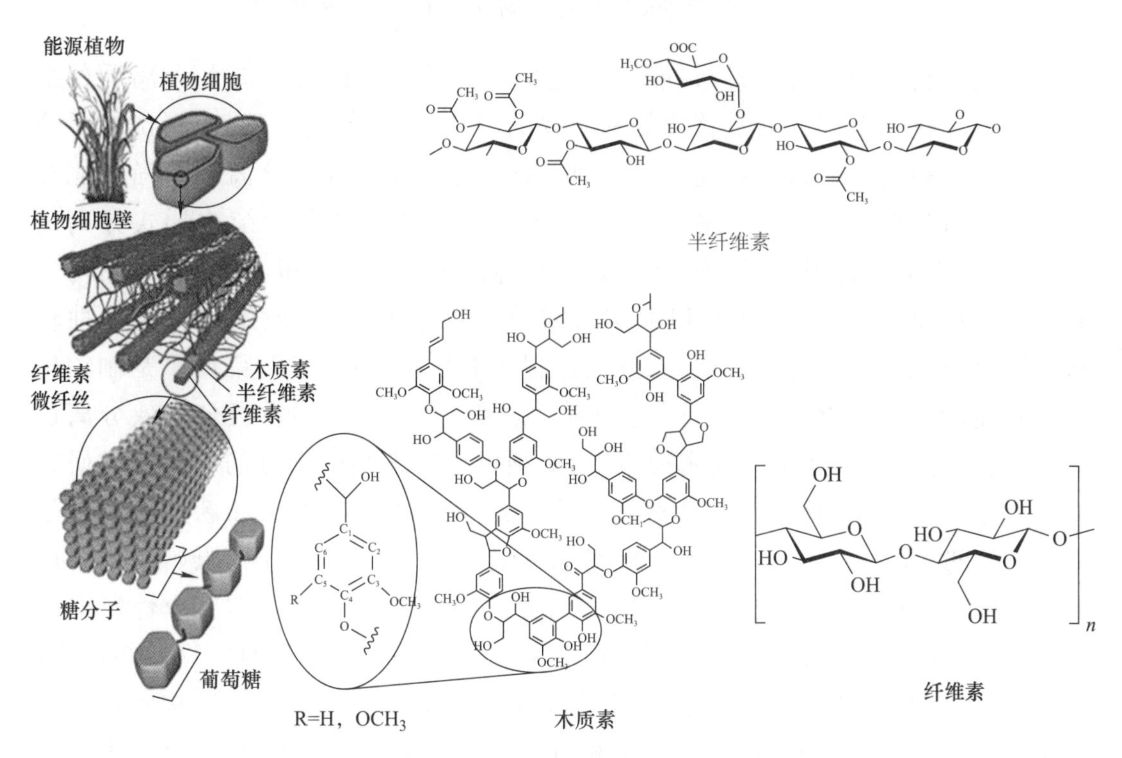

图1　木质纤维生物质细胞壁结构及化学组成

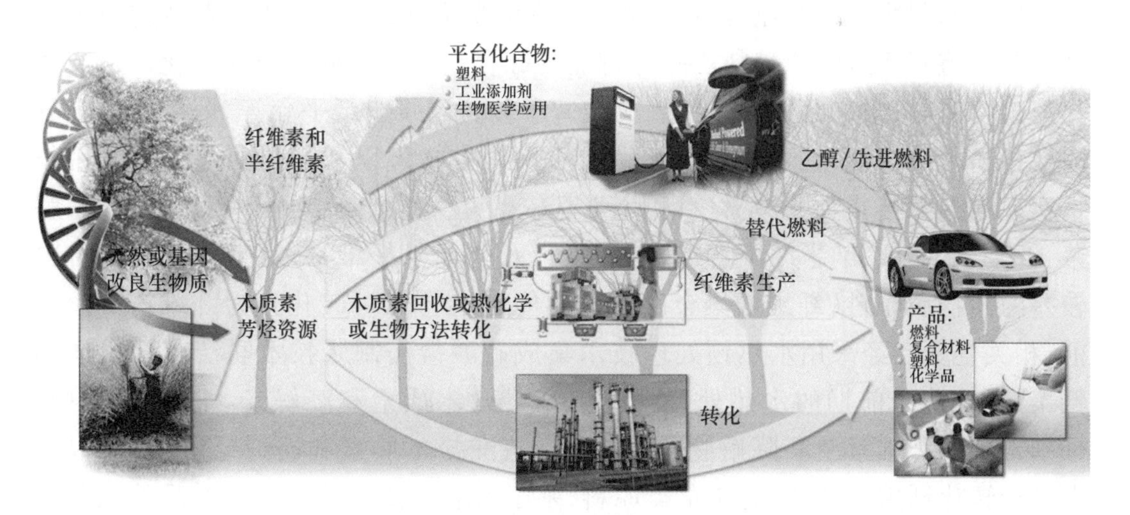

图2　未来木质纤维原料的生物炼制模式

实现生物质炼制的首要步骤是在保持原料中大分子物质原有结构特点的基

础上，从原料组成和结构的差异出发，建立创新的选择性组分拆分方法以获得高纯度的各组分。

一、基于生物炼制的生物质组分分离技术

生物质转化为高值化材料、能源和化学品的关键是组分分离和分离后各组分的高值转化。组分分离是首要的和必要的，根据原料的结构特性，提出组分分离和转化为高值化材料的新途径。然而，目前的各种大规模分离技术尚不能经济、高效、清洁地将木质纤维素生物质三大组分以较完整分子结构形式分离出来，在分离提取一种组分时（如纤维素），其他组分（木质素和半纤维素）结构受到严重破坏，得到的半纤维素和木质素组分结构改变，化学或生物反应活性较低，导致后续利用较为困难；此外，分离过程中能耗高、对环境污染严重是制约生物质转化的另一个重要因素。国内外研究表明，要解决生物质组分高效分离这一难点，不能只停留在工艺技术摸索上，必须以原料细胞壁组分的原始结构研究和原料的差异性作为切入点，针对性地提出组分分离的新方法和新途径。多年来，笔者研究团队一直致力于木质纤维素生物质组分化学成分和原始结构特性解译、生物质预处理化学、组分高效分离、分离组分的结构和化学反应性研究以及分离组分的高值化转化利用研究，进而实现生物质的全组分的生物炼制过程。众多研究表明，这种生物质全组分利用的新模式，即“生物质原始结构解译—组分定向分离—分离组分高值转化”的模式对于木质纤维素资源的高效利用具有重要的指导意义。

传统的制浆造纸产业是生物质炼制的初级阶段，而木质纤维素生物质炼制则是对目前制浆造纸和燃料乙醇等行业的综合利用技术的升级和深化。从产业化的角度来看，未来的生物质精炼应该基于传统制浆造纸平台等，即生物质组分高效分离再进行转化的模式，这种生物质炼制方式可以和当前的生物质利用技术实现无缝对接；纤维素基材料和化学品依然是生物质炼制的主要产品，如溶解浆、纸张、功能纸、纳米纤维素、微晶纤维素及功能化纤维素；对于一些制备材料较差的生物质原料（纤维素聚合度较低的能源植物），可转化其为纤维乙醇。目前，相关企业已经采用水热预处理技术集成硫酸盐法制浆技术联产半纤维素和低聚糖（取决于前期的水热处理强度）、硫酸盐木质素和溶解浆。在此过程中，分别得到半纤维素及其降解物（低聚糖）、硫酸盐木质素和高纯纤维素，可以各自进行转化利用。此外，对于草类原料，基于目前以低聚糖为主要产品的工艺路线，则可以将水热预处理和稀碱预处理相结合，联产低聚木糖、高纯且结构较为完整的稀碱木质素和粗纤维素。粗纤维素可以通过进一步酶解糖化发酵制备纤维素乙醇。目前，木质素的主要来源是以木质纤维素原料生产其他主要产品时

的副产物，如制浆工业的黑液木质素和纤维素乙醇工业的发酵残渣。因此，木质素的选择性分离、纯化和结构均化、分子活化及其高值化转化利用是木质素领域当前的重要研究方向。一般来讲，不同原料、不同预处理技术和木质素选择性分离方法，最终会导致木质素结构差异性较大，这将对木质素作为起始原料开发材料和化学品具有不同的影响。

基于上述考虑，目前生物炼制木质素(非工业木质素)的高效分离和利用取决于以下几个研究方面。① 植物细胞壁中木质素的结构解译，可为生物质组分分离和拆解方法的选择与开发奠定基础，尤其是我国大宗的农林生物质原料，如小麦秸秆、稻草秸秆、玉米秸秆、毛竹、慈竹、毛白杨、桉树、能源植物等速生原料(图 3)。② 生物质预处理过程中的木质素结构变化机理研究。上述的两个研究方向，已在笔者研究团队的一篇综述文章中进行了详细的介绍[4]。③ 木质素高效分离技术，尽量采用较为温和的处理条件将木质素组分分离出来(如稀碱处理或碱性过氧化氢处理)，分离过程中尽量避免木质素自身的缩合反应，提取成本要较为低廉，操作方便。④ 采用工业膜分离方法对木质素组分进行纯化和均化。⑤ 通过催化体系或者双相体系将木质素片段从原料中解离或者解聚出来，

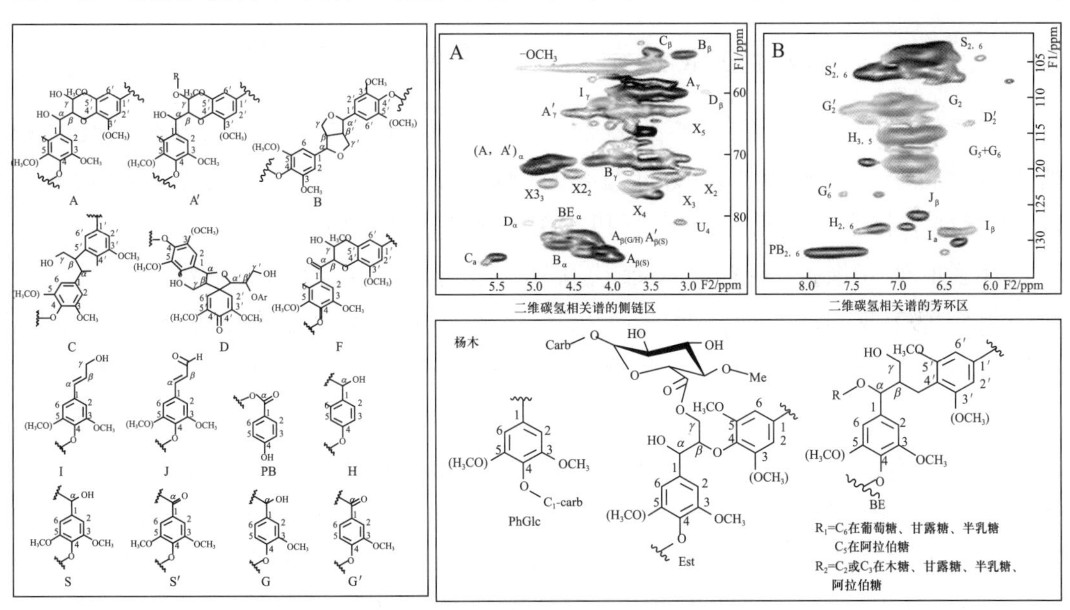

图 3　毛白杨的原本木质素的二维核磁图谱及其鉴定的结构单元

A—β-O-4 醚键结构，γ 位为羟基；A′—β-O-4 醚键结构，γ 位为酯化的对羟基苯甲酸；B—树脂醇结构，由 β-β、α-O-γ 和 γ-O-α 连接而成；C—苯基香豆满结构，由 β-5 和 α-O-4 连接而成；D—螺环二烯酮；F—α-氧化的 β-O-4；I—对羟基肉桂醇单元；J—羟基肉桂醛端基；PB—对羟基苯甲酯；H—对羟苯基结构；G—愈创木基结构，G′—氧化的愈创木基结构；S—紫丁香基结构；S′—氧化紫丁香基结构；PhGlc—苯基糖苷键；Est—γ-酯键；EB—苄基醚键

用于进一步制备芳环化合物、酚醛树脂胶和聚氨酯发泡材料等。⑥ 木质素活化体系的构建及其木质素材料中间产物的制备。⑦ 工业木质素的分级纯化技术，包括膜分离、沉淀分级和溶解分级等技术[5]。

相比结构复杂的木质素，半纤维素是一种非均一性多糖，目前对于半纤维素分离的研究主要集中在以下方面：① 主要采用水热体系和稀酸预处理体系，将半纤维素以低聚糖的形式和高聚物形式分离出来，实现半纤维素的高效分离；② 采用碱介质分离体系，将半纤维素以分子结构较为完整的形式从木质纤维素中分离出来，得到分子质量较大、分子质量较为均一的半纤维素高分子；③ 采用工业膜分离的方法对半纤维素进行分级、均化和纯化；④ 采用梯度分离方法（如不同浓度的硫酸铵溶液、乙醇溶液、碘-碘化钾溶液）对半纤维素进行纯化和分级，得到含有侧链和不含侧链的木聚糖类半纤维素[6]。

综上，木质纤维素生物质三大组分分离过程属于生物质炼制产业上游的基础科学和技术问题，需要根据原料特性进行系统研究，根据植物纤维原料细胞壁中各组分的沉积和分布规律、原始结构和与其他组分的交联结构及类型，进而提出若干有针对性的高效组分分离技术。

二、基于生物炼制的生物质组分高值化利用

生物质炼制过程中的组分分离是生物质高值化的基础，而组分高值化利用则是生物质产业链延伸和发展的关键，只有下游产品具有一定的市场前景和活力，才能推动整个生物质炼制行业和相关产业持续快速发展。

众多的研究报道表明，半纤维素其功能衍生物可广泛用于造纸、食品、洗涤剂和制药等工业领域。在造纸工业，半纤维素衍生物可以用作纸张添加剂，以增加纸张强度并改善漂白效果。在食品工业，半纤维素可用作食品胶、增稠剂、黏合剂、环保食品包装膜等。在生物制药行业，半纤维素可以用来生产新型药物，这些药物具有增强免疫能力、抑制恶性肿瘤或抗凝血能力。此外，在新型的生物质材料领域，半纤维素也可被用来制作凝胶材料、抗菌材料、催化材料等。虽然半纤维素潜在用途众多，但是其有市场前景的高值化开发利用尚在探索研究中。

目前，基于结构明确的半纤维素，笔者研究团队构建了半纤维素基系列材料。例如，分离的半纤维素主要用来构建半纤维素材料或者材料中间体，如药物载体、智能水凝胶、膜材料等，这些材料的合成将会大大拓宽半纤维素的高值化利用途径及应用领域（图 4）[7-8]。目前在半纤维素材料方面开展的工作主要包括以下方面：① 构建了系列的酯化和醚化半纤维素中间体；② 构建了半纤维素基系列水凝胶材料（pH、盐和有机溶剂三重响应的离子型智能水凝胶，温度敏感，光敏感水凝胶）；③ 凝胶载体材料（纳米基因载体、疏水药物载体）；④ 半纤

维素传感器材料(荧光标记纳米粒子、磁性纳米粒子);⑤ 纳米颗粒催化剂材料;⑥ 半纤维素复合材料(膜材料和纳米材料等)。

在木质素高值化研究领域,目前的研究工作主要包括:① 改性木质素作为材料或材料中间体,如木质素基环保酚醛胶、改性环氧树脂胶、改性酚醛胶、碳纤维等[9];② 作为共聚物的组分参与材料的合成,如聚氨酯、橡胶补强剂、其他共聚物[10];③ 化妆品领域的天然抗氧化剂和抗紫外剂;④ 木质素的定向催化解聚,制备低分子化合物,如香草醛、紫丁香醛以及混合产物的分离和综合利用途径;或者将针叶材的木质素直接解聚制备香草醛;⑤ 采用催化加氢的方式利用木质素制备苯酚、苯酚衍生物、环烷类、乙酸等小分子化学品[11];⑥ 采用催化加氢技术和链扩增手段将木质素转化为生物汽油;⑦ 木质素基新型材料的设计与制备,如木质素基吸附剂材料、木质素基缓控释肥料、木质素-石墨烯共混材料、木质素电极材料、木质素表面活性剂等其他基于木质素的高值化产品。这个领域目前发展较为迅速,相信更多的木质素基材料和化学品会被大规模开发和利用成功,真正实现木质素资源的高值化利用。

目前,生物炼制研究领域已经初步实现了林木生物质原料的多级资源化利用,最为成功的案例是笔者研究团队与山东龙力生物科技股份有限公司合作的玉米芯多级资源化利用项目,笔者研究团队首创了工程化水热耦合稀碱处理新技术,即第一步仅水热预处理,第二步稀碱处理分离出高纯度木质素及纤维素,再分别制备木质素酚醛胶及纤维素乙醇。该新技术研发的联产产品,低聚木糖纯度大于97%,收率提高24.7%,木糖及阿拉伯糖纯度大于98.5%,显著提升了半纤维素的转化效率;应用该新技术,脱除了吸附在纤维素表面的半纤维素及大部分木质素,增加了酶接触纤维素的可及性,显著提高了酶水解效率,同时回收了高纯木质素,生产吨乙醇所需的木质纤维素生物质原料由未处理的约8 t及水热处理后的5.4 t减少到水热耦合稀碱处理后的3.2 t,生产成本接近粮食乙醇生产水平,同时生产吨乙醇的用酶成本降低了35%以上。针对木质素的高值化利用,笔者研究团队开发了木质素在碱性介质中的定位定量高效活化新技术[8]。在木质素定位活化的基础上,以木质素、甲醛、苯酚等为主要原料,采用多步聚合等原理及技术,率先在国际上研制出生物质木质素高强度耐候胶黏剂,攻克了长期困扰人造板工业低醛低酚高强度酚醛胶制备的技术难题,该技术具有很好的资源和环境优势,已在多家人造板企业实现了工业化生产。下一阶段将进一步扩大原料范围,以其他农林废弃物如小麦秸秆、玉米秸秆、蔗渣等为主要原料,采用笔者研究团队开发的新技术在全国推广应用,以彻底解决因秸秆焚烧而引起的重度环境污染,实现绿色循环经济和大健康产业的有机结合,从而有利于我国社会的可持续发展。

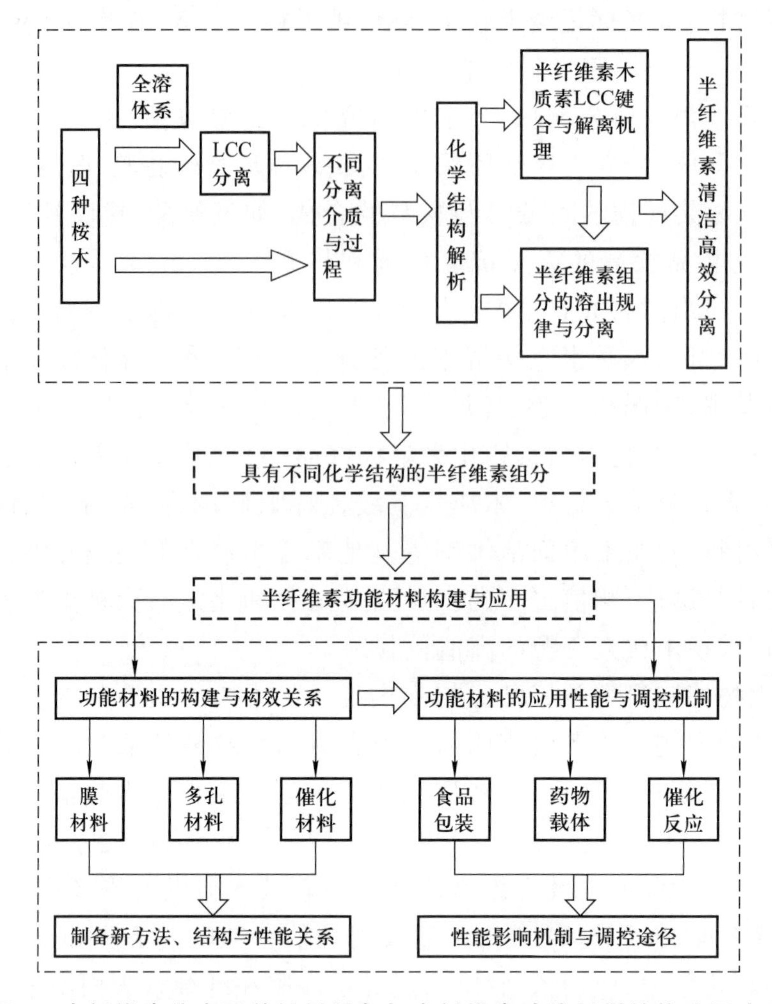

图 4　半纤维素分离及其材料制备与半纤维素功能材料的构建及应用

三、结　　语

总之,木质纤维生物质炼制和多级资源化利用技术目前在应用基础研究领域已经取得了阶段性成果,未来的研究重点是将基础研究的成果逐渐放大并进行相关的产业化推广。此外,目前的生物质多级资源化利用技术要以目前的制浆造纸和纤维素乙醇产业平台为基础,同时构建半纤维素和木质素基材料与化学品的合成制备平台,通过对下游高附加值产品的开发和利用来推动上游的组分高效分离过程,同时以上游的分离过程来支撑下游的产品开发,真正实现木质纤维素生物质资源多级资源化的良性可持续发展。

参考文献

[1] FOSTON M, RAGAUSKAS A. Biomass characterization: recent progress in understanding biomass recalcitrance[J]. Industrial Biotechnology, 2012, 8(4): 191-208.

[2] RAGAUSKAS A J, BECKHAM G T, BIDDY M J, et al. Lignin valorization: improving lignin processing in the biorefinery[J]. Science, 2014, 344(6185): 709-720.

[3] 陈洪章,隋文杰. 生物质炼制工程科学问题——生物质抗渗流屏障的提出[J]. 生物产业技术,2015(3):69-76.

[4] WEN J L, SUN S L, XUE B L, et al. Recent advances in characterization of lignin polymer by solution-state nuclear magnetic resonance (NMR) methodology[J]. Materials, 2013, 6(1): 359-391.

[5] 王冠华,陈洪章. 木质素分级方式及其对产品性能的影响[J]. 生物产业技术,2015(5):14-20.

[6] PENG F, PENG P, XU F, et al. Fractional purification and bioconversion of hemicelluloses[J]. Biotechnology Advances, 2012, 30: 879-903.

[7] 彭新文. 功能化半纤维素高效合成及其材料应用研究[D]. 广州:华南理工大学,2012.

[8] 陈巍. 生物质基催化剂的制备及其催化性能研究[D]. 广州:华南理工大学,2015.

[9] YANG S, WEN J L, YUAN T Q, et al. Characterization and phenolation of biorefinerytechnical lignins for lignin-phenol-formaldehyde resin adhesive synthesis[J]. RSC Advances, 2014, 4(101): 57996-58004.

[10] 薛白亮. 基于木质素的聚氨酯材料制备与性能研究[D]. 北京:北京林业大学,2015.

[11] 沈晓骏,黄攀丽,文甲龙,等. 木质素氧化还原解聚研究现状[J]. 化学进展,2017,29(1):162-178.

孙润仓 1955年2月生。1982年2月毕业于西北大学,1996年获英国威尔士大学博士学位。北京林业大学林木生物质化学北京市重点实验室主任、林产化工学科带头人。国家杰出青年基金获得者,“长江学者奖励计划”特聘教授,“973”首席科学家。30多年来,一直从事于生物质转化为新材料、新能源及化学品方面的研究及工程化应用。第六、七届国务院学位委员会轻工技术与工程学科评议组成员,第七届教育部科学技术委员会化学化工学部委员,英国皇家化学会会士(Fellow)。在国内外学术期刊上发表SCI收录论文690篇;主

编英文专著1部，参编英文专著30部；获授权发明专利77项。担任6种国外期刊执行主编和副主编、11种国外期刊编委。获国家技术发明奖二等奖2项、留英化学科学与技术学会和英国科学学会联合授予的学术成就奖、省部级自然科学奖/科技进步奖一等奖5项、中国工程院第十一届光华工程科技奖。

橘皮类黄酮的分离、纯化、结构鉴定及抗氧化研究

单 杨[1] 苏东林[1,2] 李高阳[2] 刘 伟[2] 汪秋安[3]

1. 湖南省农业科学院,湖南省农产品加工研究所,长沙;

2. 湖南省食品测试分析中心,长沙;

3. 湖南大学化学化工学院,长沙

柑橘皮、肉都是正统的中药,在我国有悠久的药用历史。我国古代医学认为,柑橘皮性味辛,微温,无毒,入脾、肺经,有理气调中、燥湿消痰、行气导滞的功效,具有消炎、抗溃疡、抑菌及利胆等作用。现代医学证明,柑橘皮具有很高的药用价值,主要含有类黄酮化合物、类胡萝卜素类、硫胺素、核黄素、膳食纤维等食用和药用成分,特别是类黄酮化合物在柑橘皮中的含量尤为丰富,具有抗氧化、抗癌、防止心血管疾病、消炎镇痛、抗过敏、抗菌和抗病毒等多重生理功能[1-7]。

从天然植物中提取、分离出化合物单体并进行结构的分析鉴定,其重要意义在于:一是发现药用植物中的有效成分,寻找其临床疗效的依据;二是有助于阐明天然药物的构效关系;三是为植物的分类及生理研究提供证据和方向[8-9]。类黄酮物质的分离纯化最常用的方法主要有聚酰胺柱层析法、硅胶柱层析法、葡聚糖凝胶柱层析法和高效液相色谱法(HPLC 法);目前,对于类黄酮物质的结构研究主要利用波谱法(质谱、紫外线谱、核磁共振图谱)[10-15]。类黄酮物质在 240~280 nm 和 300~400 nm 有两个吸收带,前者是由 B 环上原子的电子跃迁产生的吸收,后者是由 A 环上原子的电子跃迁产生的吸收;添加不同的化学试剂(甲醇钠、乙醇钠、三氯化铝、硼酸、醋酸钠等),这两个吸收带会由于苷元部分结构的变化而产生移动,以之来判断苷元上的取代基及其位置[16]。

本文利用层析硅胶柱、聚酰胺柱和 Sephedex LH-20 柱等方法从温州蜜桔皮中分离纯化得到类黄酮化合物单体,并利用样品波长扫描图谱、LC-ESI-MS 与核磁共振技术(包括^{1}H-NMR、^{13}C-NMR、DEPT-NMR)进行结构确定,并通过体外抗氧化实验对柑橘皮中多甲氧基黄酮单体的抗氧化功能进行研究,以期明确橘皮类黄酮化合物的构效关系,为柑橘类黄酮活性物质在医药和保健食品中的应用提供理论指导[17]。

一、实验材料与方法

(一) 实验材料与试剂

温州蜜桔皮(湖南熙可食品有限公司);GF254 硅胶板(山东烟台芝罘化工厂);100~200 目硅胶(青岛海洋化工总厂);100~200 目聚酰胺(浙江台州化工厂);Sephadex LH-20(北京慧易德科技有限责任公司);AR 级石油醚、乙酸乙酯、正丁醇、氯仿和 $CDCl_3$ 等(国药集团化学试剂有限公司);工业级体积分数 95%乙醇(唐山市冀东溶剂有限公司)。

(二) 主要仪器设备

RE5298A 旋转蒸发器、SHZ-Ⅲ型循环水真空泵(上海亚荣生化仪器厂);ZF-501 型多功能紫外透射仪(上海顾村电光仪器厂);HL-2D 定时数显恒流泵、SBS-100 数控计滴自动部分收集器、HD-3 紫外检测仪、HD-A 电脑采集器(上海沪西分析仪器有限公司);数显式显微熔点测定仪(北京市科仪电光仪器厂);XRC-1 显微熔点仪(四川大学科教仪器厂);Bruker-DRX500 核磁共振仪(瑞士 Bruker);LCQ Advantage 液-质联用仪(美国 Finnigan);Nexus670 傅里叶变换红外光谱仪(美国 Nicolet);Nicolet 智能傅立叶红外光谱仪(美国 Thermo);UV-1700 型紫外-可见分光光度计(日本 Shimadzu)。

(三) 实验方法

1. 分离、纯化流程

橘皮类黄酮物质的提取分离及纯化流程如图 1 所示。

2. 定性检验

样品的薄层色谱分析采用预制的高效硅胶薄层板,展开系统为氯仿-乙酸-乙酸乙酯按一定体积比例组成的混合溶剂。

展开后的薄板,氨熏,在可见光下类黄酮物质、黄酮醇类物质呈现黄色;在紫外线照射下,类黄酮物质呈现亮黄色,而黄酮醇类物质呈现亮黄色、黄绿色或绿色[16, 18-19]。

3. 橘皮类黄酮的提取

将 12 kg 经粉碎后的橘皮粉,放入 60 L 带盖塑料桶中,加入体积分数为 95%的工业乙醇至满,不定期搅拌,浸提 24 h 后将乙醇滤出,真空浓缩回收乙醇。回收的乙醇调成体积分数为 95%后加入塑料桶中,补充新乙醇至满,不时搅拌,浸提 24 h 滤出乙醇,反复 3 次。然后,加入体积分数为 75%的工业乙醇至满,不定

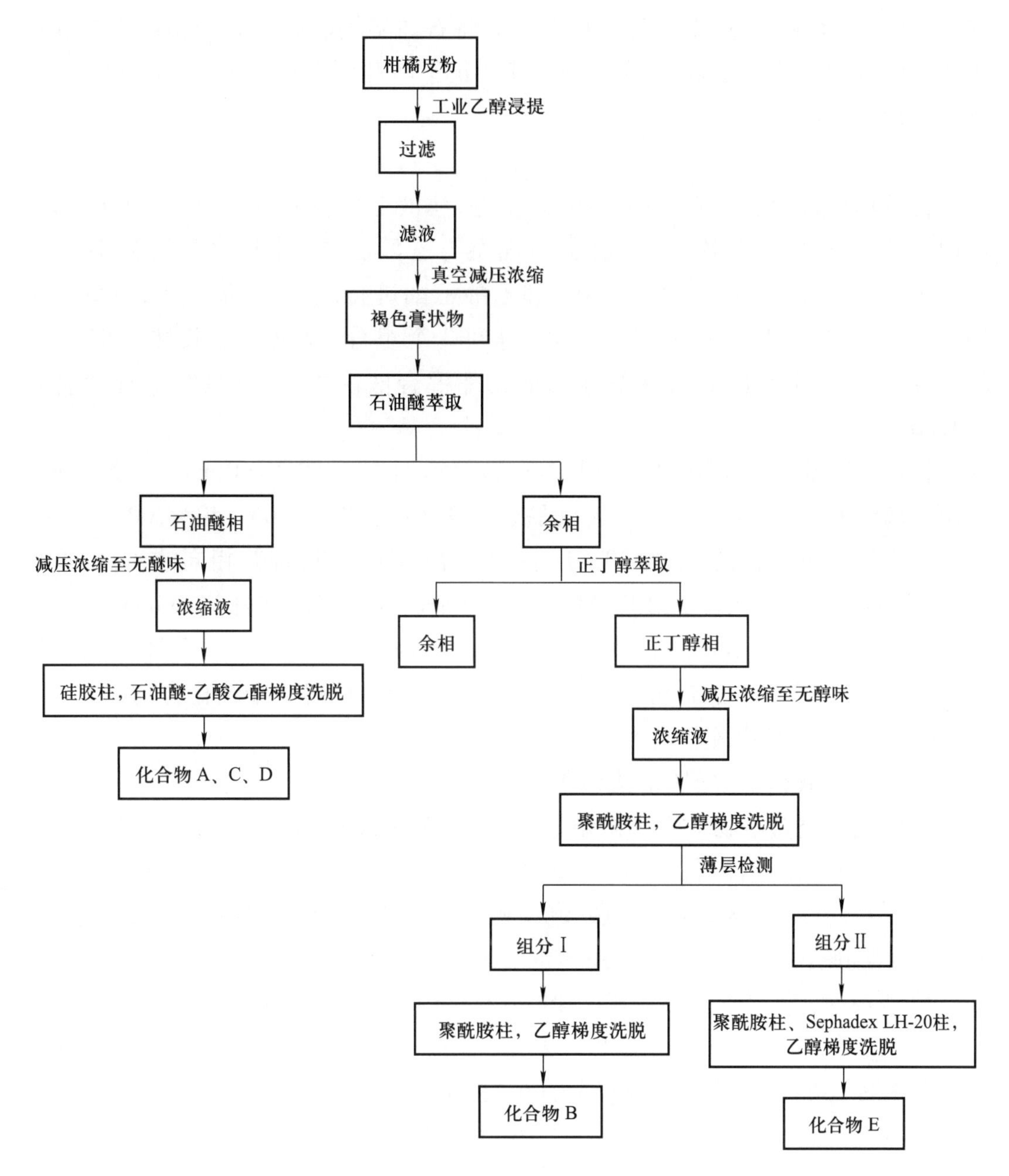

图 1　橘皮类黄酮物质的提取分离及纯化流程示意图

期搅拌，浸提 24 h 后将乙醇滤出，真空浓缩回收乙醇。回收的乙醇调成体积分数为 75% 后加入塑料桶中，补充新乙醇至满，不时搅拌，浸提 24 h 滤出乙醇，反复 3 次。合并乙醇提取物，旋转蒸发浓缩（温度≤50 ℃）成褐色浸膏状物质。

4. 提取物的处理

将乙醇提取物用正己烷萃取脱脂，直至正己烷层无色时止。将脱脂后的物质用 3 倍体积的石油醚萃取，反复多次，直到石油醚相无色时止；合并石油醚相并蒸干(温度≤40 ℃),得石油醚提取物。将石油醚提取后的剩余物用水饱和后用 3 倍体积的正丁醇提取,反复多次,直到正丁醇相无色时止;合并正丁醇相并蒸干,得正丁醇提取物。

5. 类黄酮的分离

将石油醚提取物用石油醚溶解后,抽滤,滤液上硅胶柱(60 mm × 800 mm),先用正己烷洗脱,再依次用石油醚、石油醚与乙酸乙酯(体积比分别为 10 : 1、8 : 2、6 : 4、1 : 1、4 : 6、2 : 8、1 : 10)和乙酸乙酯进行洗脱,分步收集,每管收集 15 mL,薄板检测,收集相近组分合并,得到 3 个组分,反复上硅胶柱(25 mm × 500 mm),用相应配比的石油醚和乙酸乙酯混合液洗脱,得到最终的纯化合物 A、C、D。

将正丁醇提取物用 DMSO(二甲基亚砜)溶解,上聚酰胺柱(60 mm × 800 mm),先用去离子水洗脱,再用乙醇梯度洗脱(体积分数分别为 20%、40%、60%、80%、95%),收集洗脱液,每管收集 20 mL,在薄板上点样分析,合并相同的组分,可得 2 个主要组分;将每个组分用 DMSO 溶解,分别反复上聚酰胺柱或 Sephadex LH-20 柱(30 mm × 600 mm),并用乙醇梯度洗脱(每隔 5%浓度为一个梯度),每管收集 10 mL,在薄板上点样分析,合并相同组分;最终可得 2 个纯化合物 B、E。

6. 橘皮类黄酮物质的结构鉴定

(1) 高效液相色谱-质谱法(HPLC-MS)。

将得到的类黄酮物质单体溶解于甲醇中,利用液-质联用仪进行分析。

液相条件:① 色谱仪:Waters 2690;② 检测器:Waters 996;③ 分析柱:Lichrospher C_{18} 2.1 mm × 250 mm;④ 流动相:甲醇-水-1%乙酸梯度洗脱;⑤ 柱温:30 ℃;⑥ 流速:0.3 mL/min;⑦ 进样量:10 μL。

质谱条件:① 离子方式:ESI^-,ESI^+;② 毛细管电压:3.88 kV (ESI^-),3.87 kV (ESI^+);③ 锥孔电压:30 V (ESI^-),24 V (ESI^+);④ 离子源温度:120 ℃;⑤ 脱溶剂气温度:300 ℃;⑥ 质量范围:200 ~ 800 *m/z*;⑦ 光电倍增器电压:650 V;⑧ Analyser Vacuum:2.6×10^{-5} mbar * ;⑨ Gas Flow:4.2 L/h。

(2) 核磁共振法。

将分离出的类黄酮单体物质溶解于 $CDCl_3$ 或 DMSO-d_6 中,以四甲基硅烷为内标物,在 Bruker 核磁共振仪上测定氢谱(^1H-NMR)、全去偶碳谱(^{13}C-NMR)和不失真极化转移增强谱(DEPT-NMR)。

7. 体外抗氧化活性方法

(1) 亚油酸氧化抑制能力:采用硫氰酸铁法(ferric thiocyanate method, FTC

* 1 bar = 10^5 Pa。

法)[20]。按表1配制反应液于25 mL具塞刻度试管中。将各试管反应液用混匀器混合均匀,放在40 ℃恒温培养箱中保温,并且每天测定吸光度值。吸光度的测定按表2添加各种试剂。

表1 FTC法反应液中各试剂加入量 单位:mL

	2.5%亚油酸	磷酸盐缓冲液(0.05 mol/L,pH=7.0)	$FeSO_4$(0.02 mol/L)	无水乙醇	抗氧化剂	水
对照管	2.0	4.0	0.5	2.0		1.5
实验管	2.0	4.0	0.5	1.6	0.4*	1.5

* 柑橘皮提取物的浓度为0.4 mg/mL。

表2 FTC法吸光度测定各试剂添加体积 单位:mL

反应混合液	75%乙醇	30%硫氰酸铵	硫酸亚铁
0.05	4.0	0.05	0.05

最后加入硫酸亚铁,混合均匀并计时,准确反应3 min,以75%乙醇为空白,在500 nm下测定吸光度值。

(2)脂质体过氧化的抑制能力:参考Yen等的方法[21]。

脂质体的制备:将大豆卵磷脂分散于水中配成0.8%的水溶液,经过超声波处理30 min,形成均匀的乳状液。

精确移取10 mL脂质体放入50 mL三角瓶中,加入定量黄酮类单体(预先用甲醇溶解,浓度为0.4 mg/mL),对照组加入等体积的甲醇,再加入0.05 mol/L的硫酸铜2.0 μL,放入水浴恒温震荡器中震荡,速度为100次/min,温度为37 ℃。分别采用紫外吸收测定法和TBA法定时测定吸光度。

紫外测定法测定脂质体过氧化物:取0.1 mL氧化液于玻璃试管中,精确加入5 mL甲醇,混匀后,以甲醇为空白,用1 cm石英比色皿在234 nm处测定吸光度。恒温震荡前测定一次,作为本底。以后每12 h测定一次吸光度值,当对照样出现最大值后,再测定1~2次。

(3)[·OH]清除活性测定:各组分清除羟自由基能力实验参照文献[22]进行。取0.15 mmol/L、pH7.4磷酸缓冲液1 mL,40 μg/mL番红花红1 mL,3%过氧化氢1 mL(新鲜配制),0.945 mmol/L EDTA-Fe(II)1 mL(新鲜配制),加入一定体积的柑橘皮提取液,混合后在37 ℃水浴中反应30 min后在520 nm处测吸光度。空白组以对应体积的蒸馏水代替柑橘皮提取液，对照组用对应体积的蒸馏水代替 EDTA-Fe(Ⅱ)和柑橘皮提取液，蒸馏水调零，测各组吸光度。计算羟自由基清除率：

$$清除率 = \frac{A_1 - A_0}{A_2 - A_0} \times 100\%$$

式中，A_1 为样品组的吸光度；A_2 为对照组的吸光度；A_0 为空白组的吸光度。

二、结果与讨论

（一）化合物 A 的结构鉴定

化合物 A，淡黄色晶体，m.p. 130~131 ℃，盐酸-镁粉反应呈桃红色。ESI-MS m/z：433 $[M+H]^+$，m. p. 130 ~ 131 ℃，IR（KBr）ν_{max} 为 2 938 cm^{-1}、2 840 cm^{-1}、1 648 cm^{-1}、1 590 cm^{-1}、1 521 cm^{-1}、1 463 cm^{-1}、1 363 cm^{-1}、1 273 cm^{-1}、1 217 cm^{-1}、1 177 cm^{-1}、1 138 cm^{-1}、1 049 cm^{-1}、961 cm^{-1}。ESI-MS 质谱显示其分子离子峰为 m/z 433 $[M+H]^+$，推测该化合物的相对分子质量为 432；紫外光谱 UV λ_{max} 为 253 nm、268 nm（宽）、340 nm，加入 $AlCl_3$ 或 $AlCl_3$+HCI 的甲醇溶液后，没有红移现象。红外光谱（IR）显示该化合物有羰基（ν_{max} = 1 648 cm^{-1}）和芳香环（ν_{max} = 1 590，1 521 cm^{-1}），为取代黄酮醇类化合物。

^{1}H-NMR（400 MHz，$CDCl_3$）：δ 7.84（1H，dd，J=2.4 和 8.4 Hz，H-6′），7.82（1H，d，J=2.4 Hz，H-2′），7.01（1H，d，J=8.4 Hz，H-5′），4.1（3H，s，OCH_3），4.01（3H，s，OCH_3），3.98（6H，s，OCH_3），3.97（3H，s，OCH_3），3.89（3H，s，OCH_3）。

^{1}H-NMR 谱在 δ 4.1、4.01、3.98、3.97 和 3.89 显示为 5 个 3H 单峰，在 δ 3.97 有 1 个 6H 单峰，推断该化合物有 7 个甲氧基，δ 7.84（1H，dd，J=2.4 和 8.4 Hz）、7.82（1H，d，J=2.4 Hz）和 7.01（1H，d，J=8.4 Hz），为 ABX 系统，属于 B 环 2′,5′,6′-三取代苯环的两个邻位和一个间位芳环氢信号。

化合物中伯、仲、叔、季四种类型的碳原子在^{13}C-NMR 上都有信号，而在 DEPT 谱中季碳没有信号，仲碳的信号为负，伯碳和叔碳的信号为正。DEPT 谱可进一步从正信号中将伯碳的信号扣除仅留下叔碳信号，这样就能确定全去偶谱上所有碳信号，从而可准确确定化合物的精细结构[23-24]。

^{13}C-NMR（100 MHz，$CDCl_3$）：δ 173.75（C-4），153.01（C-2），151.16、150.85、148.54（C-3′），148.03、146.59（C-8），143.68、140.58（C-3），137.66、123.22（C-1′），121.78（C-6′），114.91（C-4），110.75（C-2′），100.70（C-5′），62.19（OCH_3），61.86（OCH_3），61.77（OCH_3），61.59（OCH_3），59.72（3 位

OCH_3),55.87 (OCH_3),55.74 (OCH_3)。

^{13}C-NMR 谱共显示有 22 条峰,证明有 22 个碳原子,其中 δ 173.75 为羰基碳,δ 153.01~110.7 分别对应于黄酮结构 A、B、C 环上的 15 个碳原子。^{13}C-NMR 谱信号显示 δ 61.59~62.19 和 δ 55.74~55.87 的峰,证明这些甲氧基是在 A 环和 C 环上,若甲氧基在 C-3 位,应出现 δ 59~60 的峰,实际上在 δ 59.72 出现一个 C-3 位甲氧基峰。根据以上分析,确定该化合物为 3,5,6,7,8,3′,4′-七甲氧基黄酮(3,5,6,7,8,3′,4′-Heptamethoxyflavone)。

(二) 化合物 B 的结构鉴定

化合物 B,白色晶体,m.p. 151~152 ℃,盐酸-镁粉反应呈桃红色。ESI-MS *m/z*: 373 [M+H]$^+$,m.p. 151~152 ℃,IR (KBr) ν_{max}为 2 946 cm^{-1}、2 843 cm^{-1}、1 650 cm^{-1}、1 607 cm^{-1}、1 587 cm^{-1}、1 512 cm^{-1}、1 462 cm^{-1}、1 363 cm^{-1}、1 265 cm^{-1}、1 181 cm^{-1}、1 074 cm^{-1}、968 cm^{-1},830 cm^{-1}。ESI-MS 质谱显示其分子离子峰为 *m/z* 373 [M+H]$^+$,推测该化合物的相对分子质量为 372;红外光谱(IR)显示该化合物有羰基(ν_{max} = 1 650 cm^{-1})和芳香环(ν_{max} = 1 607, 1 587, 1 512 cm^{-1}),为取代类黄酮化合物。

^1H-NMR (400 MHz, $CDCl_3$):δ 7.92 (2H, d, *J*=8.8 Hz, H-6′),7.04 (2H, d, *J*=8.8 Hz, H-3′, H-5′),6.93 (1H, H-3),4.13 (3H, s, OCH_3),4.03 (3H, s, OCH_3),3.96 (3H, s, OCH_3),3.95 (3H, s, OCH_3),3.91 (3H, s, OCH_3)。

^1H-NMR 谱在 δ 4.13、4.03、3.96、3.95 和 3.91 有 5 个 3H 单峰,推断该化合物有 5 个甲氧基;^1H-NMR 谱显示有两组氢信号,δ 6.93 (1H, s)为 B 环 C-3 位上的氢,另一组 AA′BB ′峰,δ 7.92 (2H, d, *J*=8.8 Hz)和 7.04 (2H, d, *J*=8.8 Hz)为 C-4′有取代基的 B 环芳氢信号。

^{13}C-NMR (100 MHz, $CDCl_3$):δ 177.37 (C-4),162.19、161.13、151.31、148.31、147.67、143.97、137.98、127.66、123.68、114.78、114.43、109.73、106.58,62.23 (OCH_3),62.03 (OCH_3),61.83 (OCH_3),61.65 (OCH_3),55.46 (OCH_3)。

^{13}C-NMR 谱共显示有 20 条峰,证明有 20 个碳原子,其中 δ 177.37 为羰基碳,δ 162.19~106.58 分别对应于黄酮结构 A、B、C 环上的 15 个碳原子。^{13}C-NMR 谱信号显示 δ 62.23~61.65 和 δ 55.46 证明这些甲氧基是在 A 环和 C 环上,若甲氧基在 C-3 位,应出现 δ 59~60 的峰,实际上未出现,证明不存在 C-3 甲氧基。根据以上分析,推断该化合物为 5,6,7,8,4′-五甲氧基黄酮(5,6,7,8,4′-Pentamethoxflavone)。

(三) 化合物 C 的结构鉴定

化合物 C,淡黄色晶体,m.p. 131~132 ℃,盐酸-镁粉反应呈红色。ESI-MS

m/z: 419 [M+H]$^+$,m.p. 131~132 ℃,IR (KBr) ν_{max}为 3 435 cm^{-1}、3 299 cm^{-1}、2 942 cm^{-1}、2 844 cm^{-1}、1 597 cm^{-1}、1 561 cm^{-1}、1 515 cm^{-1}、1 438 cm^{-1}、1 409 cm^{-1}、1 268 cm^{-1}、1 208 cm^{-1}、1 146 cm^{-1}、1 051 cm^{-1}、1 023 cm^{-1}和975 cm^{-1}。ESI-MS 质谱显示其分子离子峰为 *m/z* 419 [M+H]$^+$,推测该化合物的相对分子质量为 418;紫外光谱 UV λ_{max}为 257 nm、325 nm 和 420 nm(宽),加入 $AlCl_3$ 或 $AlCl_3$+HCI 的甲醇溶液后,紫外吸收 λ_{max}363 nm 红移 68 nm,说明存在 C-3 位羟基,不存在 C-5 位羟基。红外光谱(IR)显示该化合物含有羟基(ν_{max} = 3 435,3 299 cm^{-1}),羰基(ν_{max} = 1 597 cm^{-1})和芳香环(ν_{max} = 1 561,1 515 cm^{-1}),为黄酮醇类化合物。

^{1}H-NMR (400 MHz, $CDCl_3$):δ 7.93 (1H, dd, *J*=2.2 Hz 和 8.8 Hz, H-6′),7.91 (1H, d, *J*=2.2 Hz, H-2′),7.03 (1H, d, *J*=8.4 Hz, H-5′),4.13 (3H, s, OCH_3),4.04 (3H, s, OCH_3),4.00 (6H, 2OCH_3),3.98 (3H, s, OCH_3),3.96 (3H, s, OCH_3)。

^{1}H-NMR 谱在 δ 4.13、4.04、3.98 和 3.96 显示为 4 个 3H 单峰,在 δ 4.00 有 1 个 6H 单峰,推断该化合物有 6 个甲氧基,δ 7.93 (1H, dd, *J* = 2.2 和 8.4 Hz)、7.91 (1H, d, *J*=2.2 Hz)和 7.03 (1H, d, *J*= 8.4 Hz),为 ABX 系统,属于 B 环 2′,5′,6′-三取代苯环的两个邻位和一个间位芳环氢信号。C-3 位上羟基质子由于与 C-4 羰基形成较强的氢键,也说明在 C-3 位存在羟基。

^{13}C-NMR (100 MHz, $CDCl_3$):δ 171.80 (C-4),151.57、150.73、148.72、147.52、146.78、143.42、142.91、137.72、137.31、123.70、120.92、111.59、110.59、110.88、109.96,62.28 (OCH_3),61.91 (OCH_3),61.83 (OCH_3),61.68 (OCH_3),55.91 (OCH_3),55.78 (OCH_3)。

^{13}C-NMR 谱共显示为 21 条峰,证明有 21 个碳原子,其中 δ 171.8 为羰基碳,δ 151.6~109.96 分别对应于黄酮结构 A、B、C 环上的 15 个碳原子。^{13}C-NMR 谱信号显示 δ 61.5~62 和 δ 55~56,证明甲氧基是在 A 环和 C 环上,若甲氧基在 C-3 位,应出现 δ 59~60 的峰。根据以上分析,确定该化合物为 3-羟基-5,6,7,8,3′,4′-六甲氧基黄酮(3-hydroxy-5,6,7,8,3′,4′-Hexamethoxyflavone)。

(四) 化合物 D 的结构鉴定

化合物 D,浅黄色晶体,m.p. 136~138 ℃,盐酸-镁粉反应呈桃红色。ESI-MS *m/z*: 402 [M+H]$^+$,387(基峰)、359、344、326、197、182、179、109、83、65 和 43。ESI-MS 质谱显示其分子离子峰为 *m/z* 402 [M+H]$^+$,推测该化合物的相对分子质量为 401;紫外光谱 UV λ_{max}为 255 nm、269 nm(宽)和 343 nm,加入 $AlCl_3$ 或 $AlCl_3$+HCI 的甲醇溶液后,没有红移现象。红外光谱(IR)显示该化合物有羰

基(ν_{max} = 1 650 cm^{-1})和芳香环(ν_{max} = 1 588, 1 520 cm^{-1}),为取代黄酮醇类化合物。

^{1}H-NMR (400 MHz, $CDCl_3$):δ 7.58 (1H, dd, J=2.2 Hz 和 8.8 Hz, H-6′), 7.41(1H, d, J=2.2 Hz, H-2′),7.01 (1H, d, J=8.5 Hz, H-5′),6.63 (1H, s, H-3),4.11 (3H, s, OCH_3),4.03 (3H, s, OCH_3),3.98 (3H, s, OCH_3),3.97 (3H, s, OCH_3),3.96 (3H, s, OCH_3)。

^{1}H-NMR 谱在 δ 4.11、4.03、3.98 和 3.97 显示为 4 个 3H 单峰,在 δ 3.96 有 1 个 6H 单峰,推断该化合物有 6 个甲氧基,δ 7.58 (1H, dd, J=2.2 和 8.6 Hz)、7.41 (1H, d, J=2.2 Hz)和 7.01 (1H, d, J=8.6 Hz),为 ABX 系统,属于 B 环 2′,5′,6′-三取代苯环的两个邻位和一个间位芳环氢信号。

^{13}C-NMR (100 MHz, $CDCl_3$):δ 177.33 (C-4),161.15、151.9、151.5、149.22、148.37、147.69、137.94、123.88、119.65、111.15、108.45、106.71,62.26 (OCH_3),61.96 (OCH_3),61.83 (OCH_3),61.67 (OCH_3),56.07 (OCH_3),55.46 (OCH_3)。

^{13}C-NMR 谱共显示有 21 条峰,证明有 21 个碳原子,其中 δ 177.33 为羰基碳,δ 161.15~106.71 分别对应于黄酮结构 A、B、C 环上的 15 个碳原子。^{13}C-NMR 谱信号显示 δ 62.26~61.67 和 δ 56.07~55.94 的峰,证明这些甲氧基是在 A 环和 C 环上,若甲氧基在 C-3 位,应出现 δ 59~60 的峰,实际上出现未 C-3 位甲氧基峰。根据以上分析,确定该化合物为 5,6,7,8,3′,4′-六甲氧基黄酮(5,6,7,8,3′,4′-Hexamethoxyflavone)。

(五) 化合物 E 的结构鉴定

化合物 E,白色结晶,m.p. 259~262 ℃,Molish 反应呈阳性,盐酸-镁粉反应呈桃红色。ESI-MS *m/z*: 610.6 [M+H]$^{+}$,m.p. 259~262 ℃。ESI-MS 质谱显示其分子离子峰为 *m/z* 610.6 [M+H]$^{+}$,推测该化合物的相对分子质量为 610。将化合物 E 稀酸水解,薄层色谱检查,与标准品对照表明有葡萄糖、鼠李糖和橙皮素存在。IR (KBr) ν_{max} 为 3 410 cm^{-1}、1 640 cm^{-1}、1 610 cm^{-1}、1 520 cm^{-1}、1 520 cm^{-1}、1 055 cm^{-1}。IR 谱显示有羟基(3 410 cm^{-1},宽峰)、羰基(1 640 cm^{-1})和苷键(1 055 cm^{-1},宽峰)。

^{1}H-NMR (400 MHz, DMSO-d_6):δ 12.02 (1H, s, Ar-OH),9.08 (1H, s, Ar-OH),6.93 (3H, m, Ar-H),6.13 (2H, m, Ar-H),5.40~2.65 (24H, m, 糖基上的 H),3.9 (3H, s, OCH_3),1.08 (3H, d, J= 6.0 Hz, rha H-6)。

^{13}C-NMR (100 MHz, DMSO-d_6):δ 197.36 (C-4),165.48、163.38、162.85、148.31、146.81、131.26、118.28、114.50、112.40、103.66、100.96、99.79、96.73、95.88、78.72、76.62、75.86、73.34、72.41、71.05、70.61、69.93、68.66、66.39、59.04、

42.40、18.18。

^{1}H-NMR 和^{13}C-NMR 表明有一个β-D-葡萄吡喃糖信号δ 4.98（1H，d，J=7 Hz，葡萄糖 H-1）以及α-L-鼠李吡喃糖信号δ 5.38（1H，d，J=5.8 Hz，rha H-1）、1.09（3H，d，J=6.0 Hz，rha H-6）。^{13}C-NMR 中δ 103.66、78.72、71.05、76.62、67.93 为葡萄糖碳信号，δ 103.66、75.86、73.34、72.41、70.61、18.18 为鼠李糖碳信号。从^{13}C-NMR 得知葡萄糖的 C-6 信号δ 68.66 向低场位移约 5 ppm，表明末端鼠李糖与葡萄糖 C-6 相连；另一部分的波谱数据与橙皮素相等。根据以上分析，确定化合物为橙皮素芸香糖苷（Hesperidin）。图 2 为化合物 A、B、C、D、E 的分子结构式。

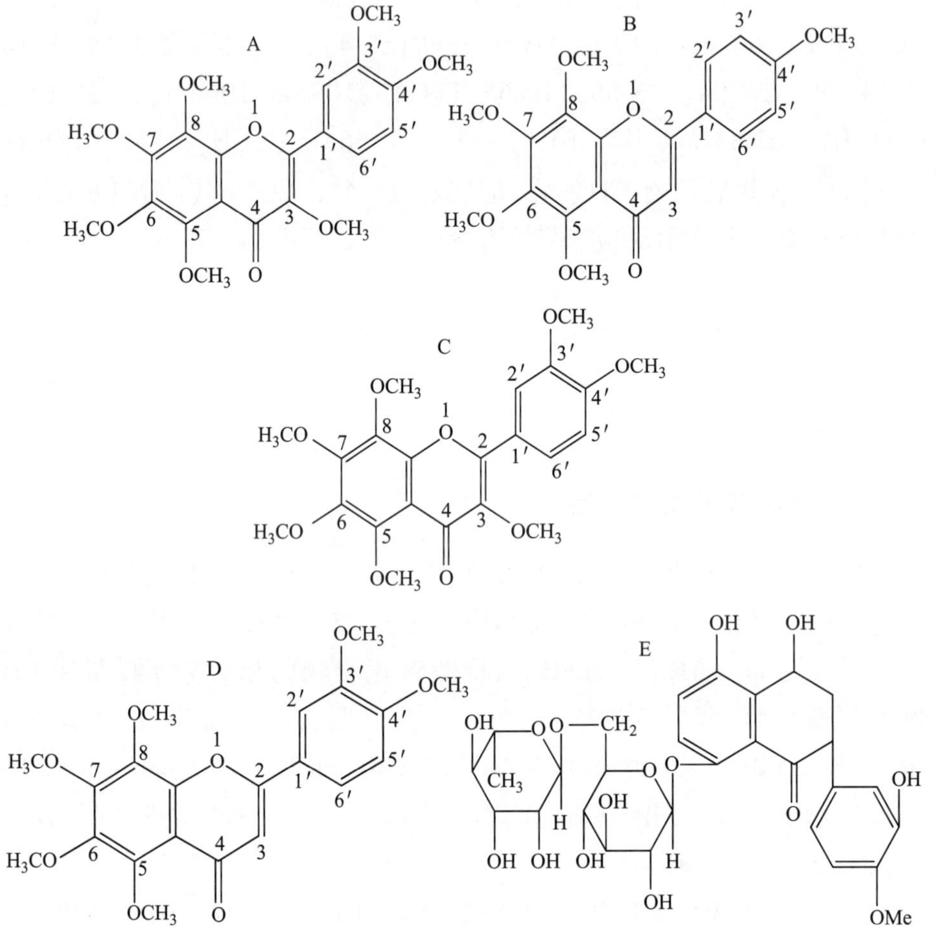

图 2　化合物 A、B、C、D、E 的分子结构式

（六）柑橘皮中类黄酮组分抗亚油酸氧化能力

从图 3 可以看出，亚油酸的氧化诱导期约为 196 h，即 9 d。化合物 D 和化合物 C 表现出很强的抗氧化性，对亚油酸氧化的抑制能力很强，在进行试验的 288 h（13 d）内没有表现出出峰的迹象，也就是说亚油酸的氧化在这段时间内基本被抑制了。相比之下，化合物 B 的抑制能力要比化合物 D 和化合物 C 差，与槲皮素的抑制能力基本一致，在试验时间内已经出峰。化合物 A 的抑制效果要更差一点，而化合物 E 的抑制亚油酸氧化能力最差，仅比芦丁略强。总的抗氧化程度从高到低为：化合物 D>化合物 C>化合物 B≈槲皮素>化合物 A>化合物 E>芦丁。

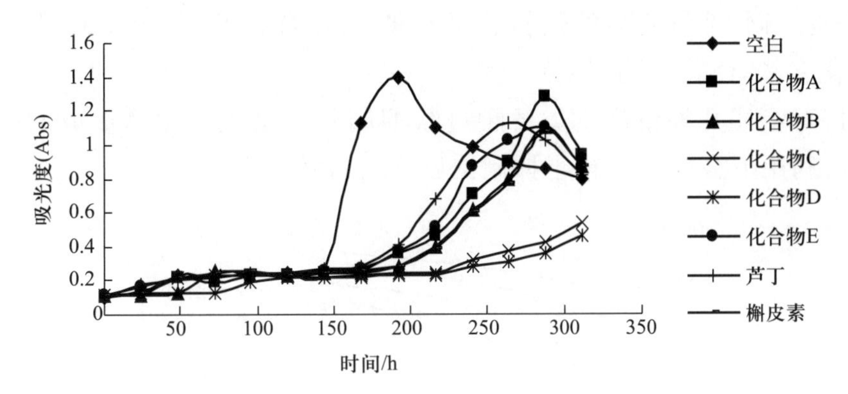

图 3 不同受试物抗亚油酸氧化能力的比较（500 nm）

（七）柑橘皮中类黄酮组分对脂质体过氧化的影响

利用紫外测定方法考察了分离纯化后的柑橘类黄酮对脂质体过氧化的影响，同时还用常见的生物活性物质（芦丁、槲皮素）进行了对照实验，具体结果见图 4。

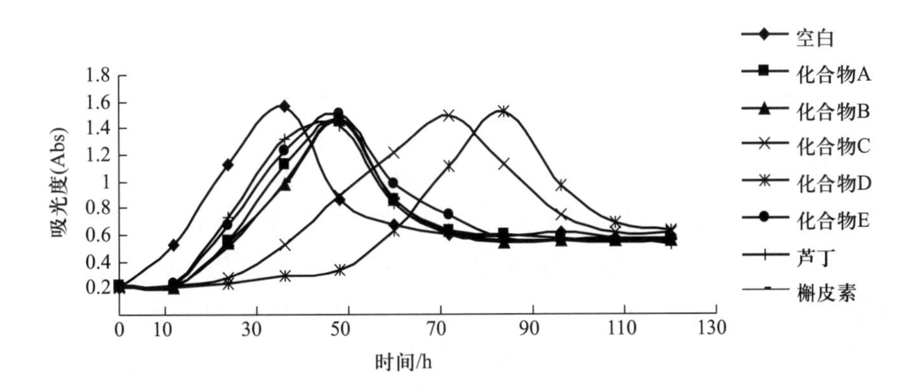

图 4 不同测试样品对脂质体过氧化的影响（紫外测定法）

从图 4 可以看出，随着时间的增加，吸光度随之增加，达到最大值，而后渐渐下降,最后趋于稳定。开始脂质体被氧化时,共轭二烯产生的量逐渐增加,但是由于共轭二烯不稳定,随着氧化的进行,其分解也加快,所以在吸光度达到最大值时,其产生与分解达到动态平衡,之后分解的速度快于生成速度,所以吸光度随之下降。抗氧化剂在其中所起的作用就是阻止自由基的传递,减缓氧化的进程,反映在吸光度上就是推迟吸光度吸收峰的出现。物质的抗氧化能力越强,吸光度吸收峰出现得越晚,从图 4 的实验结果可以看出,各提取物都具有一定的抗氧化能力,对于脂质体的氧化能够起到抑制作用。同时也可以看出,不同物质的抑制能力也不同,抑制能力的强弱顺序依次为:化合物 D>化合物 C>化合物 B≈槲皮素>化合物 A>化合物 E>芦丁。

同时,对上述几种柑橘皮类黄酮进行抑制脂质氢过氧化物形成的抑制率计算(图 5),利用拟合方程计算半抑制浓度 IC_{50} 如表 3 所示。

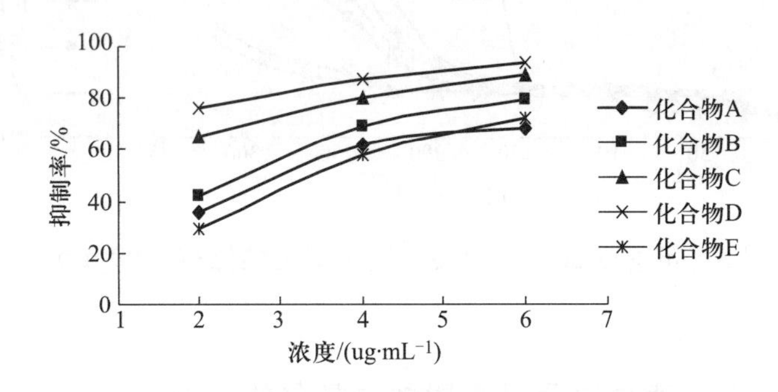

图 5　柑橘类黄酮抗脂质体氧化抑制率的比较(234 nm)

表 3　柑橘类黄酮对脂质体氧化的半抑制浓度(234 nm)

提取物	化合物 A	化合物 B	化合物 C	化合物 D	化合物 E
IC_{50}/(μg · mL^{-1})	3.11	2.65	0.96	0.35	3.52

从图 5 和表 3 可以看出,几种化合物的抗氧化活性的强弱顺序依次为:化合物 D>化合物 C>化合物 B>化合物 A>化合物 E。抗氧化活性最强的化合物 D 半抑制浓度达到0.35 μg/mL,与 BHT 的 IC_{50}(0.37 μg/mL)[25]相近。次之为化合物 C,半抑制浓度为 0.96 μg/mL。化合物 E 的抗氧化活性相对最弱,半抑制浓度为 3.52 μg/mL,与芦丁的 IC_{50}(3.8 μg/mL)[26]相近。化合物 D 和化合物 C 具有较强的抗脂质体氧化活性。

(八) 柑橘类黄酮清除羟自由基能力

从不同浓度的受试物对[· OH]的清除动力学曲线(图 6)和对[· OH]的半

抑制浓度 IC_{50}(表 4)可以看出,对[·OH]的清除能力随受试物浓度增大而增强。在柑橘类黄酮的五个提取组分中,化合物 D 和化合物 C 对[·OH]的清除能力较强,IC_{50}分别为 3.2 μg/mL 和 5.6 μg/mL;化合物 E 对[·OH]的清除能力最弱,IC_{50}为 13.6 μg/mL,比芦丁(IC_{50}=16.8 μg/mL)强。不同受试物对[·OH]的清除能力的强弱顺序依次为:化合物 D>化合物 C>化合物 B>化合物 A>化合物 E>芦丁。

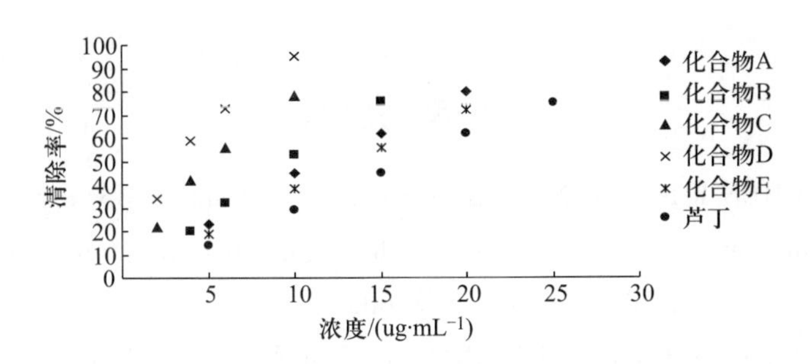

图 6　不同受试物对羟自由基的清除效果

表 4　不同受试物清除羟自由基的半抑制浓度 IC_{50}

提取物	化合物 A	化合物 B	化合物 C	化合物 D	化合物 E	芦丁
IC_{50}/(μg·mL^{-1})	11.5	9.6	5.6	3.2	13.6	16.8

三、结　　论

(1) 通过硅胶柱、聚酰胺柱、Sephadex LH-20 柱对温州蜜桔皮中类黄酮化合物进行分离纯化,得到 5 种类黄酮化合物单体。

(2) 利用样品波长扫描图谱、LC-ESI-MS 和红外光谱(IR)以及核磁共振技术对上述 5 种化合物进行结构鉴定,确定化合物 A 为 3,5,6,7,8,3′,4′-七甲氧基黄酮、化合物 B 为 5,6,7,8,4′-五甲氧基黄酮(柑橘黄酮)、化合物 C 为 3-羟基-5,6,7,8,3′,4′-六甲氧基黄酮、化合物 D 为 5,6,7,8,3′,4′-六甲氧基黄酮(川陈皮素)、化合物 E 为橙皮素芸香糖苷(橙皮苷);其中,化合物 C 为国内首次在温州蜜桔皮中发现。

(3) 抑制脂质体氧化能力的强弱顺序依次为:川陈皮素>3-羟基-5,6,7,8,3′,4′-六甲氧基黄酮>柑橘黄酮≈槲皮素>3,5,6,7,8,3′,4′-七甲氧基黄酮>橙皮苷>芦丁。抗氧化活性最强的化合物川陈皮素 IC_{50}达到 0.35 μg/mL,与 BHT 的 IC_{50}(0.37 μg/mL)相近;次之为 3-羟基-5,6,7,8,3′,4′-六甲氧基黄酮,IC_{50}为

0.96 μg/mL;橙皮苷的抗氧化活性相对最弱,IC_{50}为 3.52 μg/mL。

(4) 在柑橘类黄酮的 5 个提取组分中对[·OH]的清除能力的强弱顺序依次为:川陈皮素>3-羟基-5,6,7,8,3′,4′-六甲氧基黄酮>柑橘黄酮>3,5,6,7,8,3′,4′-七甲氧基黄酮>橙皮苷>芦丁。川陈皮素和 3-羟基-5,6,7,8,3′,4′-六甲氧基黄酮对[·OH]的清除能力较强,IC_{50}分别为 3.2 μg/mL 和 5.6 μg/mL,橙皮苷对[·OH]的清除能力最弱,IC_{50}为 13.6 μg/mL,比芦丁(IC_{50} = 16.8 μg/mL)强。

参考文献

[1] SUN C D, CHEN K S, CHEN Y, et al. Contents and antioxidant capacity of limonin and nomilin in different tissues of citrus fruit of four cultivars during fruit growth and maturation [J]. Food Chemistry, 2005, 93(4):599-605.

[2] MILLER E G, PORTER J L, BINNIE W H, et al. Further studies on the anticancer activity of citrus limonoids [J]. Journal of Agricultural and Food Chemistry, 2004, 52(15): 4908-4912.

[3] 单杨,李高阳,李忠海. 柑橘皮中多甲氧基黄酮的体外抗氧化活性研究 [J]. 食品科学, 2007,28(8):100-103.

[4] ORALLO F, CAMIÑA M, ÁLVAREZ E, et al. Implication of cyclic nucleotide phosphodiesterase inhibition in the vasorelaxant activity of the citrus-fruits flavonoid (+/-)-naringenin [J]. Planta Medica, 2005, 71(2): 99-107.

[5] GAO K, XU A L, KRUL C, et al. Nutrient physiology, metabolism, and nutrient-nutrient interactions of the major phenolic acids formed during human microbial fermentation of tea, citrus, and soy flavonoid supplements, only 3,4-dihydroxyphenylacetic acid has antiproliferative activity[J]. The Journal of Nutrition, 2006, 136(1): 52-57.

[6] 单杨. 柑桔加工技术研究与产业化开发 [J]. 中国食品学报,2006, 6(1):423-427.

[7] 苏东林,单杨,李高阳,等. 响应面法优化柑桔皮总黄酮提取工艺的研究 [J]. 中国食品学报,2009(3):70-77.

[8] KUDOU S, FLEURY Y, WELTI D, et al. Malonyl isoflavone glycosides in soybeen seeds (*Glycine max* MERRRILL) [J]. Agricultural and Biological Chemistry, 1991, 55(9): 2227-2233.

[9] 孙曼莲,周廷冲. 中国药物研究与发展 [M]. 北京:科学出版社,1996:21.

[10] 渠桂荣,郭海明. 黄酮苷类化合物分离鉴定的研究进展 [J]. 中草药,2000,31(4): 310-312.

[11] 陈全斌,沈钟苏,张巧云,等. 甜茶中黄酮甙元的分离提纯及其表征 [J]. 林业科技, 2005,30(1):46-48.

[12] 张婷,张朝凤,王峥涛,等. 翅梗石斛的化学成分研究 [J]. 中国天然药物,2005,3

(1):28-31.

[13] 袁久志,窦德强,陈英杰,等. 土茯苓二氢黄酮醇类成分研究 [J]. 中国中药杂志,2004,29(9):867-870.

[14] 李帅,匡海学,冈田嘉仁,等. 鬼针草有效成分的研究(Ⅱ) [J]. 中草药,2004,35(9):972-975.

[15] 张梦军,廖春阳,周丽平,等. 黄酮类化合物的原子电距矢量表达及核磁共振碳谱 [J]. 波谱学杂志,2002,19(3):293-300.

[16] 肖崇厚. 中药化学 [M]. 上海:上海科学技术出版社,2002.

[17] 单杨,李高阳,汪秋安,等. 橙皮苷半合成5种生物活性黄酮类化合物 [J]. 有机化学,2008,28(6):1024-1028.

[18] 中国医学科学院药物研究所. 薄层层析 [M]. 北京:科学出版社,1978.

[19] 林启寿. 中草药成分化学 [M]. 北京:科学出版社,1977.

[20] DUH P D, YEH D B, YEN G C. Extraction and identification of an antioxidative component from peanut hulls [J]. Journal of the American Oil Chemists' Society, 1992, 69 (8): 814-818.

[21] YEN G C, DUH P D, CHUANG D Y. Antioxidant activity of anthraquinones and anthrone [J]. Food Chemistry, 2000, 70(4): 437-441

[22] SANCHEZ M C, LARRAURI J A, SAURA C F et al. Free radical scavenging capacity and inhibition of lipid oxidation of wines, grape juices and related polyphenolic constituents [J]. Food Research International, 1999, 32(6): 407-412.

[23] 谭仁祥. 植物成分分析 [M]. 北京:科学出版社,2002.

[24] 白小红,李晓妮. 药物成分分析 [M]. 北京:北京医科大学出版社,2001.

[25] 任顺成. 玉米须类黄酮的分离、纯化、结构鉴定及生物活性研究 [D]. 无锡:江南大学,2004.

[26] CARO A D, PIGA A, VACCA V, et al. Changes of flavonoids, vitamin C and antioxidant capacity in minimally processed citrus segments and juices during storage [J]. Food Chemistry, 2004, 84(1): 99-105.

单杨 湖南省农业科学院副院长，二级研究员（教授），博士生导师。国家“万人计划”第一批科技创新领军人才，国家创新人才推进计划“重点领域创新团队－果蔬加工与质量安全”首席专家，农业部科研杰出人才及“农产品加工与质量安全创新团队”首席专家，国家发展和改革委员会柑橘资源综合利用国家地方联合工程实验室主任，科技部柑橘加工产业技术创新战略联盟理事长，全国果品标准化委员会贮藏加工分技术委员会主任，农业部农产品质量安全风险评估实验室（长沙）主任，湖南省食品科学技术学会理事长。获国家科技进步奖二等奖、光召科技奖、省技术发明奖一等奖和科技进步奖一等奖各1项。获授权发明专利19项。主编著作6部（ELSEVIER出版2部）；发表论文176篇。

基于功能纳米材料的食品检测技术研究

刘敬民　王　硕

南开大学医学院,天津市食品科学与健康重点实验室,天津

食品安全是一门探讨如何在食品加工、存储、销售等过程中确保食品卫生及食用安全,降低疾病隐患,防范食物中毒的跨学科领域。目前食品安全问题已然成为人类健康的重大威胁,也是国民经济和社会发展中备受关注的热点问题[1-4]。而明确食品中的营养物质和危害物质在人体内的代谢转化过程及危害作用机理是食品营养与人类健康领域的重点研究方向。创建食品安全与质量控制新方法、发展可靠高效的食品分析方法也一直是食品分析化学领域的重要任务。对于现代分析化学来说,开发先进、可靠、高效的食品安全检测方法是解决日益严峻的食品安全问题的重中之重[5-6]。

相对于传统的色谱和质谱方法,基于功能纳米材料的先进分析方法具备了简便快速、实时无损、高灵敏度、高选择性、高通量和低成本等优势[7-11],其中包括基于贵金属纳米材料的比色探针技术、基于发光纳米材料的荧光检测技术、基于功能纳米材料的分子印迹方法、基于先进吸附材料的色谱分离方法、基于等离子纳米材料的表面增强拉曼散射(SERS)传感技术、基于功能纳米材料的电化学传感技术等[4, 12-15](图 1)。本文对以上基于功能纳米材料的食品安全分析方法进行了综述,比较了各种方法在灵敏度、选择性、效率和简便性上的提高和改进,

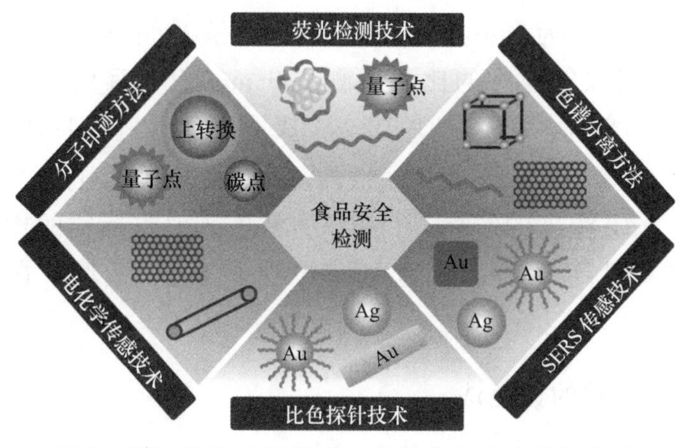

图 1　基于先进功能纳米材料的食品安全分析方法

并对未来食品安全检测的发展趋势进行了展望。

一、基于贵金属纳米材料的比色法

比色分析法(colorimetric analysis)是一种快速、简便、低成本和实用的化学分析手段,直接通过显色剂指示即可评估待测物质的浓度。它是一种以生成有色化合物的显色反应为基础,通过比较或测量有色物质溶液颜色深度来确定待测组分含量的方法;将特异性的化学反应过程或者分子行为转化为肉眼可见的颜色变化,不需要借助复杂高端的分析仪器,特别适用于食品安全快速检测[16-20]。

贵金属纳米材料(金、银、铂、钯等)具有独特的表面等离子共振(SPR)性质,任何与纳米颗粒的表面状态及 SPR 性质相关因素的变化(包括纳米粒子的尺寸、形状、表面配体种类、介质折射率以及纳米粒子的分散状态)都会引起胶体溶液的颜色和颜色强度发生显著变化,这些颜色变化能被裸眼观察到或者被紫外-可见分光光度计做定量分析,因此贵金属纳米材料是一种比较优异的比色探针材料[21-24]。

(一) 基于纳米金的比色法

纳米金是一种典型的具有局域表面等离子共振(LSPR)性质的纳米材料,也是目前性质最稳定、合成最简便、应用最广泛的贵金属纳米材料。基于其 LSPR 特性,当纳米金的粒子由分散状态变为聚集状态时,其溶液颜色会由酒红色变为蓝紫色,检测器基于金纳米颗粒的这种颜色变化来检测如博莱霉素、2,4,6-三硝基甲苯、葡萄糖、金属离子、三聚氰胺、DNA、蛋白、氨基酸、癌细胞等,这也是目前比色法应用最成熟的范例[25]。图 2 所示为不同聚集模式的纳米金比色检测法。

三聚氰胺表面所带有的多重氨基酸配体与双氯醇胺的氢键相互结合作用,使纳米金由分散状态变为聚集状态,同时胶体溶液的颜色明显地由酒红色变为蓝紫色,据此实现对双氯醇胺的比色检测。Zhang 等[26]采用该方法的检测限达到 2.8×10^{-11} mol/L(S/N=3),成功应用于人尿液中的双氯醇胺含量的检测,并且不受体系中肾上腺素、芬妥胺、色氨酸、丙氨酸、尿酸、甘氨酸、丙三醇、葡萄糖、$MgCl_2$、$CaCl_2$ 和 NaCl 浓度的影响。利用该方法实现对目标物的检测具有简便快速、灵敏度高、选择性高、线性范围宽、重现性好的优点,适用于食品安全快速检测。

(二) 基于纳米银的比色法

与纳米金一样,纳米银也是常用的比色探针材料。与纳米金相比,纳米银具

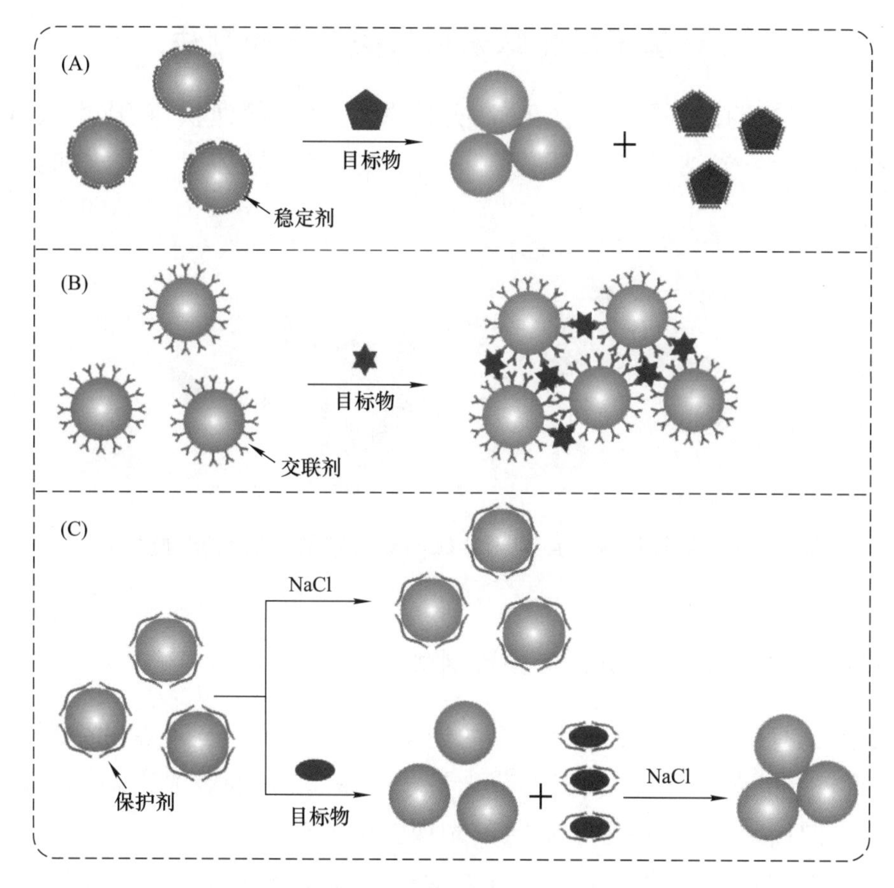

图 2　不同聚集模式的纳米金比色检测法

（A）非交联聚合；（B）颗粒交联聚合；（C）Nacl 诱导聚合

有更高的消光系数、更窄的消光带和极高的近场增强特性，然而，其化学稳定性差和表面化学的研究较少限制了它的广泛应用。

可在银纳米颗粒表面修饰一些功能分子来增强银纳米颗粒的团聚性和水溶性，如 Song 等[27-28]在银纳米颗粒表面修饰了磺胺酸（SAA），磺胺酸修饰的纳米银颗粒（SAA-AgNPs）显著提高了磺胺酸的选择性和敏感度，使其在结构类似物中仅与三聚氰胺反应。

当目标物三聚氰胺存在时，由于三聚氰胺的环外胺基团与磺胺酸的特异结合作用，而使得修饰纳米银颗粒由分散状态变为聚集状态，同时胶体溶液的颜色明显地由亮黄色变为蓝绿色，从而通过紫外-可见分光光度计对三聚氰胺浓度做精确定量。牛奶中常见的金属离子、氨基酸和糖对结果没有影响。该方法简便快速、重现性好，检出限达 10.6 nmol/L，已经成功应用于检测经预处理的乳制品中的三聚氰胺。

二、基于发光纳米材料的荧光检测法

分子荧光检测技术具有灵敏度高、实时原位测定、简便快速、成本低等优点。目前成熟的基于发光纳米材料的荧光检测法主要有半导体量子点法和荧光金属纳米团簇法。

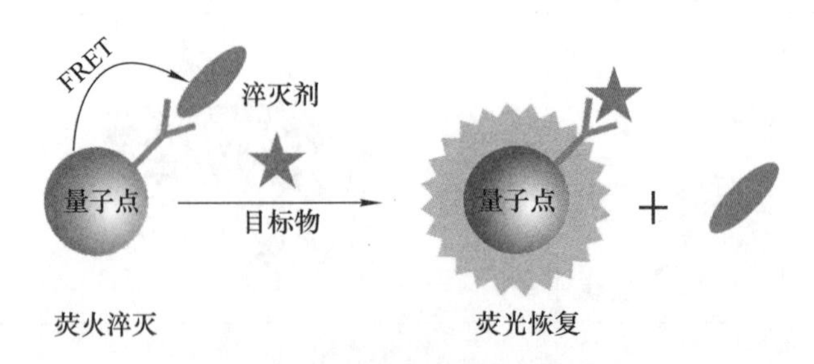

图 3　基于半导体量子点荧光共振能量转移的食品有害物质传感

(一) 基于半导体量子点的荧光检测法

量子点具有优异的可控性和良好的光学特性,如较窄且可调的发射带、较宽的激发带、较高的荧光强度、较高的荧光量子产率、较长的荧光寿命、较高的光稳定性和抗光漂白效果,广泛用于不同荧光探针的构建。

对量子点做合适的功能化修饰可以通过荧光共振能量转移(FRET)效应引起明显的荧光猝灭。FRET 效应是指在能量给予体粒子与能量接受体粒子的距离小于 10 nm 时,并且能量给予体(发光材料)的发射波长与能量接受体(吸收材料)的吸收波长重叠时所引起的发光材料光淬灭的现象。量子点的近似球形结构能够被包裹上不同的水溶性功能基团,并且比较容易分散在水中。这些外层包裹的功能基团能够连上生物分子形成与量子点的结合体。Zekavati 等[29]将抗黄曲霉毒素 B1 抗体修饰在 CdTe 量子点上,使其与罗丹明 123 标记的黄曲霉毒素 B1 竞争性结合,从而拉进量子点与罗丹明 123 的距离,而产生荧光共振能量转移,引起量子点的能量转移给罗丹明 123,此时的发射波长为 560 nm,而当目标物黄曲霉毒素 B1 存在时,其竞争性地与抗体结合而打破了荧光共振能量转移,使得体系荧光发射变为量子点自身的荧光 505 nm。所构建的高灵敏性检测方法检测限达 2×10^{-11} mol/L,并成功应用在人血清中的黄曲霉毒素 B1 的检测。这种同质竞争检测的方法简单、快速、有效,并且不需要额外的洗脱、分离步骤。图 3 所示为基于半导体量子点荧光共振能量转移的食品有害物质传感。

(二) 基于金属纳米团簇的荧光检测法

金纳米团簇(AuNCs)是由 3~10 个金原子以牛血清蛋白等配体作为保护基团而形成的分子级聚集体。金纳米团簇的合成方式简单、绿色,荧光发射效率高,生物相容性好,低毒,光稳定性好,表面易修饰特异性的靶标分子,是一种潜在替代有机染料和量子点的新型荧光材料。金纳米团簇的保护基团可以被铁转运蛋白、溶菌酶、辣根过氧化物酶、胰蛋白酶、木瓜蛋白酶等替代。金纳米团簇已经成功应用在无标签检测 Hg^{2+}、Cu^{2+}、半胱氨酸、多巴胺、胰蛋白酶、半胱氨酸蛋白酶抑制剂 C、葡萄糖、黄嘌呤、氰化物、亚硝酸盐等[30-32]。

Dai 等[33]利用三聚氰胺对 Hg^{2+} 较强的结合能力,来解除 Hg^{2+} 对金纳米团簇造成的荧光猝灭效应,从而实现对三聚氰胺的超灵敏检测。这种方法的检测限达到 0.15 μmol/L,在对牛乳和乳粉实际样品检测时具有较好的重复性,在对实际样品中三聚氰胺的超灵敏检测中有较广阔的应用。

三、基于先进纳米材料的分子印迹方法

印迹分子与功能单体(functional monomer)之间通过共价键(covalent)或非共价键(non-covalent)结合,形成主客体配合物(host-gust complex),在配合物中加入交联剂(crosslinker),受引发剂、热或光引发,印迹分子-单体配合物周围产生聚合反应。在此过程中,聚合物链通过自由基聚合将模板分子和单体配合物"捕获"到聚合物的立体结构中。然后将聚合物中的印迹分子通过适当的方法洗脱(extraction)或解离(dissociation)出来,形成具有识别印迹分子的结合位点[34-39]。

上转换纳米材料具有反斯托克斯发光现象,在长波处激发,在短波处发射,具有较高的荧光量子产率、较窄的发射光谱、较长的荧光寿命、较大的斯托克位移以及优异的光稳定性,对生物体具有低毒性[40-42]。图 4 所示为基于纳米发光材料的分子印迹方法。

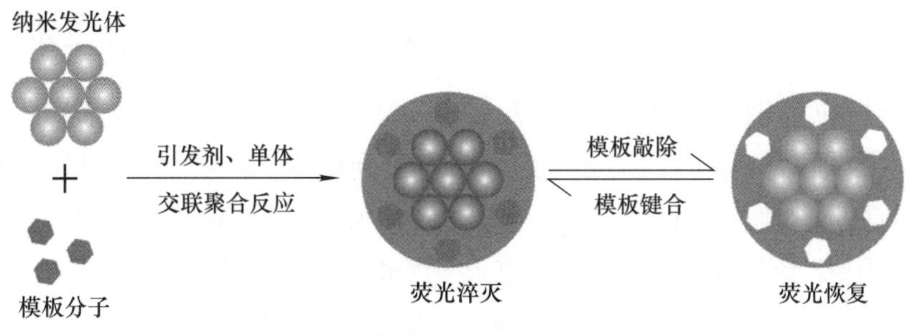

图 4 基于纳米发光材料的分子印迹方法

结合分子印迹聚合物的特异性选择、上转换纳米材料近红外激发的荧光团特质以及金属有机框架材料对此超强的传质速率优势,Guo 等[43]开发了一种新型复合物用来检测复杂样品基质中的牛血红蛋白(BHB)。Guo 首先在上转换纳米粒子(UCNP)上包裹合成金属有机框架材料(UCNP@ MOF),并以此作为支撑体,合成复合印迹材料(UCNP@ MOF@ MIP)。该合成复合印迹材料具有超大的吸附容量,可以通过控制调节外界环境温度来控制对目标蛋白的识别和释放,用来富集和检测目标物 BHB 时,在 28 ℃和 44 ℃的吸附量分别为 167.6 mg/g、101.2 mg/g,远高于传统分子印迹材料。这些新型荧光材料在以后对蛋白的富集与检测方面会有巨大应用前景。

四、基于先进纳米材料的色谱方法

虽然高效液相色谱(HPLC)在有机化合物的分离方面具有较高分辨率,但其在食品中一些痕迹药物的直接检测方面还不尽如人意。在线固相萃取串联 HPLC 的方法常被用来分析痕量有机物含量,这不但发挥了固相萃取的较高富集效率、较短富集时间、较少有机试剂用量的优点,还结合了 HPLC 的高效分离特性。在此基础上,一些新型固相萃取材料的应用更是加快了固相萃取技术的发展,如碳纳米管(carbon nanotube)和氧化石墨烯(graphene oxide)等新材料的应用,它们具有高的比表面积、优异的热导性质和化学稳定性、较大的拉伸强度,在水和有机溶剂中分散性较好,其表面修饰多样,并且具有独特的 $\pi-\pi$ 共轭结构。在分离检测复杂动植物样品基质中的有机磷及有机氯农药残留、生物组织中的有害物质代谢产物、肉蛋产品中的磺胺类兽药残留、食品添加剂中的苏丹红等染料等方面具有广泛的应用[44-47]。

Fang 等[48]利用多壁碳纳米管(multi-walled carbon nanotube)作为吸附材料,制备了一种简单并且高灵敏特性的固相萃取柱,串联 HPLC 使用,成功用于检测蛋黄和猪肉中的 10 种磺胺类药物残留量,显示了这种新材料在食品安全检测上方便、廉价、高灵敏度的优势。

五、基于贵金属纳米材料的表面增强拉曼散射技术

表面增强拉曼散射技术具有高效快速、灵敏度高、样品制备简单、操作简易等优点。生物靶向分子(抗体或适配体)键和到纳米银颗粒的表面,即可作为靶向探针识别样品基质中的目标分子,结合后的复合物表现出强烈的 SERS 效应。在检测食品中化学污染物(如三聚氰胺、恩诺沙星、陶斯松、福美双、柏拉息昂等)、食源性有害菌(素)(如大肠杆菌、金黄色葡萄球菌等)等方面具有广泛用途[49-55]。

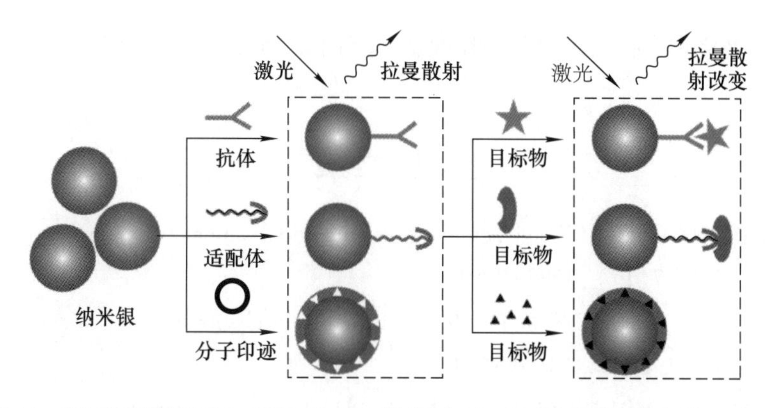

图 5 基于不同识别机制的 SERS 检测方法:抗体、适配体和分子印迹

六、基于先进纳米材料的电化学方法

电化学装置具有简便易操作、易于小型化便携、成本低廉、高效快速检测、灵敏度响应高等优点。功能纳米材料以其独特的光学、电学特性作为组装或修饰到电极表面,可以提高电子传递速率和增大电极的比表面积,从而显著提高传感器的电化学响应,使其具有较低的检出限、较宽的线性检测范围、较快的检测速度,并且成本低、易于控制。

Yang 等[56]将多壁碳纳米管通过壳聚糖修饰到电极表面,并在表面合成了分子印迹聚合物,显著增强了多壁碳纳米管的电子转移效率,增大了其比表面积,更增加其特异性吸附,使修饰电极对于目标物喹嗯啉-2-羧酸的电化学响应更加灵敏,检测限达 4.4×10^{-7} mol/L($S/N=3$)。建立的检测新方法用于检测商品化猪肉制品,在痕量水平上具有很好的重现性和稳定性。

七、结　　语

未来食品安全检测技术的发展将主要集中在进一步地加深纳米技术与材料科学的协同交叉,不断开发现有纳米材料的物理化学特性并拓展到新型复合纳米结构,利用这些特质来丰富和完善现有的食品安全检测手段,以满足日益复杂的食品分析需求。另外,为满足日益增长的质检需求,需要开发更加简便易行、小型化便携、高通量的检测技术或装置,实现食品安全的更加快速检测(rapid detection);对于持续性的危害物质,如病原体、有害菌等,需要捕捉实时、原位、无损的信息,而传统的样品检测手段只能提供静态的分析数据,一些原位检测技术(in situ techniques)即显得更为重要。基于先进功能材料的成像技术,包括光学成像、核磁共振(NMR)成像、CT 成像等可以提供目标物在生物体内的原位检测信息,即从体外做到体内的原位检测。除此之外,对于不断出现的食品新污染、新动向,我们应该时刻关注,利用出现的新材料、新技术不断提高检测能力,保障食品安全。

参考文献

[1] ROMEROGONZÁLEZ R. Food safety: how analytical chemists ensure it [J]. Analytical Methods, 2015, 7(17):7193-7201.

[2] ALOCILJA E C, RADKE S M. Market analysis of biosensors for food safety [J]. Biosensors & Bioelectronics, 2003, 18(5):841-846.

[3] ANTIGNAC J P, COURANT F, PINEL G, et al. Mass spectrometry-based metabolomics applied to the chemical safety of food [J]. Trac-trends in Analytical Chemistry, 2011, 30 (2):292-301.

[4] CHEN Q, ZHANG C, ZHAO J, et al. Recent advances in emerging imaging techniques for non-destructive detection of food quality and safety [J]. Trac-trends in Analytical Chemistry, 2013, 52(52):261-274.

[5] SCOGNAMIGLIO V, ARDUINI F, PALLESCHI G, et al. Biosensing technology for sustainable food safety [J]. Trac-trends in Analytical Chemistry, 2014, 62:1-10.

[6] CHEN S, MOONEY M H, ELLIOTT C T, et al. Advances in surface plasmon resonance biosensor technology towards high-throughput, food-safety analysis [J]. Trac-trends in Analytical Chemistry, 2010, 29(11): 1305-1315.

[7] BARRETO J A, O'MALLEY W, KUBEIL M, et al. Nanomaterials: applications in cancer imaging and therapy [J]. Advanced Materials, 2011, 23(12):H18-H40.

[8] BUZEA C, PACHECO II, ROBBIE K. Nanomaterials and nanoparticles: sources and toxicity [J]. Biointerphases, 2007, 2(4): MR17-M71.

[9] LEI J, JU H. Signal amplification using functional nanomaterials for biosensing [J]. Chemical Society Reviews, 2012, 41(6):2122-2134.

[10] PUMERA M. Graphene-based nanomaterials and their electrochemistry [J]. Chemical Society Reviews, 2010, 39(11):4146-4157.

[11] ZHANG L, WEBSTER T J. Nanotechnology and nanomaterials: promises for improved tissue regeneration [J]. Nano Today, 2009, 4(1):66-80.

[12] HERNÁNDEZ F, PORTOLÉS T, PITARCH E, et al. Gas chromatography coupled to high-resolution time-of-flight mass spectrometry to analyze trace-level organic compounds in the environment, food safety and toxicology [J]. Trac-Trends in Analytical Chemistry, 2011, 30(2):388-400.

[13] HUGHES G, PEMBERTON R M, FIELDEN P R, et al. The design, development and application of electrochemical glutamate biosensors [J]. Trac-Trends in Analytical Chemistry, 2016, 79:106-113.

[14] SUNDRAMOORTHY A K, GUNASEKARAN S. Applications of graphene in quality assur-

ance and safety of food [J]. Trends in Analytical Chemistry, 2014, 60:36-53.

[15] VASILESCU A, MARTY J L. Electrochemical aptasensors for the assessment of food quality and safety [J]. Trends in Analytical Chemistry, 2016, 79:60-70.

[16] CHEN X, ZHOU Y, PENG X, et al. Fluorescent and colorimetric probes for detection of thiols [J]. Chemical Society Reviews, 2010, 39(6):2120-2135.

[17] KIM H N, GUO Z, ZHU W, et al. ChemInform abstract: recent progress on polymer-based fluorescent and colorimetric chemosensors [J]. Chemical Society Reviews, 2011, 42(16):79-93.

[18] KIM H N, REN W X, KIM J S, et al. ChemInform abstract: fluorescent and colorimetric sensors for detection of lead, cadmium, and mercury ions [J]. Chemical Society Reviews, 2012, 41(29):3210-3244.

[19] WANG F, WANG L, CHEN X, et al. Recent progress in the development of fluorometric and colorimetric chemosensors for detection of cyanide ions [J]. Chemical Society Reviews, 2014, 43(13):4312-4324.

[20] ZHOU Y, YOON J. Recent progress in fluorescent and colorimetric chemosensors for detection of amino acids [J]. Chemical Society Reviews, 2012, 43(13):52-67.

[21] CHEN A, JIANG X, ZHANG W, et al. High sensitive rapid visual detection of sulfadimethoxine by label-free aptasensor [J]. Biosensors & Bioelectronics, 2013, 42(1):419-425.

[22] KIM Y S, KIM J H, KIM I A, et al. A novel colorimetric aptasensor using gold nanoparticle for a highly sensitive and specific detection of oxytetracycline [J]. Biosensors & Bioelectronics, 2010, 26(4):1644-1649.

[23] YANG C, WANG Y, MARTY J L, et al. Aptamer-based colorimetric biosensing of Ochratoxin A using unmodified gold nanoparticles indicator [J]. Biosensors & Bioelectronics, 2011, 26(5):2724-2727.

[24] ZHANG X, ZHAO H, XUE Y, et al. Colorimetric sensing of clenbuterol using gold nanoparticles in the presence of melamine [J]. Biosensors & Bioelectronics, 2012, 34(1):112-117.

[25] LI F, FENG Y, ZHAO C, et al. Simple colorimetric sensing of trace bleomycin using unmodified gold nanoparticles [J]. Biosensors & Bioelectronics, 2011, 26(11):4628-4631.

[26] ZHANG X, ZHAO H, XUE Y, et al. Colorimetric sensing of clenbuterol using gold nanoparticles in the presence of melamine [J]. Biosensors & Bioelectronics, 2012, 34(1):112-117.

[27] SONG J, WU F, WAN Y, et al. Colorimetric detection of melamine in pretreated milk using silver nanoparticles functionalized with sulfanilic acid [J]. Food Control, 2015, 50:356-361.

[28] SONG J, WU F, WAN Y, et al. Visual test for melamine using silver nanoparticles modified with chromotropic acid [J]. Microchimica Acta, 2014, 181(11-12):1267-1274.

[29] ZEKAVATI R, SAFI S, HASHEMI S J, et al. Highly sensitive FRET-based fluorescence immunoassay for aflatoxin B1 using cadmium telluride quantum dots [J]. Microchimica Acta, 2013, 180(13-14):1217-1223.

[30] XAVIER P L, CHAUDHARI K, BAKSI A, et al. Protein-protected luminescent noble metal quantum clusters: an emerging trend in atomic cluster nanoscience [J]. Nano Reviews, 2012, 3:19-24.

[31] SHANG L, DONG S, NIENHAUS G U. Ultra-small fluorescent metal nanoclusters: synthesis and biological applications [J]. Nano Today, 2011, 6(4):401-418.

[32] ZHANG L, WANG E. Metal nanoclusters: new fluorescent probes for sensors and bioimaging [J]. Nano Today, 2014, 9(1):132-157.

[33] DAI H, SHI Y, WANG Y, et al. Label-free turn-on fluorescent detection of melamine based on the anti-quenching ability of Hg^{2+}, to gold nanoclusters [J]. Biosensors & Bioelectronics, 2014, 53(1):76-81.

[34] ASANUMA H, HISHIYA T, KOMIYAMA M. Tailor-made receptors by molecular imprinting [J]. Advanced Materials, 2010, 12(14):1019-1030.

[35] CHEN L, XU S, LI J. Recent advances in molecular imprinting technology: current status, challenges and highlighted applications [J]. Chemical Society Reviews, 2011, 40(5):2922-2942.

[36] DÍAZ-DÍAZ G, ANTUÑA-JIMÉNEZ D, BLANCO-LÓPEZ M C, et al. New materials for analytical biomimetic assays based on affinity and catalytic receptors prepared by molecular imprinting [J]. Trac-trends in Analytical Chemistry, 2012, 33:68-80.

[37] OWENS P K, KARLSSON L, LUTZ E S M, et al. Molecular imprinting for bio-and pharmaceutical analysis [J]. Trac-trends in Analytical Chemistry, 1999, 18(3):146-154.

[38] SHARMA PS, D'SOUZA F, KUTNER W. Molecular imprinting for selective chemical sensing of hazardous compounds and drugs of abuse [J]. Trac-trends in Analytical Chemistry, 2012, 34(34):59-77.

[39] STEVENSON D. Molecular imprinted polymers for solid-phase extraction [J]. Trac-trends in Analytical Chemistry, 1999, 18(3):154-158.

[40] HAASE M, SCHÄFER H. Upconverting nanoparticles [J]. Angewandte Chemie International Edition, 2011, 50(26):5808-5829.

[41] ZHOU J, LIU Z, LI F. Upconversion nanophosphors for small-animal imaging [J]. Chemical Society Reviews, 2012, 41(3):1323-1349.

[42] CHATTERJEE D K, GNANASAMMANDHAN M K, ZHANG Y. Small upconverting fluorescent nanoparticles for biomedical applications [J]. Small, 2010, 6(24):2781-2795.

[43] GUO T, DENG Q, FANG G, et al. Upconversion fluorescence metal-organic frameworks

thermo-sensitive imprinted polymer for enrichment and sensing protein [J]. Biosensors & Bioelectronics, 2016, 79:341-346.

[44] FANALI C, DUGO L, DUGO P, et al. Capillary-liquid chromatography (CLC) and nano-LC in food analysis [J]. Trac-trends in Analytical Chemistry, 2013, 52(12):226-238.

[45] FERNÁNDEZ-RAMOS C, ŠATÍNSKY D, ŠMÍDOVÁ B, et al. Analysis of trace organic compounds in environmental, food and biological matrices using large-volume sample injection in column-switching liquid chromatography [J]. Trac-trends in Analytical Chemistry, 2014, 62:69-85.

[46] HIRD S J, LAU P Y, SCHUHMACHER R, et al. Liquid chromatography-mass spectrometry for the determination of chemical contaminants in food [J]. Trends in Analytical Chemistry, 2014, 59:59-72.

[47] TRANCHIDA P Q, DONATO P, CACCIOLA F, et al. Potential of comprehensive chromatography in food analysis [J]. Trends in Analytical Chemistry, 2013, 52(52):186-205.

[48] FANG G Z, HE J X, WANG S. Multiwalled carbon nanotubes as sorbent for on-line coupling of solid-phase extraction to high-performance liquid chromatography for simultaneous determination of 10 sulfonamides in eggs and pork [J]. Journal of Chromatography A, 2006, 1127(1-2):12-17.

[49] LIANG H Y, LI Z P, WANG W Z, et al. Highly surface-roughened "Flower-like" silver nanoparticles for extremely sensitive substrates of surface-enhanced raman scattering[J]. Advanced Materials, 2009, 21(45): 4614-4618.

[50] DOUGAN J A, FAULDS K. Surface enhanced Raman scattering for multiplexed detection [J]. Analyst, 2012, 137(3): 545-554.

[51] HAN X X, ZHAO B, OZAKI Y. Surface-enhanced Raman scattering for protein detection [J]. Analytical & Bioanalytical Chemistry, 2009, 394(7):1719-1727.

[52] KONG K, KNIEP H C, TOMIZUKA M. Surface-enhanced Raman scattering: a powerful tool for chemical identification [J]. Analytical Sciences, 2011, 27(8):775-783.

[53] CAMPION A, KAMBHAMPATI P. Surface-enhanced Raman scattering [J]. Vacuum, 1998, 33(10-12): 797-802.

[54] PIECZONKA N P, AROCA R F. Single molecule analysis by surfaced-enhanced Raman scattering [J]. Cheminform, 2008, 39(32):946-954.

[55] HAN X X, OZAKI Y, ZHAO B. Label-free detection in biological applications of surface-enhanced Raman scattering [J]. Trac-trends in Analytical Chemistry, 2012, 38(9):67-78.

[56] YANG Y, FANG G, LIU G, et al. Electrochemical sensor based on molecularly imprinted polymer film via sol-gel technology and multi-walled carbon nanotubes-chitosan functional layer for sensitive determination of quinoxaline-2-carboxylic acid [J]. Biosensors & Bioelectronics, 2013, 47(18):475-481.

王硕 南开大学杰出教授，博士生导师，国家杰出青年科学基金获得者，教育部长江学者特聘教授，国家“万人计划”科技创新领军人才，国家“百千万人才工程”国家级人选，教育部“新世纪优秀人才支持计划”人员，享受国务院政府特殊津贴。致力于食品安全检测基础理论创新和新技术的开发，包括食品质量安全全程监控技术体系、食品安全危害因子可视化快速检测和食品加工过程质量安全控制等多领域的研究工作。曾先后主持“863”计划、国家科技支撑计划等项目20余项。获国家科技进步奖二等奖、天津市科技进步奖一等奖各1项，国家专利优秀奖和天津市专利金奖各1项，省部级自然科学奖和科技进步奖二等奖4项。在国内外出版专著4部；发表SCI收录论文220余篇，6篇论文引用进入ESI全球前1%，连续入选2015年和2016年爱思唯尔中国高被引学者榜单；申请国家发明专利50余项。

基因组技术在乳酸菌及其发酵乳研究和开发方面的应用

张和平

内蒙古农业大学,乳品生物技术与工程教育部重点实验室,
农业部奶制品加工重点实验室,呼和浩特

发酵乳制品是引领我国乳品工业未来发展的主导产品,其质量优劣在很大程度上取决于乳酸菌发酵剂[1]。性能优良的乳酸菌发酵剂不仅可以赋予发酵乳制品独特的品质,还可以降低生产成本,为企业创造新的效益增长点[2]。作为发酵乳制品的特征性微生物,乳酸菌的物质代谢活动与终端产品的质量密切相关[3]。为此,选择合适的方法,对乳酸菌及其发酵乳进行研究开发具有非常重要的意义。从这一角度出发,宏基因组、转录组、蛋白质组等现代基因组技术的应运而生[4-5],使我们开始有能力对乳酸菌进行更为深入的了解,也为整个领域的研究注入了新的活力。

回顾基因组技术几十年的发展历程,自人类基因组计划启动以来,关于基因组的研究不断进步和深化,已展现出强大的发展潜力。18 年前,当第一株乳酸菌基因组测序项目顺利完成时,整个学界为之轰动[6]。对于乳酸菌的研究从此发生了革命性的转变,测序技术的发展极大地推动了整个乳酸菌基因组学的发展进程[7]。与此同时,随着工业的飞速发展,人类健康问题和环境问题日益突出,与之相关的乳酸菌基因组学领域的研究成果则成为令世人关注的问题[8]。可以预见,今后对于乳酸菌基因组学研究的投入仍会继续增加[9],这对人类生活所产生的影响不言而喻。

本文结合实验室前期开展的工作,围绕乳酸菌多样性、乳酸菌基因组、转录组和蛋白质组学方面的国内外研究成果,对基因组技术在乳酸菌及其发酵乳研究和开发方面的应用进行综述,旨在为同行提供参考。

一、乳酸菌多样性研究——为分离筛选优良菌株提供理论依据

丰富多样的乳酸菌资源是进行菌种选育的首要条件。传统培养技术存在不可逾越的缺陷,很难精确解析乳酸菌的自然群落特征。特别是,那些丰度低以及

不可培养的乳酸菌[10]。宏基因组学是一种不依赖于人工培养的微生物多样性分析新途径,它的兴起和应用极大地拓展了人类所能触及的微生物范围,也填补了不可培养乳酸菌研究的空白[11]。时下,这种研究方法已发展成为食品科学领域活跃的学科方向之一。

在国际上,Flórez 等于 2006 年就曾以“宏”为指导思想,采用变性梯度凝胶电泳技术(denaturing gradient gel electrophoresis,DGGE)和经典纯培养方法对意大利传统干酪不同成熟阶段的微生物多样性进行了研究。结果显示,两种方法差异较大,通过 DGGE 成功检测到了应用纯培养技术无法分离到的种属,如格式乳球菌(*Lactococcus garvieae*)和棉子糖乳球菌(*Lactococcus raffinolactis*)[12]。2012 年,Alegria 等结合 DGGE 和焦磷酸测序技术调查了波兰传统干酪中的乳酸菌多样性,结果发现焦磷酸测序技术有着更高的灵敏度,不仅可以检测到乳球菌属(*Lactococcus*)、乳杆菌属(*Lactobacillus*)、明串珠菌属(*Leuconostoc*)、肠球菌属(*Enterococcus*)等常见属,还可检出双歧杆菌科(Bifidobacteriaceae)的成员[13]。新近发表的科研成果中,研究者采用以 16S rRNA 基因 V1-V2 区为靶点的焦磷酸测序技术,分析了蒙古国中央省、乌兰巴托、东戈壁等 6 个地区 53 份自然发酵乳中细菌多样性,共获得 192 888 条有效序列,归属于 3 个门 21 个属。其中,乳杆菌属是核心菌群[14]。

在我国,2010 年,Hao 等率先应用纯培养和 DGGE 相结合的技术对新疆酸马奶中乳酸菌多样性进行了研究。结果表明,乳杆菌是其优势菌群[15]。2014—2015 年间,内蒙古农业大学乳品生物技术与工程教育部重点实验室研究团队,以 16S rRNA 的 V3 区为扩增、测序靶点,使用焦磷酸测序技术对采集自中国、蒙古国、俄罗斯、哈萨克斯坦等国家的 102 个自然发酵乳制品样品进行了系统分析。结果发现,乳酸菌群落结构受地理因素和样品来源影响(图 1)。酸牛奶、酸马奶、酸牦牛奶中优势菌为乳杆菌属,而曲拉、奶豆腐以乳球菌属和链球菌属(*Streptococcus*)为主[16-19]。2016 年,Yao 等采用单细胞扩增技术和宏基因组学策略相结合的方式对 30 份酸马奶细胞稀释液进行了分析,成功捕获了大泷乳杆菌(*Lactobacillus otakiensi*)、马其顿链球菌(*Streptococcus macedonicus*)等多种极低丰度物种[20]。同年,Liu 等以动态采集的酸马奶样品为研究对象,对其发酵过程中微生物多样性的变化规律进行了解析。结果显示,酸马奶发酵期间,瑞士乳杆菌(*Lactobacillus helveticus*)数量先增加然后降低;粪肠球菌(*Enterococcus faecalis*)、耐久肠球菌(*Enterococcus durans*)和酪黄肠球菌(*Enterococcus casseliflavus*)一直呈现增加的趋势[21]。

不难看出,宏基因组学研究技术已经深刻地改变了乳酸菌多样性研究的面貌。作为生态学的一个重要研究手段,这种技术避免了传统方法在多样性研究

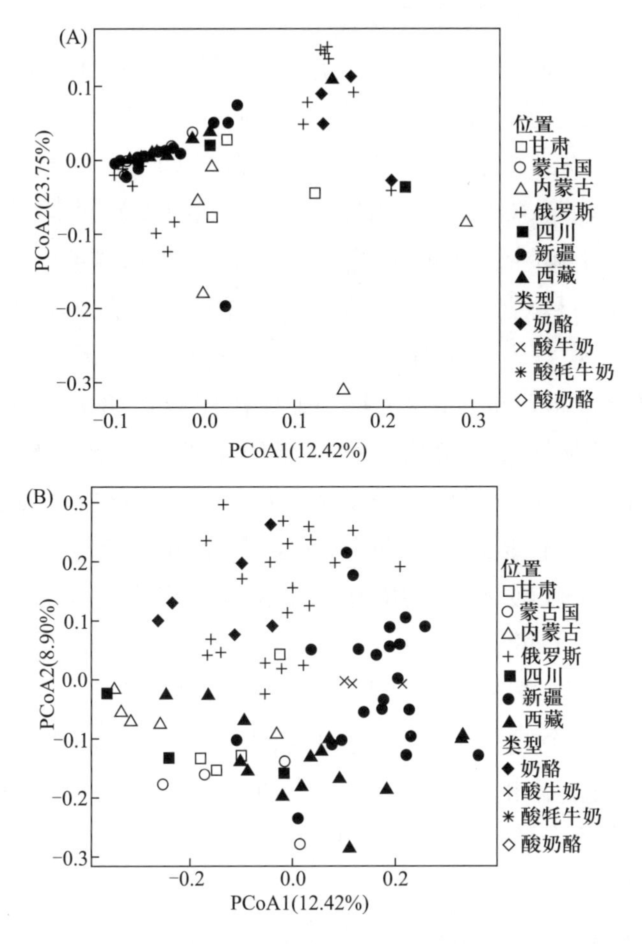

图 1　采样地点及样品来源加权(A)和非加权(B)主坐标分析[19]

中的局限性,结合测序技术可以更精确地反映乳酸菌组成,已被广泛用于乳制品中乳酸菌多样性的研究及不可培养乳酸菌的开发[22]。具体到技术细节,借助宏基因组学研究方法能直接解析不经培养或分离的乳酸菌物种组成信息,可避免人工培养的先天缺陷,为我们认识生物多样性提供新的视角。

二、乳酸菌“组学”研究——助力发酵乳产业化生产

(一) 乳酸菌基因组研究

乳酸菌基因组研究和基因组测序计划相得益彰,因为基因组序列信息的揭示是研究生物基因组的基础[23]。伴随着测序技术的飞速发展,越来越多的乳酸菌基因组测序计划被陆续提上日程。对于基因组序列的认识,使我们有可能围绕乳酸菌及其发酵乳开展更为行之有效的研究[24]。

自2001年第一株乳酸菌基因组测序项目完成以来[6]，乳酸菌基因组研究范围不断扩大。此后的10年里，测序计划主要针对知名益生乳酸菌。以美国北卡罗莱纳农工州立大学、芬兰赫尔辛基生物学研究所和法国农业研究所为代表的欧美国家实验室，先后公布了嗜酸乳杆菌NCFM（*Lactobacillus acidophilus* NCFM）、鼠李糖乳杆菌GG（*Lactobacillus rhamnosus* GG）、清酒乳杆菌23K（*Lactobacillus sakei* 23K）等基因组数据，这之中也包括一些由雀巢、达能等大型食品企业参与资助的测序项目[25]。2008—2015年，内蒙古农业大学乳品生物技术与工程教育部重点实验室完成了干酪乳杆菌Zhang（*Lactobacillus casei* Zhang）、双歧杆菌V9（*Bifidobacterium animalis* V9）、植物乳杆菌P-8（*Lactobacillus plantarum* P-8）等8株具有工业化应用价值乳酸菌基因组的测定及比较分析[26-33]。这些研究，不仅揭示了乳酸菌利用碳水化合物、水解蛋白、合成氨基酸等重要代谢途径，也明确了益生特性包括耐酸、耐胆盐和黏附定植的遗传背景。

尽管近年来对于乳酸菌基因组的研究取得了很大的进展，但所做工作多侧重于不同菌株个体之间的差异，对于现存系统发育关系及其代谢多样性仍然缺乏深入探讨[34]。因此，更多的研究者开始把目光投向属内不同种乳酸菌的比较基因组研究。研究单个或少数几个基因组的方法，逐渐被群体基因组学研究方法取代[35]。与普通菌株相比，乳酸菌模式菌株作为分类概念的准则，用于基因组研究可以有效避免个体差异对种间真实系统发育关系和代谢多样性辨识的影响[36]，随即成为国际研究焦点。

2015年，Sun及其同事完成了乳杆菌属基因组研究，并将成果发表于*Nature Communications*[37]。研究过程中，科研人员从中国、德国、日本、韩国和美国多个菌种保藏中心、研究机构收集乳杆菌属模式菌株共213株；采用二代高通量测序技术绘制了基因组图谱，结合比较基因组学方法解析了与菌株分化相伴随的功能基因进化历程，拓展其生物应用潜力。这项研究，从基因组水平首次揭示了乳杆菌属不同模式菌株间的系统发育关系，并指出乳杆菌属为一个并系类群，是由从一个特定的共同祖先不断进化分化而成，即兼性异型发酵乳杆菌为了适应环境逐渐分化形成严格同型和异型发酵乳杆菌。在此基础上，提出了用于新种分类的全新基因组系统发育框架（图2）。通过比较基因组学分析，研究人员还发现乳杆菌属编码大量的碳水化合物水解酶和糖基转移酶，同时拥有丰富多样的CRISPR-CAS系统。在适应性进化过程中，伴随有蛋白水解系统获得、丢失的现象。

同年，来自意大利和我国的科研团队先后完成了双歧杆菌模式菌株比较基因组学研究[38-39]。结果发现，双歧杆菌属不同物种间16S rRNA因为存在大量的重组现象，会严重影响我们对真实系统发育关系的辨识。相反，基于核心基因

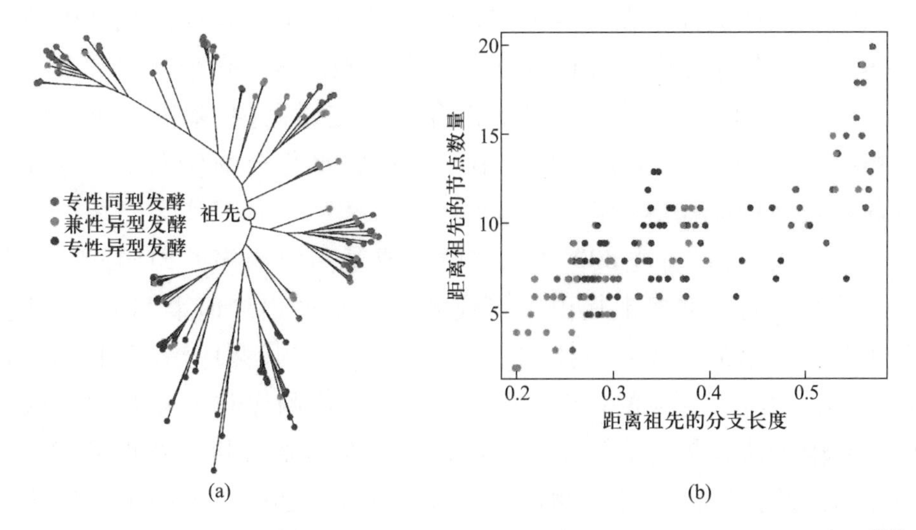

图 2 (a) 乳杆菌属系统发育关系;(b) 距离祖先分支长度、节点数散点图[37]

构建的系统发育树具有很高的分辨率。进一步结合其他基因组尺度的分类学方法如平均核酸相似性,可以更好地确立物种间的分类学地位。与其他环境双歧杆菌分离株相比,蜜蜂分离株编码的特异性基因数量最多(68 个基因家族)。值得注意的是,这些特异基因中含有呼吸代谢必须基因,包括一个完整的细胞色素氧化酶基因簇以及一个还原型辅酶脱氢酶。这些基因可以帮助他们适应蜜蜂肠道这一有氧环境。因为蜜蜂分离株在进化过程中是一个非常古老的谱系,可以认为保留了更多与双歧杆菌属祖先类似的生物学特性。由此推测,这一物种出现之初可能是在一个有氧存在的环境中。

2017 年,Zhong 等采用 Illumina MiSeq 高通量测序平台完成了 29 株肠球菌属模式株的基因组测序及比较分析工作[40]。该项研究构建出一个含有 605 个基因的核心基因组并进行了系统发育分析。按照系统发育树拓扑结构,肠球菌可以划分为 8 个分支。相比于古老分支,肠球菌年轻分支的所含菌种数量更多。由此推测,复杂环境可能会加速肠球菌进化,从而使寄生在人和哺乳动物环境中的菌株更加“年轻”,出现在年轻分支。虽然这些核心基因的功能分布比较广泛,但与碳水化合物代谢、蛋白质代谢、DNA 和 RNA 代谢相关的基因在核心基因组中占比最大。根据以往的知识,肠球菌糖代谢的途径主要有三类,分别为磷酸戊糖途径、2-酮-3-脱氧-6-磷酸葡萄糖酸途径和糖酵解/糖质新生。但在他们的分析过程中,却只能检测到磷酸戊糖途径和糖酵解/糖质新生相关的基因,或可表明磷酸戊糖途径和糖酵解/糖质新生是肠球菌糖代谢的主要途径。

时隔不久,Yu 等应用 Illumina HiSeq 2000 高通量测序技术完成了乳球菌属模式菌株的基因组重测序工作[41]。系统发育分析结果显示,乳球菌属模式菌株的平均核酸相似性值分布在67.4%~85.0%,亚种间的平均核酸相似性值分布在86.1%~97.9%;该属泛基因组和核心基因组分别由8 036个基因和643个基因组成。其中,38个核心基因参与碳水化合物的代谢,这些基因编码的酶大都参与糖酵解/糖异生和磷酸戊糖途径。不同菌株碳水化合物代谢基因存在的显著差异与各自表型特征基本吻合。

到目前为止,已有超过800株乳酸菌完成基因组测序并向国际公共数据库提交。这些基因组数据多半是由第二代测序平台产出。但事实上,一些科研团队已经在开发使用第三代测序技术[42]。与传统第二代测序法不同,第三代测序技术在读长方面具有先天的优势,可以解决第二代测序技术在基因组解析过程中因读长有限无法跨越含有重复序列的区域而常常造成拼接错误的困扰。采用这种技术对乳酸菌基因组进行测序过程相对简单,更切合乳酸菌基因组学高速发展的需求。

(二)乳酸菌转录组、蛋白质组研究

乳酸菌基因组研究数据极大地拓展了我们对于不同菌株代谢多样性的认识。但因为方法学本身的局限性,差异基因的挖掘多以序列比对分析为基础,所行使的生物学功能仍不十分清楚,不利于真正理解乳酸菌在发酵乳制品生产过程中的生理和功能[43]。所以,全面认识和理解乳酸菌必须同时在转录组、蛋白质组水平上进行研究,将这些动力学数据和相互作用的关系有机结合[44]。

转录组学技术能够对任意物种的转录本结构和表达水平进行检测,正逐步发展成为破解影响乳酸菌代谢多样性基因功能的主流技术。2013年,Lawley等完成了瘤胃乳杆菌(*Lactobacillus ruminis*)的转录组测序工作并进行了比较转录组学分析。结果显示,不同分离株间存在较为丰富的代谢多样性,特别是与四糖密切关联的功能基因和代谢通路。在含有四糖的培养基中,分离株编码的纤维二糖代谢操纵子在生长初期表达上调控,而趋化性相关操纵子在生长晚期表达上调控。在随后的实验中,利用电镜和毛细管培养系统验证了这一四糖趋化性表型,并首次提出了肠道共生菌间互惠共生的假说[45]。2015年,Eikmeyer等通过比较转录组学分析,对布氏乳杆菌(*Lactobacillus buchneri*)在氧应激环境下的代谢多样性进行了研究。分析发现,虽然pH稳态和氧化还原电位平衡关联基因在有氧条件下出现了特异性表达,但无论氧气含量多少,细胞生长发育必需基因(如蛋白质生物合成、能量代谢和乳酸发酵相关基因)均持续高表达,特别是乳酸发酵相关基因几乎不受生长条件影响[46]。新近一项研究中,研究者利用这种分析技术第一次破译了乳酸乳球菌(*Lactococcus lactis*)转录组图谱,一共鉴定得到60个顺式编码的反义RNA和186个反式编码的调控小RNA,并提出了新

的分类标准。进一步深入研究发现,部分小 RNA 参与调控菌株碳水化合物摄取和代谢[47]。这些研究成果不仅在转录水平指出乳酸菌的代谢多样性,也明确了部分差异基因的功能及其相互作用。

早在 2012 年,内蒙古农业大学乳品生物技术与工程教育部重点实验室课题组也曾尝试使用转录组学研究技术对乳酸菌在牛乳和豆乳中的代谢多样进行研究[48-49]。通过比较分析,成功捕获了豆乳中促进乳酸菌快速繁殖的促生长因子。2015 年,为了深入了解益生乳酸菌与肠道菌群之间的互作机制,应用转录组测序技术对服用益生乳酸菌志愿者的肠道菌群代谢多样性进行了分析。研究结果显示,益生乳酸菌可改变人体肠道中特定微生物的转录水平,显著差异表达的基因主要负责半乳糖、果糖和甘露糖等糖类及有益短链脂肪酸的代谢。这是首次从转录组学角度提出全新的益生乳酸菌与肠道微生物互作机理。对于采用转录组学技术的有益尝试,为开展后续研究提供了新的视角。

在乳酸菌基因组学领域,技术革命往往是科学进步的先声和途径。伴随着全新一代研究技术的不断演进,以基于双向凝胶电泳的蛋白质组学技术为代表的研究方法也日益完善。这种技术最早是由 Smithies 和 Poulik 提出,根据蛋白质的等电点和相对分子质量大小对蛋白进行分离,可在同一实验中同时对多个样品进行定性和定量分析[50]。与传统研究方法相比,该方法具有重复性高、灵敏度高、操作简单等优点[51],备受研究者青睐。特别是,该方法可以有效检测出差异表达的高丰度蛋白、弱碱性蛋白和非疏水蛋白,这为准确完成乳酸菌代谢多样性的研究注入了新的活力。

采用蛋白质组学方法,2009 年,Wu 等在国际上首次建立了干酪乳杆菌 Zhang(*Lactobacillus casei* Zhang)不同生长时期的代谢差异表达图谱[52]。在随后的研究中,他们发现与应激作用、维持细胞膜稳定性及抗氧化机制关联的蛋白在胁迫环境中高度表达,揭示了该菌株在酸和胆盐环境中的耐受分子机理[53-54]。2011 年,Lahtvee 等对具有不同比生长速率的乳酸乳球菌氨基酸代谢多样性进行了分析。结果发现,比生长速率在 0.1~0.6 h^{-1} 之间时,菌株的生物量会增加 30%,氮源的利用率会增加 50%,能量代谢速度会减缓 40%。总体来看,菌株编码底物转运系统和糖酵解下游代谢蛋白表达存在变构调控的现象[55]。2012 年,Jardin 等对瑞士干酪成熟过程中嗜热链球菌(*Streptococcus thermophilus*)和瑞士乳杆菌代谢多样性进行了分析。结果表明,干酪成熟过程中,这些乳酸菌差异表达的蛋白大多与碳水化合物代谢以及环境应激关联[56]。与此类似,2016 年,Wu 及其同事针对植物乳杆菌(*Lactobacillus plantarum*)干酪制作过程中的代谢多样性进行了分析。首次在蛋白质组水平成功揭示了该物种在特定条件下启动的钠依赖性葡萄糖转运分子机制[57]。同年,Wang 等以植物乳杆菌棉籽糖工程菌及其野生型为研究对象,利用 iTRAQ 蛋白质学方法完成了菌株生长晚期代谢多样性的研究。结果发现,工程菌在生长晚期伴有代谢多元化的现象,在培养基中的棉籽糖消耗殆尽的情况下,开始利用山梨醇作为碳源促进细胞的生长和分裂增殖;与野生型相比,工程菌具有更高的谷氨酸和天冬氨酸代谢活性,或许可以帮助细胞适应生长后期的酸胁迫环境[58]。

从上述国内外研究动态实例可以看出,蛋白质组学研究技术在乳酸菌代谢多样性的解析过程中举足轻重[59-60]。就生物个体行为而言,基因组是基因信息的总和;转录组代表了基因表达的中间状态;蛋白质组代表了基因表达的最终形式;三者并不存在严格的线性关系。因此,转录组和蛋白质组之间所包含的信息有一定的相关性,但也不完全相同[61]。考虑到乳酸菌不同个体在发酵乳制品生产过程中均有其特定的内在运作机制,联合使用基因组、转录组和蛋白质组研究技术更有利于真正掌握不同菌株生理状态的时序变化及过程特征。

三、展　　望

基因组技术的应用为乳酸菌及其发酵乳的研究开发带来了创新发展的机遇。在过去的十多年里,我们通过这种技术获得了大量的生物分子数据,回答了一些使用传统实验方法回答不了的科学问题。然而,这些数据背后也潜藏着好多我们尚不了解的生物学知识。如何充分利用这些数据,揭示出对发酵乳产品开发有意义的信息,是当前食品科学领域面临的又一项严峻的挑战。在今后的研究过程中,我们还需结合自身发展的特点对技术方案加以改进,使基因组研究成果更好地服务于发酵乳产业。

参考文献

[1] LEROY F, LDE V. Lactic acid bacteria as functional starter cultures for the food fermentation industry [J]. Trends in Food Science & Technology, 2006, 15(2):67-78.

[2] KÖK-TAŞ T, SEYDIM A C, ÖZER B, et al. Effects of different fermentation parameters on quality characteristics of kefir [J]. Journal of Dairy Science, 2013, 96(2):780-789.

[3] CHAVES A C, FERNANDEZ M, LERAYER A L, et al. Metabolic engineering of acetaldehyde production by *Streptococcus thermophiles* [J]. Applied & Environmental Microbiology 2002, 68(11):5656-5662.

[4] WANG J, ZHONG Z, ZHANG W, et al. Comparative analysis of the gene expression profile of probiotic *Lactobacillus casei* Zhang with and without fermented milk as a vehicle during transit in a simulated gastrointestinal tract [J]. Research in Microbiology, 2012, 163(5): 357-365.

[5] ZHANG J, WANG L, GUO Z, et al. 454 pyrosequencing reveals changes in the faecal mi-

crobiota of adults consuming *Lactobacillus casei* Zhang [J]. Fems Microbiology Ecology, 2014, 88(3):612-622.

[6] BOLOTIN A, WINCKER P, MAUGER P, et al. The complete genome sequence of the lactic acid bacterium *Lactococcus lactis* ssp. *lactis* IL1403 [J]. Genome Research, 2001, 11(5): 731-753.

[7] LUKJANCENKO O, USSERY D W, WASSENAAR T M. Comparative genomics of *Bifidobacterium*, *Lactobacillus* and related probiotic genera [J]. Microbial Ecology, 2012, 63(3): 651-673.

[8] O'SULLIVAN D J. Genomics can advance the potential for probiotic cultures to improve liver and overall health [J]. Current Pharmaceutical Design, 2008, 14(14):1376-1381.

[9] STEFANOVIC E, FITZGERALD G, MCAULIFFE O. Advances in the genomics and metabolomics of dairy lactobacilli: a review [J]. Food Microbiology, 2017, 61:33-49.

[10] FLEET G H. Microorganisms in food ecosystems [J]. International Journal of Food Microbiology, 1999, 50(1-2):101-117.

[11] DELMONT T O, MALANDAIN C, PRESTAT E, et al. Metagenomic mining for microbiologists [J]. Isme Journal, 2011, 5(12):1837-1843.

[12] FLÓREZ A B, MAYO B. Microbial diversity and succession during the manufacture and ripening of traditional, Spanish, blue-veined Cabrales cheese, as determined by PCR-DGGE [J]. International Journal of Food Microbiology, 2006, 110(2):165-171.

[13] ALEGRÍA A, SZCZESNY P, MAYO B, et al. Biodiversity in Oscypek, a traditional Polish cheese, determined by culture-dependent and-independent approaches[J]. Applied & Environmental Microbiology, 2012, 78(6):1890-1898.

[14] OKI K, DUGERSUREN J, DEMBEREL S, et al. Pyrosequencing analysis of the microbial diversity of airag, khoormog and tarag, traditional fermented dairy products of Mongolia [J]. Bioscience of Microbiota Food & Health, 2014, 33(2):53-64.

[15] HAO Y, ZHAO L, ZHANG H, et al. Identification of the bacterial biodiversity in koumiss by denaturing gradient gel electrophoresis and species-specific polymerase chain reaction [J]. Journal of Dairy Science, 2010, 93(5):1926-1933.

[16] SUN Z, LIU W, BAO Q, et al. Investigation of bacterial and fungal diversity in tarag using high-throughput sequencing [J]. Journal of Dairy Science, 2014, 97(10):6085.

[17] LIU W, XI X, SUDU Q, et al. High-throughput sequencing reveals microbial community diversity of Tibetan naturally fermented yak milk [J]. Annals of Microbiology, 2015, 65(3):1741-1751.

[18] XU H, LIU W, GESUDU Q, et al. Assessment of the bacterial and fungal diversity in home-made yoghurts of Xinjiang, China by pyrosequencing [J]. Journal of the Science of Food & Agriculture, 2015, 95(10):2007-2015.

[19] ZHONG Z, HOU Q, KWOK L, et al. Bacterial microbiota compositions of naturally fer-

mented milk are shaped by both geographic origin and sample type [J]. Journal of Dairy Science, 2016, 99(10):7832-7841.

[20] YAO G, YU J, HOU Q, et al. A perspective study of koumiss microbiome by metagenomics analysis based on single-cell amplification technique [J]. Frontiers in Microbiology, 2017, 8(625740):165.

[21] GESUDU Q, ZHENG Y, XI X, et al. Investigating bacterial population structure and dynamics in traditional koumiss from Inner Mongolia using single molecule real-time sequencing [J]. Journal of Dairy Science, 2016, 99(10):7852-7863.

[22] DANIÈLE S, SONIA P, ARMELLE R, et al. Evolution of microbiological analytical methods for dairy industry needs [J]. Frontiers in Microbiology, 2014, 5:16.

[23] KLAENHAMMER T, ALTERMANN E, ARIGONI F, et al. Discovering lactic acid bacteria by genomics[J]. Antonie Van Leeuwenhoek, 2002, 82(1-4):29-58.

[24] FANG F, O'TOOLE P W. Genetic tools for investigating the biology of commensal lactobacilli [J]. Frontiers in Bioscience, 2009, 14(8):3111-3127.

[25] WENYI Z, HE M, HEPING Z. Progress on the genomics of lactic acid bacteria—a review [J]. Acta Microbiologica Sinica,2008, 48(9):1270-1275.

[26] ZHANG W, YU D, SUN Z, et al. Complete genome sequence of *Lactobacillus casei* Zhang, a new probiotic strain isolated from traditional homemade koumiss in Inner Mongolia, China [J]. Journal of Bacteriology, 2010, 192(19):5268-5269.

[27] CHEN Y, ZHANG W, SUN Z, et al. Complete genome sequence of *Lactobacillus helveticus* H9, a probiotic strain originated from kurut [J]. Journal of Biotechnology, 2015, 194(10):37-38.

[28] SUN Z, CHEN X, WANG J, et al. Complete genome sequence of probiotic *Bifidobacterium animalis* subsp. *lactis* strain V9 [J]. Journal of Bacteriology, 2010, 192(15):4080-4081.

[29] SUN Z, CHEN X, WANG J, et al. Complete genome sequence of *Lactobacillus delbrueckii* subsp. *bulgaricus* strain ND02 [J]. Journal of Bacteriology, 2011, 193(13):3426-3427.

[30] SUN Z, CHEN X, WANG J, et al. Complete genome sequence of *Streptococcus thermophilus* strain ND03 [J]. Journal of Bacteriology, 2011, 193(3):793-794.

[31] SUN Z, ZHANG W, BILIGE M, et al. Complete genome sequence of the probiotic *Lactobacillus fermentum* F-6 isolated from raw milk [J]. Journal of Biotechnology, 2015, 194:110-111.

[32] ZHANG W, SUN Z, BILIGE M, et al. Complete genome sequence of probiotic *Lactobacillus plantarum* P-8 with antibacterial activity [J]. Journal of Biotechnology, 2015, 193:41-42.

[33] ZHAO W, CHEN Y, SUN Z, et al. Complete genome sequence of *Lactobacillus helveticus* H10 [J]. Journal of Bacteriology 2011, 193(10):2666-2667.

[34] MAKAROVA K, SLESAREV A, WOLF Y, et al. Comparative genomics of the lactic acid bacteria [J]. Proceedings of the National Academy of Sciences of the United States of America, 2006, 103(42):15611-15616.

[35] RASMUSSEN T B, DANIELSEN M, VALINA O, et al. *Streptococcus thermophilus* core genome: comparative genome hybridization study of 47 strains [J]. Applied & Environmental Microbiology, 2008, 74(15):4703-4710.

[36] FELIS G E, MOLENAAR D, DELLAGLIO F, et al. Dichotomy in post-genomic microbiology [J]. Nature Biotechnology, 2007, 25(8):848-849.

[37] SUN Z, HARRIS H M B, MCCANN A, et al. Expanding the biotechnology potential of lactobacilli through comparative genomics of 213 strains and associated genera [J]. Nature Communications, 2015, 6:8322.

[38] FERRARIO C, MILANI C, MANCABELLI L, et al. A genome-based identification approach for members of the genus *Bifidobacterium* [J]. Fems Microbiology Ecology, 2015, 91(3):1-15.

[39] SUN Z, ZHANG W, GUO C, et al. Comparative genomic analysis of 45 type strains of the genus *Bifidobacterium*: a snapshot of its genetic diversity and evolution [J]. PLOS One, 2015, 10(2):e0117912.

[40] ZHONG Z, ZHANG W, SONG Y, et al. Comparative genomic analysis of the genus *Enterococcus* [J]. Microbiological Research, 2017, 196:95-105.

[41] YU J, SONG Y Q, REN Y, et al. Genome-level comparisons provide insights into the phylogeny and metabolic diversity of species within the genus *Lactococcus* [J]. BMC Microbiology, 2017 , 17 (1) :213.

[42] ZHANG W, SUN Z, MENGHE B, et al. Short communication: single molecule, real-time sequencing technology revealed species-and strain-specific methylation patterns of 2 *Lactobacillus* strains [J]. Journal of Dairy Science, 2015, 98(5):3020-3024.

[43] KLEEREBEZEM M, VOS W M D. Lactic acid bacteria: life after genomics[J]. Microbial Biotechnology, 2011, 4(3):318-322.

[44] KOSKENNIEMI K, LAAKSO K, KOPONEN J, et al. Proteomics and transcriptomics characterization of bile stress response in probiotic *Lactobacillus rhamnosus* GG [J]. Molecular & Cellular Proteomics, 2011, 10(2):M110.002741.

[45] LAWLEY B, SIMS I M, TANNOCK G W. Whole-transcriptome shotgun sequencing (RNA-seq) screen reveals upregulation of cellobiose and motility operons of *Lactobacillus ruminis* L5 during growth on tetrasaccharides derived from barley β-glucan [J]. Applied & Environmental Microbiology, 2013, 79(18):5661-5669.

[46] EIKMEYER F G, HEINL S, MARX H, et al. Identification of oxygen-responsive transcripts in the silage inoculant *Lactobacillus buchneri* CD034 by RNA sequencing[J]. PLOS One, 2015, 10(7):e0134149.

[47] MEULEN S B V D, JONG A D, KOK J. Transcriptome landscape of *Lactococcus lactis* reveals many novel RNAs including a small regulatory RNA involved in carbon uptake and metabolism [J]. RNA Biology, 2016, 13(3): 353-366.

[48] WANG J C, ZHANG W Y, ZHONG Z, et al. Transcriptome analysis of probiotic *Lactobacillus casei* Zhang during fermentation in soymilk [J]. Journal of Industrial Microbiology & Biotechnology, 2012, 39(1):191-206.

[49] WANG J C, ZHANG W Y, ZHONG Z, et al. Gene expression profile of probiotic *Lactobacillus casei* Zhang during the late stage of milk fermentation [J]. Food Control, 2012, 25(1):321-327.

[50] SMITHIES O, POULIK M D. Two-dimensional electrophoresis of serum proteins [J]. Nature 1956, 177(4518):1033.

[51] O'FARRELL P H. High resolution two-dimensional electrophoresis of proteins [J]. Journal of Biological Chemistry, 1975, 250(10):4007-4021.

[52] WU R, WANG W W, YU D L, et al. Proteomics analysis of *Lactobacillus casei* Zhang, a new probiotic bacterium isolated from traditional home-made koumiss in Inner Mongolia of China [J]. Molecular & Cellular Proteomics Mcp, 2009, 8(10):2321-2338.

[53] WU R, ZHANG W, SUN T, et al. Proteomic analysis of responses of a new probiotic bacterium *Lactobacillus casei* Zhang to low acid stress [J]. International Journal of Food Microbiology, 2011, 147(3):181-187.

[54] WU R, SUN Z, WU J, et al. Effect of bile salts stress on protein synthesis of *Lactobacillus casei* Zhang revealed by 2-dimensional gel electrophoresis [J]. Journal of Dairy Science, 2010, 93(8):3858-3868.

[55] LAHTVEE P J, ADAMBERG K, ARIKE L, et al. Multi-omics approach to study the growth efficiency and amino acid metabolism in *Lactococcus lactis* at various specific growth rates [J]. Microbial Cell Factories, 2011, 10(1):1-12.

[56] PIOT M. Quantitative proteomic analysis of bacterial enzymes released in cheese during ripening [J]. International Journal of Food Microbiology, 2012, 155(1-2):19.

[57] WU Z, WANG P, HE J, et al. Proteome analysis of *Lactobacillus plantarum* strain under cheese-like conditions [J]. Journal of Proteomics, 2016, 146:165.

[58] WANG J, HUI W, CAO C, et al. Proteomic analysis of an engineered isolate of *Lactobacillus plantarum* with enhanced raffinose metabolic capacity [J]. Science Reports, 2016, 6:31403.

[59] WU C, ZHANG J, DU G, et al. Aspartate protects *Lactobacillus casei* against acid stress [J]. Applied Microbiology and Biotechnology, 2013, 97(9):4083-4093.

[60] WU C, ZHANG J, CHEN W, et al. A combined physiological and proteomic approach to reveal lactic-acid-induced alterations in *Lactobacillus casei* Zhang and its mutant with enhanced lactic acid tolerance [J]. Applied Microbiology & Biotechnology, 2012, 93(2):

707-722.

[61] ROGERS S, GIROLAMI M, KOLCH W, et al. Investigating the correspondence between transcriptomic and proteomic expression profiles using coupled cluster models [J]. Bioinformatics, 2008, 24(24):2894-900.

张和平　内蒙古农业大学教授、博士生导师,乳品生物技术与工程教育部重点实验室主任,乳酸菌筛选与乳品发酵技术国家地方联合工程实验室主任,国家奶牛产业技术体系加工研究室主任,农业部乳制品加工重点实验室主任。国家杰出青年科学基金获得者,入选“长江学者”奖励计划特聘教授,入选“国家百千万人才工程”,获“有突出贡献中青年专家”称号,入选国家“万人计划”创新领军人才。2014年所带领的“乳酸菌与发酵乳制品创新团队”入选科技部重点领域创新团队,并荣获“全国专业技术人才先进集体”称号;2015年入选农业部科研杰出人才及创新团队。获何梁何利科技创新奖、国家科技进步奖二等奖、内蒙古自治区科学技术特别贡献奖、内蒙古自然科学奖一等奖、内蒙古科技进步奖一等奖等。先后荣获“全国先进工作者”、“全国优秀科技工作者”等荣誉称号。在 *Nature Communiacation*、*The ISME Journal*、*Molecular and Cellular Proteomics* 等 SCI 收录期刊发表论文 120 篇;主编 *Lactic Acid Bacteria: Fundamentals and Practice* (Springer 出版社,2014 年)和《现代乳品工业手册》等论著 8 部;获授权发明专利 22 项;以第一编制人员制修订地方标准 7 项。

我对食品超高压加工技术发展的一点理解

胡小松　宋　弋　陈　芳　张　燕　吴继红　廖小军

中国农业大学食品科学与营养工程学院，
国家果蔬加工工程技术研究中心，北京

杀菌技术作为食品工业核心技术之一，对食品安全、品质和营养起决定性作用。两百多年前，在法国征求军需食品保存方法的背景下，1810年，阿佩尔发明了世界上第一种工业杀菌技术——罐藏技术。1864年，巴斯德阐明了罐藏杀菌的原理，即食品经热杀菌后处于商业无菌状态，产品中的所有致病微生物和细菌芽孢被完全杀灭。罐藏食品已成为现代食品工业中的一大支柱产业，至今仍没有一种更有效的杀菌方法能全面代替热杀菌技术。

对于罐藏食品，特别是低酸性罐头食品（pH>4.6，水分活度 a_w>0.85），能否实现商业无菌的关键是杀灭细菌芽孢。芽孢（spore）是芽孢杆菌属（*Bacillus*）和梭菌属（*Clostridium*）等微生物在环境胁迫（低温、干旱和营养缺乏等）下形成的一类微生物休眠体。它对高温、高静压、干燥、辐射等具有极强的抗逆性。在食品加工贮藏过程中，其可导致低酸性食品腐败变质和诱发食源性疾病，如肉毒梭状芽孢杆菌（*C. botulinum*）产生的肉毒素具有神经毒性，极微量（LD_{50}：1.3～2.1 ng/kg）即可导致人死亡。为了杀灭芽孢，现代食品工业采用高温（110～130 ℃）灭菌法，美国食品药品监督管理局（FDA）针对低酸性食品提出了12-D（12-log）的概念，即将 10^{12} CFU/g（mL）的肉毒芽孢完全杀灭所需的条件（121 ℃处理2.5 min），即符合商业无菌。

而在实际加工生产过程中，热通过传递和对流两种方式传热到食品“冷点”（也称“中心点”）则需要更长的时间。一般一批罐头食品经过升温、保温、降温程序所需时间达到80 min。由于温度高、时间长，不仅使食品的质构、色泽、口感、风味和维生素等营养成分均遭到严重破坏，并产生罐头“蒸煮味”而严重影响食欲。如何减少加工过程中营养物的损失和有害物的生成，降低加工温度和缩短高温加工时间是最直接有效的方法。

因此，寻找到更低的加工温度、更短的加工时间和节能节水低碳的食品杀菌新方法始终是近100年全球食品工业界研究的热点和重点。

一、食品超高压加工技术的提出与前期研究

超高压技术出现已有 100 多年的历史。发现这一现象的起因是 19 世纪末，欧美的沉船打捞业者在打捞海底沉船时，发现沉船中的肉类等食品仍然保持着一定的鲜度，这与超高压加工技术加工食品在理论上有许多相似之处，并引起了科学家的高度关注。

(1)1895 年，H. Royer 开始利用超高压处理杀灭细菌的研究并相继证明具有明显的效果，但限于条件约束没有进行更加系统的研究。

(2)关于超高压在食品保藏中的应用研究，最早是由美国化学家 Bert Hite 在 1899 年提出的。Bert Hite 通过大量研究工作首次证明了高压对多种食品、果蔬和饮料具有灭菌效果，并发现 450 MPa 高压能延长牛乳保存期。

(3) 19 世纪末，Tamman 采用 300 MPa 的压力来测定固液相的变化现象，开启了高压技术之门。

(4) 1914 年，美国科学家 P. W. Bridgman 首先发现，鸡蛋卵清蛋白在静水压 500 MPa 下会发生凝固，在 700 MPa 作用下则会形成凝胶(图 1)。这是超高压技术应用于食品加工的理论雏形。Bridgman 也于 1946 年获得诺贝尔物理学奖，被尊称为“超高压之父”。

图 1 Bridgman 1914 年使用的超高压实验仪器

(5) 1918 年，Larsen 等研究表明细菌营养体在 607 MPa 处理 14 h 后可被杀灭，而细菌芽孢极为耐压。

(6) 1924 年，Cruss 提出高压可以用于商业上果汁的加工。但在之后的几年中，由于高压设备开发的技术瓶颈以及商业需求的限制，这些研究成果并未引起足够重视，在实际生产中未得到进一步推广和应用。此后的几十年间，绝大多数关于高压对完整细胞作用效果的研究报告的重点多侧重于自然高压条件下对微

生物的灭菌效果。

二、食品超高压加工技术的兴起和发展

（1）1986年，日本京都大学林力丸教授率先发表了用超高压处理食品的报告，引起日本食品工业界、学术界的高度重视，超高压食品加工技术迅速发展起来。图2为日本出版的超高压食品著作。

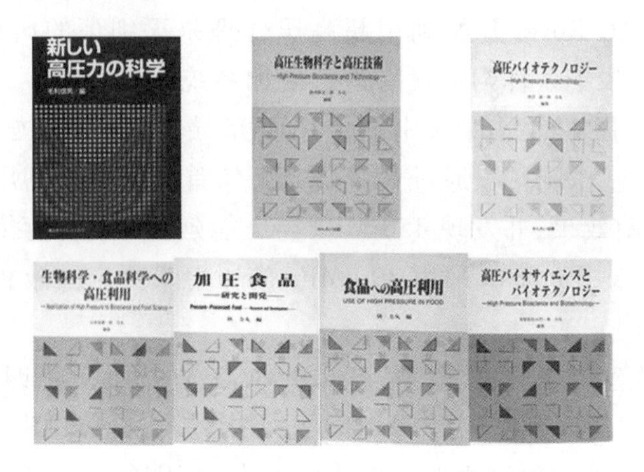

图2　日本出版的超高压食品著作

（2）1991年，明治屋公司首创的采用高压代替加热杀菌而生产的超高压果酱（high pressure jam）投放市场（图3），到1994年已经发展到18种产品。当时的工作主要集中在果蔬汁饮料等产品，制品无须热杀菌即可达到一定的保质期，且由于其具有鲜果的色泽、风味和口感而倍受消费者青睐。日本的Meidi-Ya公司也有果味酸奶、果冻、色拉和调味料等产品面市。日本的Pokka和Wakayama公司用半连续高压杀菌方法处理橙汁。到1995年，日本已对高压食品技术在乳制品、鸡蛋、水产品、高黏性食品方面的应用进行了广泛研究，并取得了良好的应用前景。

图3　日本1991生产的超高压果酱

（3）1997年超高压处理的新鲜橙汁、火腿片在法国、西班牙等欧洲国家开始生产；美国IFT（食品科学技术学会）在专题报告中，将超高静压食品开发列入

21 世纪美国食品工程的主要研究项目。图 4 为早期的小型超高压设备。

图 4 早期的小型超高压设备

（4）1997 年以后，国际上超高压食品生产开发趋势逐渐降低趋于平缓，主要原因在于高压条件下设备材料损失消耗过大，导致生产成本过高。直到 2001 年 FDA 批准超高压技术可应用于果蔬汁加工，《果汁 HACCP》规定致病菌的杀菌效果达到降低 5 个对数的要求可在果汁中应用，自此超高压食品的研究和生产应用再一次在全球兴起。

2004 年，美国农业部食品安全检验局（USDA-FSIS）批准了超高压技术应用于即食食品，如熟食肉制品；2009 年，FDA 批准了压力辅助热杀菌工艺（PATS）可用于低酸食品杀菌。

（5）与此同时，我国关于超高压的研究也逐渐开始。1990—1995 年，以翻译介绍日本超高压技术的应用为主。1990 年刊载了第一篇关于日本超高压食品加工技术的报道，从此开始陆续出现一些综述、消息和编译的文章。1995 年，黑龙江商学院叶怀义教授利用金刚石压机进行实验，发表第一篇超高压技术研究论文《超高压对过氧化物酶的影响》；兵器部 52 研究所张玉诚、张福长等工程师于 1995 年自行研制了第一台超高压食品加工设备（600 MPa，15 L），为院校学者开展超高压技术的课题研究创造了条件。1995 年以后，综述型文章逐渐增多。

此后历经 2004 年、2009 年两个重要的发展节点，国内应用超高压技术进行食品加工的研究逐步发展起来，专利和文章数量逐年增加。2004 年，研究型文章逐渐开始增多。2009 年，由美国 IFT、欧盟食品科学技术学会和中国食品科学技术学会共同举办的第 19 届“国际食品非热加工技术研讨会”在北京召开，成为我国超高压技术发展研究的重要转折。此次大会的胜利召开，推动了国内学者对于超高压技术等非热加工技术与装备的研究。2009—2012 年发表的研究型文章占总数的 57.2%，其中 SCI 收录 30 篇，涉及超高压技术在水果、蔬菜、乳品、肉品加工中的应用研究，以及提取、改性、灭活病毒等（图 5）。

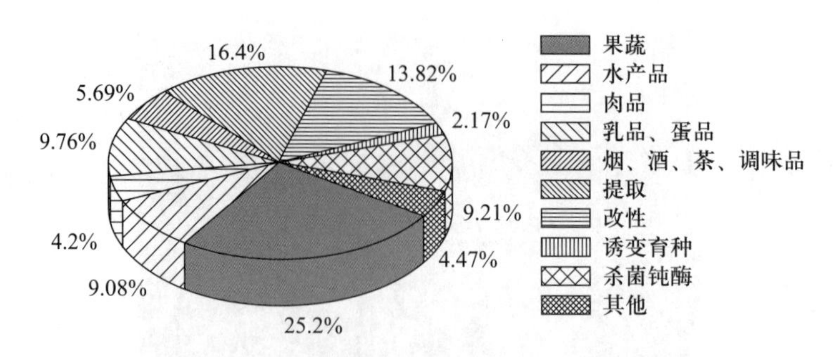

图 5　国内超高压技术各研究领域的分布图

三、食品超高压在全球产业化发展现状与态势

（一）食品超高压设备

目前超高压食品加工技术在全球商业化发展中呈现日益增多的趋势，超高压产品种类非常丰富，超高压设备的发展也日趋完善（图 6 至图 9）。

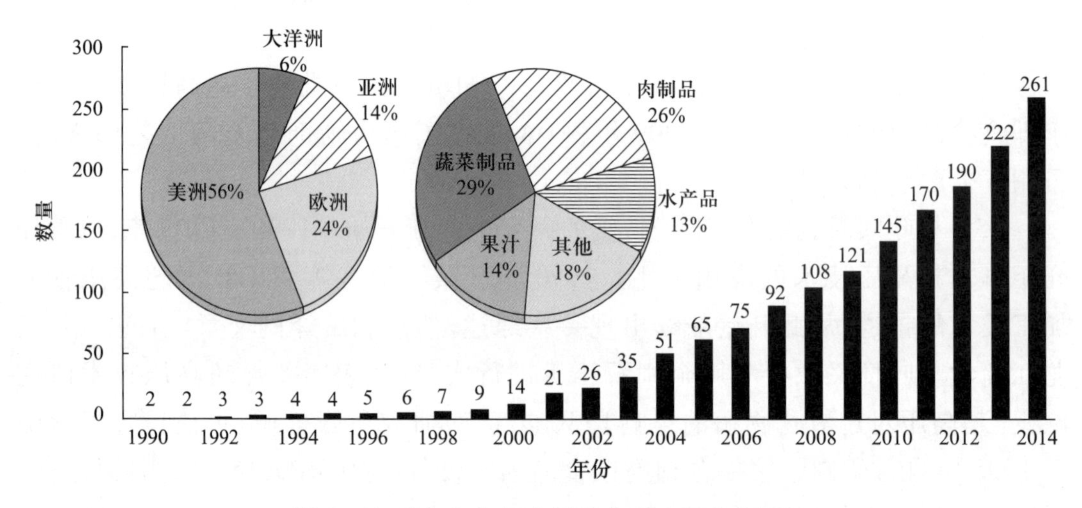

图 6　全球商业化超高压设备数（不含中国）

（二）超高压食品加工的瓶颈问题

100 多年来，食品工业界对非热杀菌相继探索了超高压（Hite，1899）、高压 CO_2（Fraser，1951）、脉冲电场（Doevenspeck，1961）、强磁场（Hofmann，1985）、辐照（Appleby & Banks，1905）等技术，其中辐照技术已成为商业化的一种杀菌方法，但是辐照食品因放射性残留长期受到消费者的抵触。

图 7　超高压产品

图 8　国内先进超高压设备

图 9　2016 年德国最大超高压装备

20 世纪末开始，美国军方针对军需补给的罐头产品感官品质差、连食性差、开启难等问题，开展了高静压技术(high hydrostatic pressure，HHP)杀灭低酸性食品中芽孢的研究。HHP 是指利用传压介质(通常是液体，如水)使食品在极高的压力(100~1 000 MPa)下进行杀菌，从而延长食品货架期的一种物理加工方法。HHP 杀菌遵循两个基本原理，即帕斯卡(Pascal)原理和勒夏特列(Le Chatelier)原理，生物大分子中的氢键、离子键和疏水键等非共价键在高压下发生变化，导致酶失活，微生物被杀死；而对维生素、色素和风味物质等小分子化合物的共价键无明显影响，因此能够更好地保持食品原有的营养、色泽和风味。

然而，在对HHP与芽孢的大量研究发现，即使压力达到1 400 MPa，芽孢的致死效果仍十分有限。因此单纯的压力依然无法实现商业无菌的目标。2002年，美军纳提克士兵研究中心、伊利诺伊理工大学及Avure公司等联合攻关，系统研究了高静压辅助技术应用于低酸性食品的可行性。研究发现HHP与热结合后，随着温度提高，芽孢对HHP更为敏感，该技术被称为压辅助热杀菌（pressure-assisted thermal sterilization，PATS）技术。由于HHP处理时传压介质有“压致升温”现象，因此HHP结合温度处理时，传压介质的初始温度可以比实际处理温度低。但这个温度差取决于传压介质的性质，以水为例，压力每上升100 MPa，水的压致升温平均约为2.7 ℃。

2009年2月，FDA批准PATS应用于低酸性食品的商业化生产，HHP初始温度90 ℃，压力690 MPa，处理时间大于3 min，压致升温大于110 ℃。全部处理过程小于10 min，与传统高温灭菌法（约80 min）相比耗时少，耗能和耗水分别减少20%和50%，食品的品质得到较好的保留。PATS技术已成为目前FDA批准的可用于杀灭芽孢的低酸性罐藏食品的商业化杀菌新方法。但由于PATS杀菌温度依然超过100 ℃，同样存在造成食品质构破坏、营养损失的问题；此外，由于需要保持超高压力，对装备的材料、承压结构的安全性提出更高要求，使装备成本居高不下，很大程度上限制了PATS的商业化应用。目前，除了美国军方研发的土豆泥外，市场上并没有PATS技术生产的商业化产品。

中国农业大学国家果蔬加工工程研究中心的超高压研究团队经过近20年的不懈努力，至2016年年底在超高压加工技术方面取得了重大突破，提出了利用芽孢生理萌发的“生物力”来实现“先同步萌发-后全部杀灭”的新思路，构建了通过“适合的温度与压力协同作用”激发细菌芽孢萌发信使物来诱导芽孢同步快速全（100%）萌发，再经温-压结合有效杀灭细菌芽孢的新理论，创建了通过“双激-双诱”达到“双降”条件下（>121 ℃降至<90 ℃，>600 MPa降至<300 MPa）彻底杀灭细菌芽孢的新方法，发明了继高温灭菌法后的新型食品商业无菌（<90 ℃）“双激-双降”新技术，实现了低酸性食品在低于100 ℃下达到商业无菌的目的；并与合作企业共同开发出具有自主知识产权的系列超高压装备，打破了发达国家技术与装备的长期垄断，大幅度降低了装备的成本（约为国外同等大型装备成本的1/4~1/3），这就为低酸性食品领域低于100 ℃杀菌（实现商业无菌）和常温配送等食品超高压加工技术产业化发展开辟了新途径。

（三）主要问题与发展的重点方向

近10年来，随着全球食品超高压加工技术产业化的快速发展，食品工业界亟须解决以下三个瓶颈性问题，也是未来研究开发的重点方向。

一是超高压装备的开发问题，重点在大型化（压力仓大于 1 000 L，3～5 t/h）、连续化（液体食品连续化杀菌和“温-压结合”的系统集成）、智能化（数字化和全程自动控制）、组合型（将微波、超声波等其他非热加工技术组合）和进一步降低装备的成本。

二是杀灭细菌芽孢和钝酶问题，重点在针对低酸性食品进一步降低压力和温度（<300 MPa 和<80 ℃，）的条件下，或与微波、超声波等其他加工技术组合能够有效杀灭细菌芽孢和钝化生物酶，并针对高酸性食品（pH>4.6）在冷等静压条件下完全钝化生物酶。

三是系统构建与完善工艺参数和技术标准，拓展新技术和新工艺的应用领域，开发新产品，特别是在中华传统食品和中式菜肴工业化开发上，因超高压加工技术不仅能够在非热条件下实现高酸性食品的菌，还能够在低于 100 ℃杀灭低酸性食品中的细菌芽孢，实现商业无菌，并能够大幅度保持原有风味品质及营养素，则无疑具有十分广阔的产业化开发空间和发展前景。

胡小松 1961 年 2 月生，江苏省南京市人。1982 年 7 月毕业于华中农业大学，1988 年 7 月获北京农业大学食品科学系硕士学位。中国农业大学食品科学与营养工程学院院长、教授、博士生导师，国家果蔬加工工程技术研究中心主任。兼任中国食品科学技术学会名誉副理事长、国家食物与营养咨询委员会委员、教育部科学技术委员会委员、农业部科学技术委员会委员、中国证监会创业板技术委员会委员、中国农业科学院第七届学术委员会委员、北京市食品安全委员会委员、西藏自治区发展咨询委员会委员、北京市政府专家顾问团农业与食品顾问、中国饮料工业协会技术委员会副主任等。

胡教授主要从事果蔬贮藏加工理论与技术、食品超高压加工技术与装备开发、食品安全科学与品质控制、农业与食品产业发展战略等方面的研究。多年来，先后参与了国务院组织的“国家突发重大食品安全事故应急预案”“国家突发重大动物疫情应急预案”“食品安全法”等论证工作，国家“十五”“十一五”“十二五”的“食品安全”“农产品深加工”“食品加工与安全”“农产品现代物流”等重大科技专项和国家“973”计划、“863”计划与支撑计划等食品领域科技发展及项目规划论证工作。主持承担了国家“973”计划、“863”计划、支撑计划和国家自然科学基金等多项课题，2012年被科技部聘为“十二五”国家“863”计划农业领域专家、食品制造与食品安全主题专家组专家和食品工程化加工技术与装备项目首席科学家，“十三五”国家重点专项“现代食品加工及粮食收储运技术与装备”实施方案和指南编制专家组组长。

获国家科技进步奖二等奖1项，省部级科技进步奖一等奖2项、二等奖7项、三等奖10项，中国食品科技学会科技创新奖一等奖2项。2001年被国家授予“全国优秀科技工作者”荣誉称号；2004年获“中国食品工业突出贡献奖”；2008年获中国农业大学“师德标兵”称号；2012年中国食品科学技术学会授予“中国方便食品20年特别贡献奖”；2014年获国际食品联盟与中国食品科技学会共同颁发的“科学精神奖”。发表学术论文300余篇，其中SCI收录近90篇；编著出版了20部学术著作。

食物蛋白质资源精深加工研究进展

赵谋明

华南理工大学食品科学与工程学院,广州

蛋白质是构成生物体细胞组织的重要成分之一,是生命的物质基础。食物中的蛋白质是人体中氮元素的主要外来摄入源,人体必须摄入一定量的蛋白质以保证机体的构成和修补、保证机体的各种生理化学反应和维系生命,蛋白质是膳食三大能量营养素之一[1]。蛋白质由于其营养价值和功能特性,被认为是食品中最重要的组成成分之一。蛋白质加工水平也被认为是一个国家食品工业发展水平的重要标志之一。

一、食物蛋白质资源精深加工的意义

(一) 国民营养与健康水平的提高,亟需优质蛋白制备关键技术

国民健康状况在很大程度上已成为国际社会衡量一个国家社会进步的标志。从每日人均蛋白质摄入量来看, 我国为 70 g/(天·人),世界为 75 g/(天·人),发达国家为 80 g/(天·人)[2]。根据 1989—2009 年中国 18~45 岁成年人膳食蛋白质摄入状况表明仍有部分人群可能面临蛋白质摄入不足的风险[3]。健康是促进人的全面发展的必然要求,是经济社会发展的基础条件。实现国民健康长寿,是国家富强、民族振兴的重要标志,中共中央、国务院出台了《“健康中国 2030”规划纲要》,因此,深度挖掘食物蛋白质资源对于保障国民营养水平、服务“健康中国 2030”具有重要的现实意义。

国务院发布的《国民营养计划(2017—2030 年)》明确指出,我国仍面临居民营养不足与过剩并存、营养相关疾病多发、营养健康生活方式尚未普及等问题,成为影响国民健康的重要因素。需要进一步强化营养主食、双蛋白工程等重大项目实施力度。

(二) 我国有大量的食物蛋白资源未被充分利用,亟待深加工,提高其附加值

我国尚有大量食物蛋白资源未被充分利用,据不完全统计,我国每年约有低

值鱼贝虾资源超过 800 万 t、动物骨架超过 2 000 万 t、大豆粕超过 2 000 万 t、花生粕超过 500 万 t、菜籽粕超过 800 万 t、米糠超过 1000 万 t、谷朊粉超过 50 万 t。因此,开展食物蛋白资源的精深加工基础理论及关键技术开发研究具有重要的学术价值和实际应用意义,具有重要的社会经济效益。

目前,我国食品工业面临着来自资源和环境的双重压力。国家“十三五”规划明确提出,支持绿色清洁生产,推进传统制造业绿色改造,推动建立绿色低碳循环发展产业体系。对现有食物蛋白质资源精深加工已成为我国“国家战略必争、产业发展必需、技术竞争必备、社会需求巨大”的重大研究方向,是解决长期以来严重制约我国食品工业发展问题的必要途径,并可提高我国食品工业加工水平和核心竞争力[2]。

(三) 食品加工业的蓬勃发展,亟需多元化蛋白原料

随着现代食品工业的发展,食品类型和品种逐渐增多。食品的色、香、味、形等质量品质是消费者选择食品的重要依据。蛋白质对食品质量品质具有重要影响,蛋白质的功能特性决定了其在食品中的主要用途。不同的食品对原料蛋白的功能特性有着不同的要求,如香肠中添加的大豆分离蛋白,要求其具有良好凝胶性、持水性、持油性;而面包添加用的蛋白质,则要求其具有良好的起泡性和类面筋功能;添加到乳制品中的蛋白质需要有良好的乳化性,特别是应用在冰激凌、植脂奶油中的食用蛋白质既要有良好的乳化性,还需要很好的起泡性等。因此,现代食品工业的发展需要各类不同功能特性的专用蛋白原料。目前,我国食品工业专用蛋白种类非常有限,不能满足我国食品工业的功能化、多元化、个性化的发展要求。

二、食物蛋白质资源精深加工研究进展

(一) 食物蛋白质资源精深加工途径

食物蛋白质资源种类众多,有动物性蛋白资源,如低值鱼贝虾、动物血液、畜禽骨架等;植物性蛋白资源,如大豆粕、花生粕、菜籽粕、谷朊粉、米糠等;微生物性蛋白资源,如微生物菌体(啤酒酵母等)。不同来源的蛋白质资源具有不同的结构特点,决定了其加工利用途径的不同。食物蛋白质资源的精深加工涉及原料特性、加工技术、关键加工装备、产品应用范围等。例如海洋小杂鱼可能存在内源酶、原料易腐败的特点,可在精深加工过程中充分利用其内源酶的作用,减少外源蛋白酶用量,降低生产成本,鉴于其易腐败的特点,加工过程中需要关注其微生物安全性及探求解决途径;又如大豆粕存在蛋白质高度变性或结构致密

等特点，造成其生物酶解过程中水解度低，精深加工过程中需要解决其结构致密性问题，寻求特异性蛋白酶。

孙宝国院士等食品科学家指出现代食品发展的方向是营养、健康、美味、方便、实惠，根据我国食品工业发展需求，笔者认为食物蛋白质资源精深加工可向功能性蛋白、生物活性肽及呈味基料方向发展。功能性蛋白可满足食品工业快速发展的多元化、方便化等需求；生物活性肽可满足现代食品的健康营养或普通食品功能化等需求；呈味基料可满足现代食品的方便化、美味化等需求。针对大宗食物蛋白资源精深加工，可整体提升食品原料的利用率，提高产品附加值，降低生产成本，提升产品科技含量，增强其核心竞争力。

（二）功能性蛋白的研究进展

功能性蛋白的开发主要涉及食物蛋白质的改性处理，因此本文重点针对食物蛋白质的改性进行探讨。

食物蛋白质改性方法主要有物理改性、化学改性、生物改性三类，三类改性方式各具特色[4-5]。物理改性法具有加工费用低、耗时少、无毒副作用、对蛋白营养价值破坏小等优点，是目前蛋白改性的研究重点和热点，但其也具有改性效果易反复，对蛋白质功能特性改善程度有限，多种物理改性技术存在难以产业化等缺点[6-7]。化学改性法存在试剂专一性不强，反应条件苛刻，反应复杂、激烈、难以控制，易有化学物质残留和副产物混杂，营养价值在反应过程中会受到影响等不足之处，但也具有改性效果彻底不易反弹的特点，但整体来看现在采用该方法的逐渐减少。生物改性法主要包括酶法改性和基因工程改性，本文主要探讨酶法改性，该改性方法具有专一性强、条件温和、无毒副作用等特点，也是目前食物蛋白质改性的研究重点[8-10]。

上述改性方法各有优缺点，近年来，两种甚至三种改性方式相结合的蛋白质综合改性法逐步引起相关科研工作者的重视。笔者所在研究团队也在这方面做了大量研究工作。研究发现，加热、超声、挤压和还原剂等预处理改变了面筋蛋白的结构（SH/S-S、亲水性/疏水性等），使其酶解过程中水解度和蛋白回收率增加，酶解前预处理对改善面筋蛋白酶解特性有明显的促进作用。例如，水解度在8.8%的 Protamex 小麦面筋蛋白酶解产物-阿拉伯胶在超声辐射条件下接枝时，接枝度最大；接枝物溶解性、热稳定性、乳化性和起泡性显著提高[11]。超声辐射能够显著提高大豆分离蛋白-乳糖接枝反应速度和接枝度，并且在同等接枝度下，褐变程度下降，有利于改善产品的色泽。超声强化制备的改性大豆分离蛋白的乳化性、溶解性、热稳定性显著改善[12]。酶解-均质导 11S 富集组分形成更多聚集体，促使 7S 富集组分原有聚集体解离，两类富集组分有不同的聚集/解离变化趋势，却具有其内在共性，β-折叠增加，乳化特性明显改善，可以制备粒径更小的乳状液，静置乳析率下降[13]。

（三）呈味基料研究进展

随着生活水平的提高，人们对调味品的品质要求越来越高，调味品向高档化发展的趋势也越来越明显。高品质的呈味基料是调味品的核心原料，对调味品及相关食品的品质与市场竞争力具有重要影响。传统调味品生产企业纷纷投资进行技术改造，通过增加产品的技术含量进一步提高产品竞争力。作为营养型功能性天然呈味基料，蛋白水解物已成为国际高档调味料市场研究和发展的一个重要方向，蛋白水解物因具有自然特征风味且易与其他呈味成分配伍的特征而成为制备高档复合调味品、香精香料的重要基料。近年来，国内外学者利用低值蛋白资源开发鲜香味突出的水解蛋白，日本及欧美国家在这方面基础研究居于国际领先地位，其开发的调味料风靡全球[14-16]。呈味基料生产技术落后是导致我国相关食品行业（调味品、肉制品、方便食品、冷冻冷藏食品、膨化食品）缺乏国际竞争力的重要原因之一，主要体现在营养、口感和风味上，其中呈味基料鲜味不足、缺乏天然鲜味和醇厚味是制约我国食品行业档次提高、市场竞争能力增强乃至整个食品行业发展的瓶颈。

呈味肽是蛋白水解物中最核心的呈味物质，是高档呈味基料的重要组成成分，能增进食品风味（包括提升鲜味、香味，增强后味、厚味）。呈味肽作为加工食品风味和香味化合物的前体，不仅在营养上具有比氨基酸更易吸收的特点，而且能显著提高食品的风味，改进食品的质构，使食品的总体味感协调、细腻、醇厚浓郁。酱油的鲜味一部分就来源于鲜味肽[17]。然而我国呈味肽研究起步晚，一方面由于食品风味学发展得不成熟，另一方面由于肽分离制备技术的复杂，其相关研究很少，而对于呈味肽的种类、相互之间以及与其他风味剂、辅助物质之间的风味作用机理也仍处于未知状态。

利用蛋白质酶解技术提升蛋白质产品的美味很早就被人们采用，诸多传统特色食品如日本豆酱、东南亚鱼露、中国酱油和腐乳等都是酶解技术应用的典例。呈味肽研究方面也逐渐引起重视，瑞士科学家 Solms 对肽的呈味进行研究[15]；日本科学家 Kirimura 等研究了氨基酸和肽类物质对食品风味形成的影响，发现二肽 Val-Glu、Gly-Leu 能显著提高食品的感观品评值[14]；1978 年，Yamasaki 等从牛肉酶解液中纯化到一个具有增强肉香味的八肽[18]；1988 年，Nishimura 等从鱼蛋白水解产物中提取到六个呈鲜味的二肽[19]。一些企业也针对此进行了研究，如日本味之素株式会社和瑞士雀巢公司。

笔者所在团队在食物蛋白质资源生物酶解制备呈味基料方面进行了大量研

究工作。例如在低值鱼蛋白深度酶解过程中,游离氨基酸、多肽、无机离子、有机酸等含量的变化共同作用导致酶解液的呈味变化,其中氨基酸、多肽含量的变化是酶解液呈味变化的主要原因[20]。采用自制蛋白酶水解花生粕,可得到较好呈味效果的花生粕酶解液,其中鲜味最突出。通过对超滤膜分离组分的成分分析,发现肽类物质在花生粕酶解液鲜味中起关键作用。选取具有最高鲜味强度的超滤膜分离组分进行凝胶过滤色谱和反相高效液相色谱分离纯化得到两个呈味肽,采用 MALDI-TOF-MS 分析其分子量和氨基酸序列,结果表明鲜味增强肽分子质量为 1 091.419 Da,氨基酸序列为 Glu-Gly-Ser-Glu-Ala-Pro-Asp-Gly-Ser-Ser-Arg (EGSEAPDGSSR);鲜味肽分子质量为 963.595 Da,氨基酸序列为 Ser-Ser-Arg-Asp-Glu-Gln-Ser-Arg (SSRDEQSR)[21]。为了增强呈味肽含量,笔者所在团队进一步利用生物发酵结合商业蛋白酶酶解开发呈味基料制备技术,如以花生粕为发酵底物诱导米曲霉产生特异性复合酶系制备发酵曲料,然后研究酶解工艺对发酵花生粕酶解产物的鲜味影响规律,并获得了最佳工艺条件及相关机制[22]。美拉德反应可进一步增强其呈味效果,美拉德反应应用于海洋低值鱼酶解液具有祛腥效果,反应后酶解液基本上无腥味,具有典型的酱香[20];研究发现花生鲜味肽与木糖进行美拉德反应可生产具有更强鲜味特性的物质,而鲜味物质主要集中在中间阶段和终产物前体物阶段积累[22];美拉德反应还可以使蛋白质酶解液风味系列化[23]。

(四) 生物活性肽研究进展

随着研究发现肽类物质(尤其是寡肽)可以被人体直接吸收利用,且具有比氨基酸更好的吸收效果,功能性肽或生物活性肽的相关研究逐渐受到重视,其相关产品的研究与开发也大量得到开展[8,24-26]。生物活性肽的制备技术主要有定向合成法(主要包括化学合成、酶法合成、DNA 重组技术等)、直接提取法(从微生物、动植物生物体内直接提取分离纯化法)和蛋白可控酶解法等。合成法受设备投资大、后续涉及分离纯化、产品成本高等条件限制,其技术成熟度当前仅限于小分子寡肽的合成;直接提取法只适合于细菌、真菌、动植物中存在的一些天然功能性肽,但因天然生物资源中这些肽的含量极微,其提取分离纯化成本高、得率低,目前虽有一些天然功能性肽商品化,但难以大规模推广,且受限于原料来源;蛋白可控酶解法制备生物活性肽产品安全性高,生产条件温和、水解过程易控制,因此该方法是制备食品级生物活性肽的理想技术手段[2]。功能性肽的产业化主要集中在美国、日本、荷兰、丹麦等国[2]。

笔者所在研究团队在蛋白可控酶解制备生物活性肽方面做了大量研究工作,开发了抗氧化肽、促发酵肽、抗疲劳肽、抗痛风肽、美容肽、元阳肽、胶原蛋白肽等,并对其构效关系进行了深入研究。下面以抗氧化肽、抗疲劳肽和抗痛风肽为例。

基于抗氧化肽的氨基酸组成特点,定向地筛选了适合于制备抗氧化肽的蛋白原料,并通过 Sephadex G-25 及 UPLC-ESI-UHR-TOF-MS/MS 技术对目标抗氧化肽进行分离鉴定[27]。结果表明,大米蛋白、酪蛋白、花生分离蛋白、大豆分离蛋白、小麦面筋蛋白及明胶等蛋白原料的酶解产物在 ABTS 及 ORAC 法中的抗氧化活性与其蛋白原料中的 Tyr、Trp、Cys 及 Met 等抗氧化氨基酸的含量高度相关(尤其是 Tyr 及 Trp),其中富含 Tyr 和 Trp 的大米蛋白及酪蛋白的酶解产物抗氧化活性最强,而缺乏 Tyr、Trp、Cys 及 Met 等抗氧化氨基酸的明胶的酶解产物抗氧化活性最弱。以大米蛋白为原料对其进行酶解及分离鉴定,最后在大米蛋白复合蛋白酶(Protease M)水解产物中共鉴定出 27 条含有 Tyr 或 Trp 等抗氧化氨基酸残基的肽段,并通过合成验证发现这些肽段均具有较强的抗氧化活性,其中 YR、WN、YY、AW、WV、YW、IW、YNPR、TYNPR、GYPR、NWR、WQSS、WQS、IGYPR、LGYPR、LQPY、TNPW、MYPIPR、MYPLPR 及 VNPW 等 20 条肽段的抗氧化活性强于标准抗氧化剂 Trolox。

以草鱼为原料,通过限制性酶解制备抗疲劳活性肽,并优化工艺条件,大鼠力竭游泳试验结果表明,得到的抗疲劳肽可显著延长大鼠力竭游泳时间,具显著抗疲劳作用,且能显著降低大鼠血清肌酸激酶活性,并对大鼠血睾酮含量具有显著的纠正提高作用,可维持机体内分泌平衡,抗疲劳肽能够在一定程度上减少大鼠体内疲劳代谢产物的蓄积、增加大鼠肌糖原含量,但效果不是十分显著,说明调节机体内分泌平衡是抗疲劳肽发挥抗疲劳作用的重要因素,而调节疲劳代谢产物及能量代谢平衡起辅助作用[28]。以泥鳅为原料,通过限制性酶解制备生物活性肽[29],研究发现,泥鳅多肽可显著延长小鼠的力竭游泳时间达 20%~28%;能延缓或减少小鼠运动时机体中葡萄糖和肝糖原的消耗,加速清除小鼠血液中乳酸和血清尿素氮的积累,还能提高小鼠体内抗氧化酶系的活力,证明泥鳅多肽可以提高小鼠游泳的耐力,具有抗疲劳功效。通过分析泥鳅多肽体内抗氧化活性与其抗疲劳功效之间的相关性,发现两者是显著相关的。细胞实验结果表明,泥鳅多肽对肝癌细胞 HepG2、结肠癌细胞 Caco2 和乳腺癌细胞 MCF-7 均有显著的抑制增殖作用。随着多肽浓度的增加,抑制作用增强,其 EC_{50} 值分别为 16.69 mg/mL、9.92 mg/mL 和 15.91 mg/mL。

以酪蛋白为原料,通过五种的蛋白酶(碱性蛋白酶、风味蛋白酶、中性蛋白酶、木瓜蛋白酶和胰蛋白酶)进行酶解并对其酶解特性进行了研究[30],研究发现五种酪蛋白活性肽段(M_w< 3 kDa)的添加均能够提高球菌的活菌数,尤其是在对数生长期的影响更显著;酪蛋白活性肽能够减缓乳酸菌活菌数在生长后期的

下降趋势;对乳酸菌发酵液菌体量都有不同程度的提高作用;与此同时,由于各种酪蛋白肽段的添加,发酵液 pH 下降趋势均有不同程度的加剧,加速了发酵过程葡萄糖的消耗速度;酪蛋白活性肽段的添加明显提高了丙酮酸激酶和磷酸果糖激酶这两种酶的活性。在一定添加量范围内(1.5%~3.0%等量蛋白替代,w/w)木瓜蛋白酶酪蛋白活性肽促酸乳发酵能力随着添加量的增加而增强,并分离纯化得到三个具有显著促乳酸菌生长活性的酪蛋白活性肽 Asn-Pro-Ser-Lys-Glu-Asn-Leu、Asp-Ile-Pro-Asn-Pro-Ile 和 Pro-Ile-Val-Leu-Asn-Pro,这三种酪蛋白活性肽对乳酸菌增殖作用都明显强于与它们组成分别相同的游离氨基酸混合物。

以营养丰富的海洋鱼蛋白为原料,制备出具有良好抗痛风活性的功能性多肽,抗痛风肽对氧嗪酸钾诱导的高尿酸血症大鼠进行降尿酸活性试验,研究证明海洋鱼酶解产物具有显著降尿酸活性作用,不仅能够有效抑制大鼠体内黄嘌呤氧化酶(XOD)活性,并降低大鼠肝脏细胞中腺苷转氨酶(ADA)和黄嘌呤氧化酶的 mRNA 表达量。通过研究发现,海洋鱼酶解产物主要是通过减少 ADA 和 XOD 的含量及抑制 XOD 活性来实现降低尿酸水平的目的,并且能够有效降低高尿酸血症大鼠的血清肌酐和尿素氮水平,具有一定的肾脏保护功效[31]。

三、展　　望

我国食物蛋白质资源丰富,相关精深加工技术也得到了发展。利用食品蛋白质资源制备功能性蛋白、呈味基料、生物活性肽,为食品工业提供配料,可显著提升食品蛋白质资源的原料利用率和附加值,有效提升我国蛋白类食品工业加工水平,提高产品技术含量。未来该领域的研究方向主要有以下几方面。

(1) 功能性蛋白、肽制备关键技术。首先是蛋白酶切位点的暴露与隐藏及控制酶解技术研究。蛋白质酶解制备功能性肽最核心的技术是如何对蛋白肽键进行靶向性地酶解,一方面实现对肽链长度的控制,另一方面实现对功能肽序列的保护。其次是特殊功能性蛋白原料的筛选与应用技术研究。底物蛋白氨基酸组成有差异,在相同酶解条件下得到产物中肽、游离氨基酸比例差异较大,深入研究组成差异显著的蛋白原料对蛋白酶的敏感性差异。最后是目标肽的高效富集及特殊序列的保护技术研究。利用可工业化生产的分离技术实现目标肽的高效富集,并在分离纯化过程中对特殊序列进行有效保护,避免因纯化操作而导致活性损失。

(2) 肽的应用与活性保护技术。应重点关注肽与其他成分(如多糖、多酚等)的相互作用以及肽对胃肠道消化酶的耐受情况。

(3) 特异性蛋白酶的开发与应用技术。针对不同底物蛋白氨基酸组成间差异筛选特异性蛋白酶,比如利用海洋微生物对特异性蛋白酶进行驯化及应用。

(4) 肽构效关系研究。应重点开展生物活性肽的化学结构定量关系的研究以及建立相关数学模型的统计方法,深入揭示生物活性肽构效关系。

参考文献

[1] 赵谋明,赵强忠,等.食物蛋白酶解理论与技术[M].北京:化学工业出版社,2017:63.

[2] 赵谋明,任娇艳.大宗低值蛋白资源精深加工及高值化利用[J].食品科学技术学报,2010,28(5):1-5.

[3] 王志宏,张兵,王惠君,等.1989-2009年中国九省(区)18~45岁居民膳食蛋白质摄入状况及变化趋势[J].中国预防医学杂志,2012(11):819-823.

[4] SUN-WATERHOUSE D, ZHAO M, WATERHOUSE G I N. Protein modification during ingredient preparation and food processing: approaches to improve food processability and nutrition [J]. Food & Bioprocess Technology, 2014, 7(7):1853-1893.

[5] KAPOOR S, RAFIQ A, SHARMA S. Protein engineering and its applications in food industry [J]. Critical reviews in food science and nutrition, 2017, 57(11): 2321-2329.

[6] MIRMOGHTADAIE L, ALIABADI S S, HOSSEINI S M. Recent approaches in physical modification of protein functionality [J]. Food Chemistry, 2016, 199:619-627.

[7] O'SULLIVAN J J, PARK M, BEEVERS J, et al. Applications of ultrasound for the functional modification of proteins and nanoemulsion formation: a review [J]. Food Hydrocolloids, 2017, 71: 299-310.

[8] LAFARGA T, HAYES M. Bioactive protein hydrolysates in the functional food ingredient industry: overcoming current challenges [J]. Food Reviews International, 2017, 33(3): 217-246.

[9] ROMEIH E, WALKER G. Recent advances on microbial transglutaminase and dairy application [J]. Trends in Food Science & Technology, 2017, 62,133-140.

[10] SUN X D. Enzymatic hydrolysis of soy proteins and the hydrolysates utilization [J]. International Journal of Food Science & Technology, 2011, 46(12):2447-2459.

[11] 王金水.酶解—膜超滤改性小麦面筋蛋白功能特性研究[D].广州:华南理工大学,2007.

[12] MU L, ZHAO M, YANG B, et al. Effect of ultrasonic treatment on the graft reaction between soy protein isolate and gum acacia and on the physicochemical properties of conjugates [J]. Journal of Agricultural & Food Chemistry, 2010, 58(7):4494-4499.

[13] LUO D, ZHAO Q, ZHAO M, et al. Effects of limited proteolysis and high-pressure homogenisation on structural and functional characteristics of glycinin [J]. Food Chemistry, 2010, 122(1):25-30.

[14] KIRIMURA J, SHIMIZU A, KIMIZUKA A, et al. Contribution of peptides and amino acids to the taste of foods [J]. Journal of Agricultural & Food Chemistry, 1969, 17(4):

689-695.

[15] SOLMS J. Taste of amino acids, peptides, and proteins [J]. Journal of Agricultural and Food Chemistry, 1969, 17(4): 686-688.

[16] MAZUR R H, SCHLATTER J M, GOLDKAMP A H. Structure-taste relationships of some dipeptides [J]. Journal of the American Chemical Society, 1969, 91(10): 2684-2691.

[17] ZHUANG M, LIN L, ZHAO M, et al. Sequence, taste and umami-enhancing effect of the peptides separated from soy sauce [J]. Food Chemistry, 2016, 206:174-181.

[18] YAMASAKI Y, MAEKAWA K. A peptide with delicious taste [J]. Agricultural & Biological Chemistry, 1978, 42(9):1761-1765.

[19] NISHIMURA T, KATO H. Taste of free amino acids and peptides [J]. Food Reviews International, 1988, 4(2):175-194.

[20] 崔春. 海产低值鱼深度酶解工艺与机理研究 [D]. 广州:华南理工大学, 2005.

[21] SU G, CUI C, ZHENG L, et al. Isolation and identification of two novel umami and umami-enhancing peptides from peanut hydrolysate by consecutive chromatography and MALDI-TOF/TOF MS [J]. Food Chemistry, 2012, 135(2):479-485.

[22] 张佳男. 花生鲜味肽的释放及其鲜味强度提升作用研究 [D]. 广州:华南理工大学, 2016.

[23] 曾晓房. 鸡骨架酶解及其产物制备鸡肉香精研究[D]. 广州:华南理工大学, 2007.

[24] DANG T, SÜSSMUTH R D. Bioactive peptide natural products as lead structures for medicinal use [J]. Accounts of Chemical Research, 2017, 50(7): 1566-1576.

[25] BOUGLÉ D, BOUHALLAB S. Dietary bioactive peptides: human studies [J]. Critical reviews in food science and nutrition, 2017, 57(2): 335-343.

[26] SANJUKTA S, RAI A K. Production of bioactive peptides during soybean fermentation and their potential health benefits [J]. Trends in Food Science & Technology, 2016, 50:1-10.

[27] 郑淋. 抗氧化肽的构效关系及定向制备的研究 [D]. 广州:华南理工大学, 2015.

[28] 任娇艳. 草鱼蛋白源抗疲劳生物活性肽的制备分离及鉴定技术研究[D]. 广州:华南理工大学, 2008.

[29] 游丽君. 泥鳅蛋白抗氧化肽的分离纯化及抗疲劳、抗癌功效研究[D]. 广州:华南理工大学, 2010.

[30] 张清丽. 酪蛋白活性肽对乳酸菌生长代谢及酸乳发酵影响的研究[D]. 广州:华南理工大学, 2011.

[31] 刘洋. 海洋鱼抗痛风肽的制备及其作用机理研究[D]. 广州:华南理工大学, 2014.

赵谋明 华南理工大学教授、博士生导师，工学博士。国家“863”计划主题项目首席专家，教育部长江学者特聘教授，华南理工大学食品科学与工程学院国家重点学科——食品科学学科带头人，广东省食品绿色加工与营养调控工程技术研究中心主任，ESI高被引科学家。长期从事食物蛋白资源基础理论与关键技术的研究及教学工作，深入研究了我国大宗食物蛋白质的结构和组成特征，创新了蛋白质生物转化相关基础理论，攻克了高品质富肽呈味基料、功能性蛋白和功能性肽制备过程中的系列共性关键技术难题，实现了食物蛋白资源的高值化利用，相关技术已有6项通过省部级成果鉴定，相关关键技术与产品在国内40多家大中型企业转化。获国家科技进步奖二等奖3项、省部级一等奖4项、国家专利优秀奖1项。发表论文共400余篇，其中SCI、EI收录论文共200余篇，H指数为33，进入国际农业科学家ESI排名前50名；获授权国家发明专利76项，以第一完成人获国家发明专利授权42项，PCT国际专利3件；作为主编或副主编撰写了5部著作与教材。

中国液态奶产业发展现状与建议

任发政 王鹏杰 罗 洁

中国农业大学食品营养与工程学院，北京

随着社会的发展和人民生活水平的提高，人们对于饮食的营养与健康的要求逐渐提高，其表现之一就是乳制品的消费量逐年增加。大量的研究证明，牛乳对于人体疾病风险控制等具有积极的影响。世界卫生组织将人均奶类消费量作为衡量一个国家人民生活水平的主要指标之一[1]。然而，当前我国的年人均奶类消费量约为 36 kg（折合成生鲜乳），不足世界平均水平的 1/3[2]。当前及未来较长的一段时间内，我国主要的乳制品是液态奶。因此，发展液态奶产业是增强我国国民体质的需要。此外，液态奶业的产业链较长，能极大地带动饲料种植业、饲料加工业、皮革加工业和食品加工业的发展，对实现农民增收、缩小城乡差距有积极的促进作用[3]。

然而，虽然我国液态奶产业取得了较大的发展，但是与发达国家相比，仍存在着较大的差距。为了实现提高我国液态奶产业的发展水平，缩小我国液态奶产业与发达国家之间的差距，实现液态奶产业现代化建设，最终进入世界先进行列的目标，本文总结了当前我国液态奶产业的发展现状、存在的主要问题，并在此基础上提出了我国液态奶产业的发展对策及建议。

一、我国液态奶产业发展现状

（一）生产规模

（1）奶源基地建设。近年来，国家大力发展奶牛标准化规模养殖，实施振兴奶业苜蓿发展行动，推行奶牛遗传改良计划，奶牛养殖规模化、标准化、机械化、组织化水平显著提高。2015 年，100 头以上奶牛规模养殖比例达到 48.3%，比 2008 年提高 28.8 个百分点。规模牧场全混合日粮饲养技术普及率达到 70%。奶农专业合作组织超过 1.5 万个，是 2008 年的 7 倍多[4]。

（2）生产能力。2015 年，我国液态奶产量已达到 2 521.0 万 t，比 2008 年增长了 65.3%，总体规模仅次于印度和美国，位居世界第三位。液态奶产业已成为现代农业和食品工业中最具活力、增长最快的产业之一[4]。

(3) 产业结构逐步优化。近年来,液态奶企业兼并重组,淘汰了一批布局不合理、奶源无保障、技术落后的产能。2015 年,规模以上乳制品企业(年销售额 2 000 万元以上)638 家,比 2008 年减少 177 家。我国奶业 20 强(D20)企业产量和销售额占全国 50%以上,2 家企业进入世界乳业 20 强。

(二) 消费结构和种类

经过几年的发展,乳制品市场已一改过去乳粉唱独角戏的局面,转变为以鲜乳为主的多品种、多口味的局面[5]。2000 年之前巴氏奶为主要液态奶品种,由于其保质期短、贮运不便利,产品消费市场拓展受到限制,消费量逐渐下降到 2007 年的 225 万 t 左右;2008 年的“三聚氰胺”事件促使巴氏奶的消费出现恢复性增长,但变化相对不明显。2010 年巴氏奶消费量约 238 万 t,2015 年其消费量进一步降为 230 万 t。巴氏奶占液态奶的市场份额也由 2001 年的约 45%不断萎缩到 2015 年的 10%左右。

与传统液态乳相比,具有科技含量的乳制品开始出现,如可以增强免疫力的免疫乳,添加不同功能因子的功能乳,添加各种维生素、钙磷矿物质、双歧杆菌增殖因子的强化乳和符合绿色食品标准的绿色乳等。就口味而言,市场已有甜牛乳、酸牛乳、朱古力等多种口味的液态奶产品[6]。

(三) 监管体系

经过多年的发展,我国已经建立了一套适合我国国情的液态奶质量监管体系,在市场准入规定中,按照产品的生产方式,将巴氏杀菌乳、灭菌乳、酸乳纳入液态奶的分类范畴,并出台了一系列液态奶的质量安全标准。其中,巴氏杀菌乳和灭菌乳的质量标准包括《巴氏杀菌乳》(GB 5408.1—1999)、《灭菌乳》(GB 5408.2—1999)和《巴氏杀菌乳、灭菌乳卫生标准》(GB 19654—2005)。其中《巴氏杀菌乳》规定了巴氏杀菌乳的产品分类、技术要求、试验方法和标签、包装、运输、贮存要求。该标准适用于以牛乳或羊乳为原料,经过巴氏杀菌制成的液态产品。《灭菌乳》规定了灭菌乳的产品种类、技术要求、试验方法和标签、包装、运输、贮存要求。该标准适用于以牛乳(或羊乳)或复原乳为主料,不添加或添加辅料,经灭菌制成的液体产品。《巴氏杀菌乳、灭菌乳卫生标准》规定了巴氏杀菌乳、灭菌乳的卫生指标和检验方法以及食品添加剂、生产加工过程、标识、包装盒运输的卫生要求。

(四) 液态奶产品质量和安全水平

奶业全产业链质量安全监管体系日趋完善,监管力度不断加强。生鲜乳抽检覆盖所有奶站和运输车，乳制品实行出厂批批检验制度。2008 年以来累计抽检生鲜乳 15.1 万批次，清理整顿奶站 11 893 个，奶站基础设施、卫生、检测等条件显著改善。2015 年，生鲜乳中的乳蛋白、乳脂肪抽检平均值分别为 0.314 g/kg 和 0.369 g/kg，均高于《生乳》（GB 19301—2010）国家标准，规模牧场指标达到发达国家水平；违禁添加物抽检合格率连续 7 年保持 100%。液态奶制品抽检合格率为 99.5%。2016 年全国液态奶产品抽检合格率达到99.6%，在食品中领先，三聚氰胺等违禁添加物合格率连续 8 年保持 100%，规模养殖场乳蛋白等营养指标达到发达国家水平。

二、我国液态奶产业存在的主要问题

（一）原料奶质量与成本

我国由于奶牛场的饲养管理、挤奶设施及方法、贮藏方法不当等引起原料奶中微生物和体细胞数量较高。而发达国家在保持原料奶新鲜度方面有着良好的措施（机械挤奶+管道输送+冷却+过滤+冷链物流），获得的原料奶的新鲜度较高，体细胞较少，如欧盟国家为 40 万每毫升以下。

与奶业发达国家相比，我国奶牛单产处于较低的水平。目前世界上主要国家奶牛的年单产均在 6 t 以上，如美国为 8 400 kg、加拿大为 6 932 kg、日本为 7 447 kg、韩国为 7 017 kg、以色列为 10 565 kg，而我国奶牛全群单产为 5 000 kg 左右。此外，我国大部分成年荷斯坦牛的年产奶量、乳脂率、乳蛋白含量等指标均低于发达国家，严重制约了奶类总产量的增长和生产效率的提高[7]。

（二）产业布局

我国三北地区养牛先天条件好，奶量集中，而南方在饲料、土地等方面困难较多，乳业发展相对滞后，液态奶工业处于“北多南少、北奶南运”的局面。然而，南方人口密集，消费了近 50%的乳品。而液态奶产业发达国家往往具有牧场分布广、规模大、地广人稀和机械化程度较高等特点，在土地、资源方面具有较大优势，其奶源分布也比较均匀。

（三）产品结构

在我国液态奶的品种结构中，灭菌奶的市场占有率大于 80%，巴氏奶小于 20%。然而，全球消费份额中灭菌奶和巴氏奶的比例分别为 20%和 80%，恰恰与我国相反。灭菌奶在生产时，加热温度较高，会使牛奶中的多种生物活性物质的功能性丧失，口感和色泽也会发生劣变，而巴氏奶由于是低温杀菌，有效地保持了乳中的功能成分的活性、风味和色泽。我国巴氏奶覆盖率低的主要问题在于冷链运输覆盖不足:我国冷链覆盖率为6%,发达国家一般平均都在20%以上,其中美国为35%、德国为36%、日本为40%。

(四)新型液态奶产品比例

液态奶是一种典型的营养强化载体,通过各种营养素的添加,可以使液态奶表现出营养和保健的双重功效,能够满足特定人群补充营养素不足和对口味的嗜好的需要。此外,液态奶中含有大量的乳糖,而亚洲人群中约有70%的人患有不同程度的乳糖不耐症。因此生产低乳糖液态奶是解决乳糖不耐症的主要途径。

在乳制品发达国家的市场上出现了种类多样的液态奶制品,如促进睡眠、控制体重、抗疲劳等液态奶制品[8],这些产品的开发往往建立在各种基础研究之上,而我国由于这类基础研究匮乏,导致该品类产品很少。

三、我国液态奶产业的发展对策与建议

(一)提升原料奶质量和生产水平

(1)加强奶源基地建设。坚持良种良法配套、设施工艺结合、提质增效并重、生产生态协调,建立健全标准化生产体系。

(2)提高奶牛单产水平。通过引进、培养、扩大优良品种群体,不断提高奶牛产奶的遗传性能;改善饲料结构,扩大奶牛专用饲料作物面积、提高其营养水平,充分发挥其产奶性能等,从而努力提高奶牛单产水平,降低饲料成本,提高经济效益。

(二)发挥地区优势,合理布局液态奶产业

根据我国各地资源,从发挥比较优势出发,制定优势区域的发展规划,如南方根据当地的土地、气候等资源引进适合当地发展的奶牛品种。通过重点发展、区域推进的方法,逐步形成优势明显、分布合理、辐射力强、竞争有力的奶源基地群,从而推动液态奶产业化经营的形成和发展。

(三)大力推进冷链条件建设

加大对冷链系统建设等的政策性扶持力度,科学规划和布局物流基地、分拨中心、公共配送中心、末端配送网点,加大流通基础设施投入,支持建设液态奶流通全程冷链系统,重点加强全国重点液态奶产区冷库建设。充分利用物联网等

新技术提高冷链设施的利用率[10]。

（四）加大科技投入，加强自主创新力度

好的设备才能生产出质量稳定的好产品。这就要求不但要实现液态奶制品加工的机械化生产，提高加工精度，而且要进一步提高设备的自动化控制水平，提高国产自动控制元件的加工水平，如自动焊接、机械成型、表面处理和组合机床等。要与自控元件生产企业联手对自控元件进行攻关，全面快速提高这方面的国产化水平[11]。

对于已经引进消化吸收的很多技术，要通过不断的实践完善和再创新，推进国产化进度，要建立国家级试验基地，大型企业要建立实验室，加大人力、物力和财力的投入，通过产学研相结合开展关键技术联合攻关，如低温除菌设备、杀菌技术、均质技术及整条生产线的自控技术、廉价环保型包材的研制等。

（五）推进产业化经营

大力发展奶农专业生产合作组织，积极扶持奶农专业生产合作社、奶牛协会等奶农专业合作组织发展，使其在维护奶农利益、协商生鲜乳收购价格、为奶农提供服务等方面充分发挥作用。加大对奶农专业合作组织的扶持力度。建立合理的利益联结机制，大力发展以奶农为基础、养殖基地为依托、生产企业为龙头的奶业产业化经营方式，形成奶业产业链各环节相互促进、共同发展的格局[12]。

（六）大力发展新型液态奶产品

（1）发展营养强化型液态奶。随着国民生活水平的提高和营养知识的普及，针对不同特殊人群（如儿童、中老年、孕产妇、糖尿病患者、高血压患者等）的营养强化奶将快速发展。在开发营养强化奶时，需充分考虑强化剂的安全性、配方的合理性和生产的经济性。

（2）提高乳糖降低型液态奶的制造水平。综合运用生物工程技术、酶工程技术提高乳糖酶的生产制造水平；发展乳糖酶的固定化技术，提高酶活性，降低生产成本。

（七）加大对液态奶生产企业节能环保工作的支持力度

液态奶生产企业产生的污水和废气等污染的治理费用较大，仅有部分企业较为重视。考虑到社会效益，国家应加大对液态奶生产企业节能环保工作的支持力度，支持企业完善环境保护设施，采取切实可行的措施（如沼气发电等）综合节约利用资源，实现循环经济。

四、结　　论

液态奶具有饮用方便、加工成本低和能耗少、营养保存较为完整等优点,是当前及未来较长时间内我国的主要乳制品。发展液态奶产业,对促进我国国民身体健康、农业产业化升级、城乡与区域协调发展以及其他行业的发展具有重要意义。经过多年的发展,我国液态奶产业在生产规模、消费结构和种类、产品质量与安全、企业竞争力方面都有了较大的发展和提高。但是目前仍存在原料奶质量不高、人均消费水平较低、产业区域格局和产品结构不合理、特殊需要产品比例较低、国产化技术装备水平较低以及生产能耗较高等缺点。为了实现液态奶产业现代化建设取得进一步发展,整体进入世界先进行列的目标,需进一步提升原料奶的质量和生产水平,发挥地区优势,合理布局液态奶产业,大力推进冷链条件建设,加大科技投入和自主创新力度,增强产业化经营水平。

参考文献

[1] PRENTICE A M. Dairy products in global public health[J]. The American Journal of Clinical Nutrition, 2014, 99(5): 1212S-1216S.

[2] 霍晓娜. 浅析我国液态奶品种调整方向[J]. 中国乳业,2017(1):34-37.

[3] 韩高举. 中国奶业发展问题研究[D]. 武汉:华中科技大学,2005.

[4] 佚名. 全国奶业发展规划(2016—2020年)[J]. 北方牧业, 2017(2): 32.

[5] 刘长全,姚梅,刘玉满. 从液态奶零售企业数据看我国奶业近年来发展态势[J]. 中国奶牛,2013(8):5-10.

[6] 王韫. 功能性乳制品发展现状及趋势[J]. 乳业科学与技术,2015,38(1):38-43.

[7] UZMAY A, YERCAN M, DOGAN Z A. Recent developments on economics of milk and dairy products in the world and Turkey[C]//Presidency of the Congress. 2014: 105.

[8] WILEY A S. Milk for "growth": Global and local meanings of milk consumption in China, India, and the United States[J]. Food and Foodways, 2011, 19(1/2): 11-33.

[9] SULTANA M N, UDDIN M M, RIDOUTT B G, et al. Comparison of water use in global milk production for different typical farms[J]. Agricultural Systems, 2014, 129: 9-21.

[10] 孟军齐. 乳制品冷链物流发展策略研究[J]. 中国市场,2011(28):26-27.

[11] 李胜利. 发达国家奶业发展趋势[J]. 中国畜牧业,2013(18):58-61.

[12] 中国奶业年鉴编辑委员会. 中国奶业年鉴 2014[M]. 北京:中国农业出版社,2015.

任发政 1962年出生，工学博士。中国农业大学教授、博士生导师，教育部功能乳品实验室主任，食品质量与安全北京实验室副主任，中国乳制品工业协会副理事长。任发政教授主要从事乳品精深加工与功能乳制品工程化技术方面的研究。负责起草了2009年、2016年我国乳制品工业产业政策。获国家科技进步奖二等奖2项，教育部科技成果奖15项，省部级科技奖励10项。发表SCI、EI收录论文150余篇。获授权发明专利45项。

肉类食品生物制造研究现状及展望

王守伟　陈　曦　曲　超

北京食品科学研究院,中国肉类食品综合研究中心,
肉类加工技术北京市重点实验室,
国家肉类加工工程技术研究中心,北京

目前,全球人口已上升到70多亿,预计2050年将达到93亿。全球人口的增加带动了肉类消费的大幅度增加,2000—2015年,全球肉类消费量从22 499.8万t增至31 928.4万t,累计增加41.9%,其中主要的消费品种是猪肉、禽肉和牛羊肉[1]。世界人口激增和肉食消费需求的强劲增长给人类赖以生存的资源和环境带来了巨大压力,迫切需要传统肉类食品制造模式的革新。肉类食品生物制造,是利用分子生物学、生物化学、微生物学、细胞生物学等诸多生物学科的科技成果,改良肉类食品原料品质、优化传统加工工艺、改善肉类食品生产所用酶制剂和微生物的性能、提高能效,减少污染物排放,从而有效改造传统肉类食品制造模式。然而,就整体而言,肉类食品生物制造还处于不断发展和完善阶段,基础理论研究碎片化、核心技术不成熟,生产成本偏高。因此有必要对该领域的研究现状和存在问题等进行总结归纳,以期为相关人员提供参考。

一、肉类食品生物制造领域的研究进展

(一)肉类食品资源品质改造

利用基因工程和细胞工程技术,可对用作食品资源的动物进行品质改良,主要体现在提高动物抗病性和生长性能、改善肌肉营养品质等。

全球每年的家畜疾病不但造成数以亿计的经济损失,还造成了严重的食品安全问题。例如,动物体内的朊蛋白发生错误折叠后,可在动物中枢神经组织形成淀粉样蛋白沉淀,人类食用患病动物来源的肉类食品会导致克雅氏病,严重危害人体健康。培育具有抗病性的家畜品种有利于提高肉类食品安全。2006年,Richt等利用基因打靶的方法将朊蛋白编码基因*PRNP*敲除后,在转基因牛的大脑组织、外周血淋巴细胞及耳组织成纤维细胞中均没有检测到朊蛋白的存在,从

而使转基因牛具有了抵抗疯牛病的能力[2]。此外,利用 RNA 干扰技术和体细胞克隆技术,针对猪流感病毒和牛病毒性腹泻病毒设计干扰 RNA 制备转基因猪和牛,可以增强家畜抵御这些疾病的能力,从而提高肉类食品安全性。

肌肉生长抑制素(myostatin,MSTN)是哺乳动物肌肉生长的负调控因子,可以影响动物生长速率和肌肉品质性状。利用 CRISPR/Cas9 系统,Guo 等在兔和羊中成功敲除了 *MSTN* 基因。转基因兔出生时的体质量较对照显著增加,同时骨骼肌比重上升;转基因羊在发育早期的生长速率较快。然而,*MSTN* 基因的敲除也会造成一些生理缺陷,如雌性难产率增加和幼仔死亡率增加等[3]。

大多数动物肌肉中含有较多 Omega-6 脂肪酸,食用过多会导致健康问题。为了改善肉类脂肪酸构成,国内已培育出了富含 Omega-3 不饱和脂肪酸的转 *Fat-1* 基因牛,转基因牛的肌肉和乳汁中 Omega-3 不饱和脂肪酸比例显著提高。食用富含 Omega-3 不饱和脂肪酸的牛肉对于改善人体不饱和脂肪酸组成、预防心脑血管疾病等具有重要作用[4]。另外,由于传统饲养生产肉类的效率较低,利用干细胞培养“人造肉”有望成为未来肉类食品生物制造的新模式[5]。与传统方式饲养的牛肉相比,干细胞培养的人造牛肉能源消耗降低 45%,温室气体排放仅为前者的 4%,所需土地资源仅为前者的 1%。Post 等已经从奶牛的肌肉组织中提取干细胞,用组织培养的方式得到了人造牛肉[6-7]。然而,虽然极具发展潜力,干细胞培养人造肉尚有许多问题需要解决。例如目前大部分研究使用的成体干细胞——肌卫星细胞,其分裂增殖能力需要提高;较为天然安全的干细胞培养基价格不菲;由于接触抑制,体外动物细胞培养形成的肌肉一般贴壁单层生长,没有固定形态,需要机械或化学信号让肌肉收缩运动,以增加干细胞培养肌肉中的蛋白质含量;人造肉尚无法达到传统肉类的感官风味等。

总之,与传统育种方法相比,利用基因工程和细胞工程技术可以更加高效地对用作食物资源的动物进行品质改良。目前,动物源性食品中,美国 FDA 已经批准了一种快速生长的转基因三文鱼上市[8]。然而,由于某些关键基因可能会对动物个体的生长代谢、产量及对生物和非生物胁迫的耐受力产生影响,所以在品质改良的同时还要确保不会对生物体其他性状造成负面影响。因此,转基因动物的食用安全及环境安全评价技术体系还有待于进一步完善和优化。

(二) 肉类食品生物制造加工过程设计与工艺优化

发掘和利用优良微生物和酶制剂,采用控制性发酵技术、代谢调控技术等生物技术,可以提高肉类食品的安全性,改善产品风味及营养品质,降低能耗[9-10],从而有效改造肉类食品制造工艺模式。

国内外的传统肉类食品,大都是在一定历史条件下以保存为首要目的而形成的。为了防止肉腐败变质，这些传统肉类食品生产过程中添加了大量食盐、亚硝酸盐等，不仅影响了产品品质，残留的亚硝酸盐也会造成新的安全隐患。利用产细菌素的乳酸菌及其代谢产物，可在不添加过量食盐和亚硝酸盐的条件下，抑制肉类食品中金黄葡萄球菌、单核细胞增生李斯特菌、蜡样芽孢杆菌等致病菌的生长繁殖，保证产品的食用安全性[11]；另外，利用高亚硝酸盐降解能力的微生物发酵剂，可以降低肉类食品中的亚硝酸盐残留[12]，保证肉类食品的安全性。

风味直接影响消费者对肉类食品的接受程度，是其重要的品质特征。生物酶制剂可以改善肉类食品的感官风味。例如，Feng 等发现适量风味酶的添加可加速肌肉蛋白质降解，减缓脂质氧化，同时改善中式香肠的风味[13]；Ansorena 等发现在干发酵香肠中添加风味蛋白酶，可缩短香肠成熟时间，增加酯类和酸类等风味物质含量[14]；谢章斌等利用复合风味蛋白酶对鹅肝进行脱腥、脱苦处理，改善了鹅肝酱的风味[15]。同时，具有分解肌肉蛋白质能力的微生物也有利于提高肉类食品的风味品质。例如，Zhao 等利用保加利亚乳杆菌生产的发酵牛肉干中可检测到 22 种挥发性化合物，包括 1-辛烯-3-醇、苯甲醛、戊醛、辛醛、壬醛和 2-戊基呋喃等，而未添加菌株的牛肉干中仅检测到 4 种挥发性化合物，同时，乳杆菌的添加还增加了牛肉干中游离氨基酸的含量，有利于人体消化和吸收[16]；张大磊等在广式腊肠中添加具有蛋白酶、脂肪酶和亚硝酸盐还原酶活性的微球菌，可以改善产品色泽和风味，提高氧化稳定性[17]。除了乳酸菌和微球菌，酵母也会影响肉类食品的色泽和风味[18]。例如，汉逊德巴利酵母具有分解脂肪和蛋白质的能力，可以在肉类发酵过程中产生醛、酮、酯类和含硫化合物等风味化合物，有利于改善发酵肉类食品的风味[19-20]。

随着人们生活水平的提高，一些饮食习惯相关的代谢综合征（如肥胖、高血压、高血脂等）急剧增加，开发功能性肉类食品有利于满足人们对营养健康的消费需求。例如，益生菌与人体的免疫、代谢等诸多生理功能紧密相关，可将兼具优良益生性能和发酵性能的乳酸菌应用于肉类食品生产，提高肉类食品的营养价值[21-22]。Kim 等利用从泡菜中筛选出的具有降血压、降胆固醇功能的乳酸菌株作为发酵剂生产发酵香肠，可提高香肠的风味和营养品质[23]。将活化的酵母菌接种于 50 mL 种子液，200 r/min，28 ℃培养 25 h。7 800*g* 离心 8 min，0.9 %无菌生理盐水清洗两次，再用 50 mL 的 0.9%无菌生理盐水重悬。种子液以 OD_{600} = 0.35 取 5 mL 接种于 45 mL 培养基，200 r/min，28 ℃培养，每 24 h 调 pH 值至 5.3~5.6，摇瓶培养 121 h。

（三）肉类食品添加剂生物制造

食品添加剂在现代食品工业中占有重要地位，不仅保证了食品的色、香、味，延长了保质期,同时改善了食品品质,提高了加工效率。生物催化技术在食品添加剂的生产中发挥着越来越大的作用,其中酶和微生物起着不可替代的作用。

利用生物酶解技术,以畜禽骨血为原料生产抑菌肽、鲜味肽、咸味肽和血红素等食品添加剂,有利于建立绿色清洁高效的肉类副产物综合利用新技术。骨中的粗蛋白含量与肉十分接近,且大部分是胶原,胶原多肽是胶原蛋白的酶解产物,具有多种生物活性功能[24-26]。张顺亮等以牛骨为原料,利用生物酶解法来制备抗菌肽,结果表明,中性蛋白酶酶解液可较好地抑制金黄色葡萄球菌,风味蛋白酶酶解液则对肠炎沙门氏菌具有较好的抑菌活性[27];方端等利用动物蛋白水解酶对牛骨粉进行水解,得到了具有鲜味的混合多肽[28];李迎楠等以牛骨为原料,通过中空纤维超滤装置、Sephadex G-25 凝胶色谱柱对相对分子质量小于5 000 的酶解产物进行初步分离,选用制备型及分析型高效液相色谱分析仪对咸味肽进行纯化、收集及分析,结果收集得到了单一组分的牛骨源咸味肽,丰富了天然产物咸味肽的种类[29]。

利用微生物发酵技术,可以生产风味增强剂、防腐剂等食品添加剂,用于肉类食品。例如,Gao 等利用米曲霉和黑曲霉生产牛肉风味增强剂,微生物代谢提高了吡嗪、吡咯类、含硫化合物等风味物质的含量[30]。天然防腐剂 ε-聚赖氨酸具有广谱抗菌活性。国内外在 ε-聚赖氨酸产生菌株的筛选、改良育种及发酵生产上做了大量研究。例如利用链霉菌 M-Z18 补料发酵,可使 ε-聚赖氨酸的批生产量达到商业生产的要求[31];乳酸链球菌素(Nisin)对大部分革兰氏阳性菌(如金黄色葡萄球菌、芽孢杆菌、单核细胞增生李斯特菌等)具有明显抑制作用,可通过诱变育种获得高产 Nisin 的乳酸菌株[32]。

二、肉类食品生物制造领域的前景展望

世界人口激增和肉食消费需求的强劲增长,给人类赖以生存的资源和环境带来了巨大压力。生物制造具有绿色环保、清洁高效的特征,是未来肉类食品制造的重要发展方向。综合分析国内外肉类生产的存在问题和发展需求,加强基础理论研究,利用酶工程、发酵工程、基因工程等生物技术对加工工艺进行改造,大幅提升肉类食品生物制造产业的自主创新能力、技术支撑产业发展能力。

(一) 加强基础理论研究

针对原料肉及加工条件与肉类食品安全、风味和营养品质特性形成之间的关系、产品发酵和成熟机制、特征风味物质的构成与形成途径等问题开展深入研究,这些基础理论问题对于原料标准化、研发优良酶制剂和微生物发酵剂、探索有效缩短加工时间的工艺技术、提前预测和调控产品质量、实现自动化质量检测

等都是非常必需的。

尤其值得一提的是,与西式肉制品相比,我国传统肉类食品加工工艺和配方长久以来没有科学的加工理论做指导,人们凭经验和感觉控制产品质量,没有明确的技术指标和标准。虽然其加工工艺暗含科学,但缺乏现代科技研究和认识,导致加工工艺参数模糊,产量质量不稳定,生产效率低,存在安全性问题。加强肉制品基础理论研究,有利于优化工艺,提高产品质量和生产效率。例如,国内的金华火腿、宣威火腿等干腌火腿生产历史悠久,然而一直对特定原料、加工区域和加工季节存在依赖性,产品品质不稳定。内源蛋白酶和脂肪酶的活性对干腌火腿的品质形成起关键作用,而内源酶活性受温度、湿度、腌制时间等工艺条件影响。因此,加强理论研究,了解内源蛋白酶活性与加工工艺参数的相关关系,实现对内源酶活性的人工控制,将有利于缩短干腌火腿加工时间,保证产品品质稳定。

(二)肉类食品生物制造关键共性技术和前沿技术

攻克肉类食品生物制造的关键共性技术。例如,针对天然肉类原料产量、营养品质等缺陷,重点研究动物资源的生物改造技术,改善肉类食品原料组分的结构、功能和营养品质;利用酶工程技术,在不损害营养成分的条件下,改善肉类食品色泽、质构、风味和营养品质;利用现代生物技术,完成优良微生物的分离、筛选及发酵剂的工业化制备,采用人工接种优良微生物发酵剂,实现对肉制品发酵过程的自动控制,提高产品的食用安全性、风味和营养品质。

另外,传统饲养生产肉类食品的效率较低,对人类赖以生存的资源和环境造成了巨大压力。利用生物组织工程高效生产绿色清洁的"人造肉",有望实现肉类食品制造模式的重大革新。例如,从牛肌肉组织中提取干细胞,用组织培养的方式可以得到人造牛肉[6-7];利用3D打印技术,以肌肉细胞、脂肪、蛋白质和糖类物质为原料,可打印出外观、口感和纹理上都与真肉十分近似的"人造肉"[33]。

(三)建设肉类食品生物制造技术创新体系

立足新型食品酶制剂的创制与高效催化、微生物发酵调控技术、肉类食品资源改良等领域,建设肉类食品生物制造技术创新体系,研发具有自主知识产权的核心技术和产品,推进重大产品的工艺改造和产业化。

参考文献

[1] 陈加齐,魏晓娟,朱增勇,等.近年来全球畜产品消费趋势分析及未来展望[J].农业展望,2017(1):70-76.

[2] RICHT J A, KASINATHAN P, HAMIR A N, et al. Production of cattle lacking prion protein[J]. Nature Biotechnology, 2006, 25(1): 132-138.

[3] GUO R, WAN Y, XU D, et al. Generation and evaluation of Myostatin knock-out rabbits and goats using CRISPR/Cas9 system[J]. Scientific Reports, 2016, 6: 29855.

[4] WU X, OUYANG H, DUAN B, et al. Production of cloned transgenic cow expressing omega-3 fatty acids[J]. Transgenic Research, 2012, 21(3): 537-543.

[5] ORZECHOWSKI A. Artificial meat? Feasible approach based on the experience from cell culture studies[J]. Journal of Integrative Agriculture, 2015, 14(2): 217-221.

[6] POST M J. Cultured meat from stem cells: challenges and prospects[J]. Meat Science, 2012, 92(3): 297-301.

[7] POST M J. Cultured beef: medical technology to produce food[J]. Journal of the Science of Food and Agriculture, 2013, 94(6): 1039-1041.

[8] LEDFORD H. Salmon approval heralds rethink of transgenic animals[J]. Nature, 2015, 527(7579): 417-418.

[9] 滕晖,曾新安,蔡锦林. 现代发酵工程技术在食品开发中的应用[J]. 粮食流通技术, 2016(3):7-10.

[10] 夏文水,高沛,刘晓丽,等. 酶技术在食品加工中应用研究进展[J]. 食品安全质量检测学报,2015(2):568-574.

[11] HU Y X, LIU X L, SHAN C J, et al. Novel bacteriocin produced by *Lactobacillus alimentarius* FMMM4 from a traditional Chinese fermented meat Nanx Wudl: purification, identification and antimicrobial characteristics[J]. Food Control, 2017, 77: 290-297.

[12] CHEN X, LI J P, ZHOU T, et al. Two efficient nitrite-reducing *Lactobacillus* strains isolated from traditional fermented pork (Nanx Wudl) as competitive starter cultures for Chinese fermented dry sausage[J]. Meat Science, 2016, 121: 302-309.

[13] FENG L, QIAO Y, ZOU Y F, et al. Effect of flavourzyme on proteolysis, antioxidant capacity and sensory attributes of Chinese sausage[J]. Meat Science, 2014, 98(1): 34-40.

[14] ANSORENA D, ASTIASARAN I, BELLO J, et al. Influence of the simultaneous addition of the protease flavourzyme and the lipase novozym 677BG on dry fermented sausage compounds extracted by SDE and analyzed by GC-MS[J]. Journal of Agricultural and Food Chemistry, 2000, 48(6): 2395-2400.

[15] 谢章斌,罗婷,范亚苇,等. 复合风味蛋白酶改善鹅肝酱风味的研究[J]. 食品科学, 2010,31(20):235-239.

[16] ZHAO C Q, ZHAO X X, LU Z Y, et al. Production of fermented pork jerky using *Lactobacillus bulgaricus*[J]. LWT-Food Science and Technology, 2016, 72: 377-382.

[17] 张大磊,蒋爱民,夏列,等. 添加葡萄球菌和微球菌对广式腊肠品质的影响[J]. 食品工业科技,2015,36(11):176-180.

[18] FLORES M, CORRAL S, CANO-GARCIA L, et al. Yeast strains as potential aroma enhancers in dry fermented sausages[J]. International Journal of Food Microbiology, 2015, 212: 16-24.

[19] SELGAS M D, ROS J, GARCIA M L. Effect of selected yeast strains on the sensory properties of dry fermented sausages[J]. European Food Research and Technology, 2003, 217: 475-480.

[20] CANO-GARCIA L, RIVERA-JIMENEZ S, BELLOCH C, et al. Generation of aroma compounds in a fermented sausage meat model system by Debaryomyces hansenii strains [J]. Food Chemistry, 2014, 151: 364-373.

[21] DIAS F S, DUARTE W F, SANTOS M R R M, et al. Screening of Lactobacillus isolated from pork sausages for potential probiotic use and evaluation of the microbiological safety of fermented products[J]. Journal of Food Protection, 2013, 76(6): 991-998.

[22] TRIPATHI M K, GIRI S K. Probiotic functional foods: survival of probiotics during processing and storage[J]. Journal of Functional Foods, 2014, 9: 225-241.

[23] KIM Y J, PARK S Y, LEE H C, et al. Evaluation of fermented sausages manufactured with reduced-fat and functional starter cultures on physicochemical, functional and flavor characteristics[J]. Korean Journal for Food Science of Animal Resources, 2014, 34(3): 346-354.

[24] 成晓瑜,张顺亮,戚彪,等. 胶原与胶原多肽的结构、功能及其应用研究现状[J]. 肉类研究,2011(12):33-39.

[25] ZHANG Y, OLSEN K, GROSSI A, et al. Effect of pretreatment on enzymatic hydrolysis of bovine collagen and formation of ACE-inhibitory peptides[J]. Food Chemistry, 2013, 141(3): 2343-2354.

[26] FERRARO V, ANTON M, SANTE-LHOUTELLIER V. The "sisters" α-helices of collagen, elastin and keratin recovered from animal by-products: functionality, bioactivity and trends of application[J]. Trends in Food Science and Technology, 2016, 51: 65-75.

[27] 张顺亮,成晓瑜,潘晓倩,等. 牛骨胶原蛋白抗菌肽的制备及其抑菌活性[J]. 肉类研究,2012(10):5-8.

[28] 方端,马美湖,蔡朝霞. 牛骨酶解工艺条件及风味特征的研究[J]. 食品科技,2009(12):164-168.

[29] 李迎楠,刘文营,张顺亮,等. 色谱纯化和质谱分析法研究牛骨源咸味肽[J]. 肉类研究,2016(3):25-28.

[30] GAO X, YAN S, YANG B, et al. A novel method for beef potentiator preparation and identification of its characteristic aroma compounds[J]. Journal of the Science of Food and Agriculture, 2014, 94(8): 1648-1656.

[31] REN X D, CHEN X S, ZENG X, et al. Acidic pH shock induced overproduction of ε-poly-L-lysine in fed-batch fermentation by *Streptomyces* sp. M-Z18 from agro-industrial by-

products[J]. Bioprocess and Biosystems Engineering, 2015, 38(6): 1113-1125.

[32] 徐文生,陈湘宁,张艳艳,等. 高产乳酸链球菌素生产菌的诱变[J]. 北京农学院学报,2010,25(1):37-40.

[33] 周涛,徐书洁,杨继全. 3D 食品打印技术研究的最新进展[J]. 食品工业,2016,37(12):208-212.

王守伟 教授级高级工程师。北京食品科学研究院院长、中国肉类食品综合研究中心主任、国家肉类加工工程技术研究中心主任、国家肉类食品质量监督检验中心主任、中国食品杂志社社长、肉类加工产业技术创新战略联盟理事长、国家农产品加工技术研发体系畜产品专业委员会主任。主要研究领域为肉品科学与技术、食品安全、环境保护等,享受国务院政府特殊津贴。先后主持完成国家自然基金项目、“863”计划项目、国家科技支撑计划项目、公益性行业科研专项等多项国家项目。近年来,带领团队获得部(市)级科技进步奖 16 项。申请专利 20 项;发表论文 64 篇;撰写《肉制品添加剂使用技术》《食品安全与经济发展关系研究》《首都食品产业发展报告》专著 3 部,参加撰写《中国食品安全现状、问题及对策战略研究》《食品产业科技创新发展战略》著作 2 部;制修订《食品安全国家标准 腌腊肉制品》《肉制品加工中非肉类蛋白质使用导则》等标准 9 项。

益生菌健康效应与产业应用

陈 卫

江南大学食品学院,国家功能食品工程技术研究中心,无锡

根据联合国粮食及农业组织(FAO)和世界卫生组织(WHO)的定义,益生菌是一类摄入足够数量时给予宿主有益健康作用的活微生物。我国卫生部《益生菌类保健食品申报与审评规定》也要求:益生菌类保健食品是指能够促进肠道菌群生态平衡,对人体起有益作用的微生态产品。这一类有益微生物的发现可以追溯到1857年巴斯德发现牛乳的乳酸发酵;之后Lister从酸奶中分离出乳酸链球菌,Tissier从婴儿粪便中分离出双歧杆菌,益生菌逐渐被人们所认知。1915年后,乳酸菌开始被应用于临床研究,缓解消化道功能异常;1930年后,以养乐多为代表的益生菌产品开始走向产业化。1970年以来,益生菌的科学定义得到了不断的深入阐述,其生理功能也获得学界的普遍确认。1999—2001年,法国农业科学研究院完成了第一株乳酸菌的全基因组测序工作,揭开了益生菌研究的新篇章[1]。

目前人们已经充分认识到肠道菌群对宿主健康的重要性,了解到益生菌-肠道菌群-肠道组织之间存在复杂的相互作用,肠道菌群的研究热潮也进一步推动了益生菌理论与应用的发展。大量研究证实益生菌的作用范围可从胃肠道延伸到远程人体系统,通过对代谢系统、免疫系统及神经系统的调节,缓解过敏、肥胖、抑郁等一系列生理功能异常[2-4]。

江南大学益生菌理论与技术研究团队于20世纪80年代末期从新生婴儿肠道分离筛选得到两歧双歧杆菌F-35,自此在益生菌的健康效应与产业应用方面开展了一系列研究。本文从益生菌资源发掘、益生菌高效筛选、益生菌生理特性解析、益生菌与环境因子互作、益生菌膳食预防策略以及益生菌产业化应用等方面介绍了团队的研究成果。

一、益生菌资源:从自然生境到健康人体

江南大学益生菌理论与技术研究团队从20世纪90年代即开始了食品微生物资源尤其是益生菌种资源的收集和整理工作。收集了四川、重庆、云南、贵州、山西、新疆、西藏等地区的传统发酵食品,分离乳杆菌、双歧杆菌、乳球菌等益生

菌株,建立了具有我国地域特色、拥有自主知识产权的乳酸菌资源库。其中对川渝地区泡菜样本的采样覆盖了“泡菜之乡”眉山、“盐都”自贡及重庆的全部区县,筛选得到了一系列具有优良耐酸、耐渗透能力的益生菌株。近年来,团队进一步关注了健康人体肠道内的益生菌资源,针对江苏如皋、湖北钟祥、湖南博爱、海南澄迈、广西巴马等长寿村健康老人以及江苏、山东、安徽、河南、河北、山西、湖南等地区新生婴儿进行粪便样本采集,选育对宿主具有优良生理调节功能的益生菌资源。在此基础上,通过 MLST、AFLP 等技术进行分类分型,利用比较基因组学鉴定菌种核心基因组和泛基因组,建立了益生菌遗传信息数据库。

二、益生菌筛选:基于动物模型和细胞模型

为进一步解析菌株的生理功能,本团队将体外生理特性模型与动物功能评价模型有机结合起来,既考虑活菌和死菌的不同作用机制,也关注菌株不同细胞组分如多糖、胞壁、细胞提取物、代谢产物等生理功能的影响,以选育具有预防、干预或治疗功能的益生菌株。例如与英国食品研究所(IFR)合作构建的基于三段连续结肠体系和宏基因组测序的体外模型,可高效、快速地评价益生菌对肠道菌群的调节作用。同时也建立了针对降糖、调血脂等益生功能的一系列高效选育体系,获得了具有缓解代谢疾病、缓解氧化损伤、调节免疫、减除食源性危害因子等功能的益生菌株[5-8]。

三、益生菌生理特性解析:从传统生理生化到现代组学

围绕笔者研究团队开发的自主知识产权的益生菌,采用高通量测序构建了不同益生菌菌株的全基因组序列并进行了比较基因组分析,进一步利用转录组学、蛋白组学等手段解析优良益生乳酸菌菌株生物学性状和功能性质的分子遗传基础,并以菌株在工业生产中的应用为目标进行代谢调控和生理优化。

以专利菌株——植物乳杆菌 ST-Ⅲ为例,于 2011 年绘制完成其基因组图谱,通过比较基因组学分析,发现在 ST-Ⅲ中含有多个果糖苷酶及其相关转运系统编码基因[9]。进一步利用转录组分析锁定了 ST-Ⅲ低聚果糖代谢相关的功能基因,采用 Cre-LoxP 系统分别构建 *sacPTS* 和 *sacA* 敲除突变株,阐明 ST-Ⅲ代谢低聚果糖的生物机制:SacPTS1 和 SacPTS2 转运系统协同参与 ST-Ⅲ对低聚果糖的转运;SacA 酶在胞内独立负责低聚果糖的水解,该酶对短链的果聚糖具有更高的催化效率,最适底物是蔗果三糖[10]。基于上述生理特性解析,在工业生产中确定了 ST-Ⅲ的营养需求因子,并对 ST-Ⅲ的最适生长因素进行了生物调控。植物乳杆菌 ST-Ⅲ同时也具有优良的耐酸、耐冷、耐渗透压能力;对肠细胞具有较好的黏附能力,在肠道中定殖时间长。动物实验也表明,该菌株可有效调节胆

固醇代谢,并改善肠道菌群[11]。

四、益生菌与环境因子:从基础研究到应用技术

针对益生菌在生产加工及进入宿主体内可能遇到的低温、干燥、酸、胆盐、高渗、氧等环境胁迫因子,利用比较基因组、转录组、蛋白组、代谢组等手段,从细胞、亚细胞和分子层面解析细胞响应胁迫应答的细胞和分子机制,以选育优良抗逆菌株,开发新型抗胁迫技术。例如发现罗伊氏乳酸杆菌 CICC6226 耐受冷冻干燥的作用机制涉及:维持良好的细胞膜流动和完整性,诱导合成不饱和脂肪酸,保护乳酸脱氢酶活性[12]。针对耐高渗菌株植物乳杆菌 ST-Ⅲ,利用转录组学手段发现菌株编码无机离子及相容性溶质转运体、细胞壁/膜/包膜的生物合成和 DNA 修复相关基因在高渗透压胁迫响应机制中起到了重要作用。发现 ST-Ⅲ质粒中完整的钾离子吸收系统 Kdp 簇,与其耐盐、耐高渗能力有关[13]。

在阐明益生菌与环境因子互作机制的基础上,研发冷激预培养、液氮深冷、水分活度控制等冷冻干燥关键技术,并开发海藻糖、岩藻糖等特异性保护剂。针对益生菌的高密度培养,开发选择性离子交换生物反应器、微滤膜耦合发酵、多菌协同发酵等关键技术。例如离子交换生物反应器技术,基于弱碱阴离子交换树脂对有机酸根的选择性吸附的特点,解除了乳酸菌培养过程中 H^+ 和酸根对其生长的抑制作用,实现了菌株的高密度培养,且离子交换树脂经洗脱和处理后可重复利用[14]。同时,还利用微胶囊包埋、油脂体系包埋等手段实现益生菌的高活性保持。

五、益生菌研究的拓展:从代谢调节到膳食预防

江南大学益生菌理论与技术研究团队在关注益生菌维持肠道健康、调节机体免疫、缓解代谢异常等功能的同时,也逐渐关注菌株更多的益生特性。通过一系列的研究,选育得到了对消化道致病菌、食源性致病菌、重金属、真菌毒素、过敏源等食源性危害因子具有生物减除作用的益生菌株,可有效实现基于肠道微生态的膳食预防,避免食源性化学及生物污染对消费者造成的危害。

以具有拮抗空肠弯曲杆菌能力的益生菌为例,从传统发酵食品、人及动物的肠道中分离得到 192 株乳酸菌,基于体外抑菌试验初步筛选出对空肠弯曲杆菌具有最强抑制能力的 10 株菌。并通过考察测试菌株的肠道定殖能力及对空肠弯曲杆菌毒力因子表达的抑制能力,选育得到罗伊氏乳杆菌 CGMCC11447。该菌株的无细胞提取物可显著影响空肠弯曲杆菌鞭毛的长度,动物实验也表明该菌株可有效抑制空肠弯曲杆菌感染小鼠的体重及免疫功能变化,同时抑制小鼠盲肠中空肠弯曲杆菌毒力基因的表达,调控肠道细胞因子的表达,使其向正常对

照组水平恢复[6,15]。

又以具有生物减除重金属镉能力的益生菌为例，筛选得到植物乳杆菌CCFM8610，对镉具有优良的吸附和耐受能力，蛋白质组学分析表明该菌株对镉的耐受机制涉及特异性能量代谢模式及关键的前噬菌体蛋白 prophage P2b protein 18。组分剥离及基团掩蔽分析表明大部分的镉都被特异性地吸附在细胞壁和细胞膜表面，菌体表面的氨基及羧基在吸附镉过程中起到重要作用[16]。通过建立急慢性镉暴露动物模型，发现植物乳杆菌 CCFM8610 可在小鼠、罗非鱼等模式动物体内有效实现对镉的生物减除，其作用机制涉及：促进机体排镉以降低组织镉含量，保护肠道屏障以抑制肠道镉吸收，调节氧化应激以缓解组织镉毒性[17-19]。

六、益生菌产业化应用

牛乳是益生菌的优良载体，益生菌发酵乳可实现营养性和健康性的有机结合。笔者研究团队开发双菌低温长时发酵、双蛋白协同发酵、植物乳杆菌协同发酵等新型益生菌发酵技术，与光明乳业、卫岗乳业等企业积极开展产学研合作，开发了“畅优发酵乳”“畅优益生菌乳饮料”等新型益生菌发酵乳产品。同时也基于“益生菌+”的概念，研发益生菌巧克力、益生菌固体饮料、富硒益生菌片、益生菌酵素等新型益生菌食品。目前更进一步研发具有减除重金属、缓解代谢综合征等功能的益生菌保健食品和药品，为提升消费者的营养健康水平做出贡献。

七、结　　语

随着人们对益生菌功能认识的不断深入，益生菌产业正在飞速发展。阐明益生菌的科学内涵、构建具有自主知识产权的益生菌资源库、实现菌株在食品与保健品中的应用，对提高行业科技水平和创新能力，改善国民健康水平都具有重要的意义。江南大学益生菌理论与技术研究团队目前已获得科技部“重点领域创新团队”、科技部“益生菌与肠道健康国际联合研究中心”以及英国政府 BBSRC“英-中益生菌联合研究中心”的支持，将继续秉承着上述信念，为益生菌产业的健康持续发展做出贡献。

参考文献

[1] BOLOTIN A, WINCKER P, MAUGER S, et al. The complete genome sequence of the lactic acid bacterium *Lactococcus lactis* ssp. *lactis* IL1403[J]. Genome Research, 2001, 11(5): 731-753.

[2] LEBEER S, VANDERLEYDEN J, DE KEERSMAECKER S C J. Host interactions of probi-

otic bacterial surface molecules: comparison with commensals and pathogens[J]. Nature Reviews Microbiology, 2010, 8(3): 171-184.

[3] BRON P A, VAN BAARLEN P, KLEEREBEZEM M. Emerging molecular insights into the interaction between probiotics and the host intestinal mucosa[J]. Nature Reviews Microbiology, 2012, 10(1): 66-78.

[4] MEKKES M C, WEENEN T C, BRUMMER R J, et al. The development of probiotic treatment in obesity: a review[J]. Beneficial Microbes, 2013, 5(1): 19-28.

[5] ZHAI Q, YIN R, YU L, et al. Screening of lactic acid bacteria with potential protective effects against cadmium toxicity[J]. Food Control, 2015, 54: 23-30.

[6] WANG G, ZHAO Y, TIAN F, et al. Screening of adhesive lactobacilli with antagonistic activity against *Campylobacter jejuni*[J]. Food Control, 2014, 44: 49-57.

[7] LIU X, LIU W, ZHANG Q, et al. Screening of lactobacilli with antagonistic activity against enteroinvasive *Escherichia coli*[J]. Food Control, 2013, 30(2): 563-568.

[8] CHEN X, TIAN F, LIU X, et al. In vitro screening of lactobacilli with antagonistic activity against *Helicobacter pylori* from traditionally fermented foods[J]. Journal of Dairy Science, 2010, 93(12): 5627-5634.

[9] WANG Y, CHEN C, AI L, et al. Complete genome sequence of the probiotic *Lactobacillus plantarum* ST-Ⅲ[J]. Journal of Bacteriology, 2011, 193(1): 313-314.

[10] CHEN C, ZHAO G, CHEN W, et al. Metabolism of fructooligosaccharides in *Lactobacillus plantarum* ST-Ⅲ via differential gene transcription and alteration of cell membrane fluidity[J]. Applied and Environmental Microbiology, 2015, 81(22): 7697-7707.

[11] 华伟. 降胆固醇益生乳酸菌的研究[D]. 江苏:江南大学, 2003.

[12] LI B K, TIAN F W, LIU X M, et al. Effects of cryoprotectants on viability of *Lactobacillus reuteri* CICC6226[J]. Applied Microbiology and Biotechnology, 2011, 92(3): 609-616.

[13] ZHAO S S, ZHANG Q X, HAO G F, et al. The protective role of glycine betaine in *Lactobacillus plantarum* ST-Ⅲ against salt stress[J]. Food Control, 2014, 44: 208-213.

[14] CUI S M, ZHAO J X, ZHANG H, et al. High-density culture of *Lactobacillus plantarum* coupled with a lactic acid removal system with anion-exchange resins[J]. Biochemical Engineering Journal, 2016, 115: 80-84.

[15] 张婷婷,翟齐啸,金星,等. 具有拮抗空肠弯曲杆菌能力鸡源乳酸菌的筛选及特性[J]. 微生物学通报,2017,44(1):118-125.

[16] ZHAI Q X, TIAN F W, WANG G, et al. The cadmium binding characteristics of a lactic acid bacterium in aqueous solutions and its application for removal of cadmium from fruit and vegetable juices[J]. RSC Advances, 2016, 6(8): 5990-5998.

[17] ZHAI Q, WANG G, ZHAO J, et al. Protective effects of*Lactobacillus plantarum* CCFM8610 against chronic cadmium toxicity in mice indicate routes of protection besides intestinal sequestration[J]. Applied and Environmental Microbiology, 2014, 80(13):

4063-4071.

[18] ZHAI Q X, TIAN F W, ZHAO J X, et al. Oral administration of probiotics inhibits absorption of the heavy metal cadmium by protecting the intestinal barrier[J]. Applied and Environmental Microbiology, 2016, 82(14): 4429-4440.

[19] ZHAI Q X, YU L L, LI T Q, et al. Effect of dietary probiotic supplementation on intestinal microbiota and physiological conditions of Nile tilapia (*Oreochromisniloticus*) under waterborne cadmium exposure[J]. Antonie van Leeuwenhoek, 2017, 110(4): 501-513.

陈卫 博士、教授、博士生导师，江南大学副校长，国家功能食品工程技术研究中心主任，长江学者特聘教授，国家杰出青年科学基金获得者，国家“万人计划”科技创新领军人才，教育部、科技部创新团队负责人等。主要从事功能性益生菌的研究，近年来围绕乳酸菌资源发掘、益生菌功能机制解析、益生菌与环境互作以及益生菌产业化应用等开展了一系列的研究。承担国家“十一五”“十二五”“863”计划项目、国家自然科学基金面上项目、杰出青年科学基金项目、重点项目等10多项。兼任中国食品科学技术学会常务理事、益生菌分会理事长，益生菌与肠道健康国际联合研究中心主任，以及*Food Control*、*Food Bioscience*、*Dairy Science*等SCI期刊编委。获国家科技进步奖二等奖、江苏省科学技术奖一等奖、中国专利奖金奖、谈家桢生命科学奖产业化奖等。发表论文300多篇，其中SCI收录170篇；申请发明专利87项，获授权发明专利42项，其中国际发明专利10项。

倡导精准适度加工,助推食用油产业升级

王兴国

江南大学食品学院,无锡

一、我国食用油加工和消费现状

我国是食用油加工大国,近十年来,在原料国际化、市场需求刺激和海外资本参与的背景下,我国的食用油加工规模继续增长,产能与产量之大、企业数量之多,已均居世界首位。

近年来,在我国食品工业20多个细分行业中,食用油加工业的产值一直位列前茅,约占食品工业总产值的10%左右(图1),已成为我国食品工业的重要支柱产业之一。我国也是食用油消费第一大国,改革开放以来,我国居民食用油消费量持续增加(图2)。

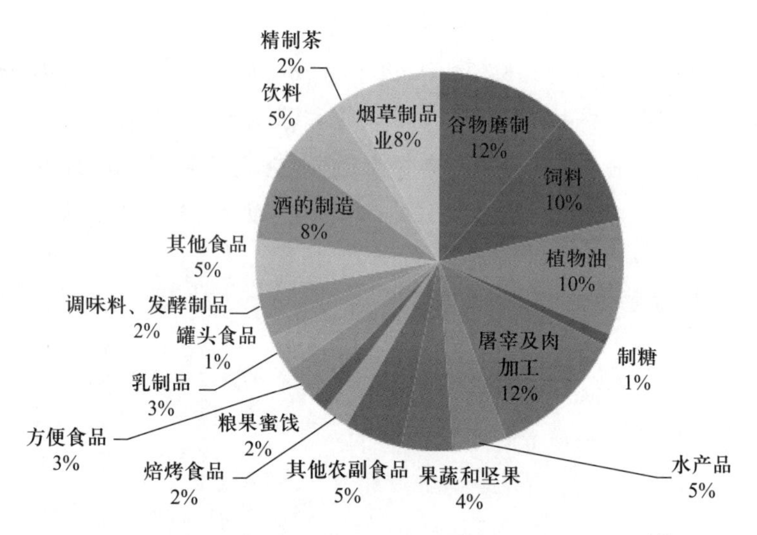

图1 食品工业各细分行业的主营业务收入占比[1]

如图2所示,2016年食用油的消费量达到3 426.5万t(注:消费量为国内生产量与进口量之和),人均年消费量为24.8 kg,超过世界平均水平。

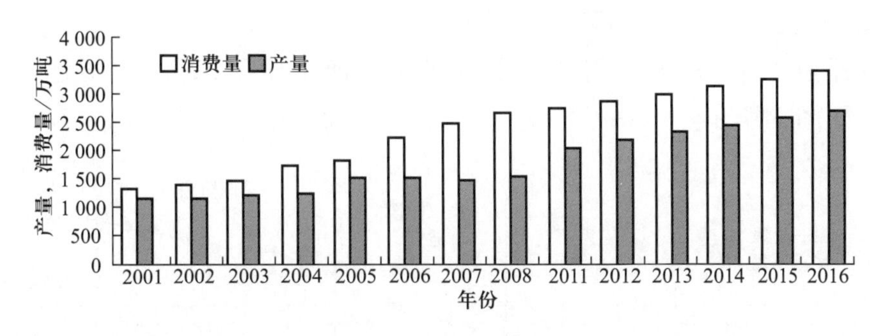

图 2 我国食用油产量和消费量(数据来源:国家粮油信息中心)

(一) 存在问题

长期以来,我国食用油加工和消费领域存在的重大误区之一就是脱离国民的整体膳食习惯而片面强调食用油本身的脂肪酸平衡,并夸大不饱和脂肪的重要性,而忽视有益脂肪伴随物(即脂溶性微量营养成分)的营养与功能;过度追求食用油产品的无色无味也是导致食用油过度加工盛行的原因之一。

过度加工不但加剧资源和能源消耗,加大环境压力,而且造成油品中生育酚、植物甾醇、角鲨烯等天然的有益伴随物大量流失,并伴生反式脂肪酸、3-氯丙醇酯、多环芳烃等新的危害因子。

过度加工导致胡萝卜素和叶绿素绝大部分脱除,植物甾醇、维生素 E、角鲨烯视加工深度丢失 10%～50%不等,使食用油的营养价值大打折扣。维生素 E 是人体必需营养素,植物甾醇预防慢病的作用也为 2013 版《中国居民膳食营养素参考摄入量》(*Chinese DRIs*)所确认。*Chinese DRIs* 建议我国成人维生素 E 摄入量为 14 mg α-TE/d,甾醇为 900 mg/d。据估计,油脂过度加工造成每年天然维生素 E 损失约 1.5 万 t(超过目前我国约 1.2 万 t 的天然维生素 E 产量),植物甾醇损失约 3.2 万 t,而我国居民植物甾醇平均摄入量仅为 322 mg/d,其中 40%来自于植物油[2]。如果能将精炼掉的这些微量营养成分大部分保留在食用油中,则功莫大焉。

过度加工还伴生出新的危害因子,同时导致食用油返色、回味和发朦现象频发。2013 年国家食品安全风险评估表明,植物油是城市居民膳食反式脂肪酸的主要来源,占反式酸总摄入量的 49.8%;同时,近年的日本花王食用油事件(2008 年)、欧洲婴幼儿配方奶粉事件(2009 年)、费列罗巧克力 Nutella 事件(2017 年)均源于食用油过度加工导致的 3-氯丙醇酯、缩水甘油酯含量较高。为了杜绝隐患,雀巢、惠氏等国际知名公司对包括我国在内的婴幼儿配方奶粉用油提出了严苛的安全指标要求,包括 3-氯丙醇酯含量<350 μg/kg、缩水甘油酯含量<300

μg/kg、反式脂肪酸含量<0.94%。

改革开放以来,我国食用油消费量经历了四个阶段,即严重不足、不足、适宜、过量,如图3所示。

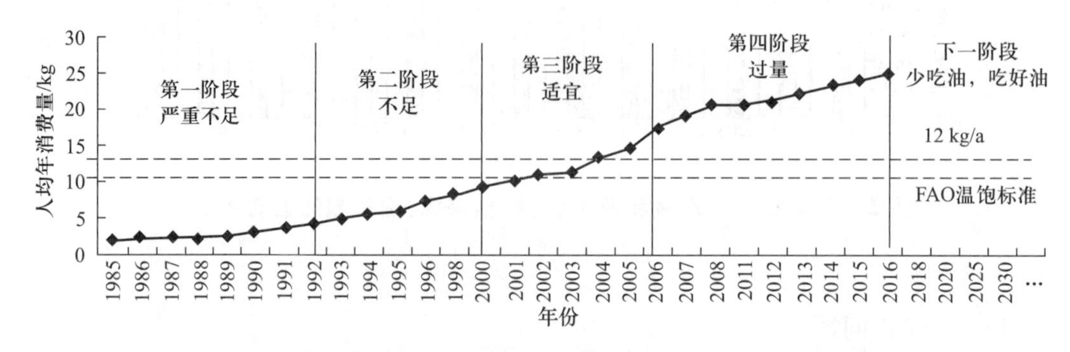

图3 1985年以来我国居民的食用油人均年消费量

联合国粮食及农业组织推荐的温饱标准为10 kg/a,《中国食物与营养发展纲要(2014—2020年)》[3]明确提出,要推广膳食结构多样化的健康消费模式,控制食用油消费量,到2020年全国人均食用植物油消费量控制在12 kg/a,而实际上,目前我国人均年消费量大大超出了上述指标。人均日食用油摄入量也远超《中国居民膳食指南2016》[4]中25~30 g/d的推荐量。《中国居民营养与慢性病状况报告(2015年)》[5]显示,我国居民平均膳食脂肪供能比达34%,超过了2013版《中国居民膳食营养素参考摄入量》[6]建议的脂肪供能比上限值(30%)。以上数据均说明我国居民脂肪摄入过多。

综上所述,我国的食用油“过度加工”现象突出,而我国居民又长期超量食用这种油品的食用油,由此导致人群罹患多种慢性疾病的风险不可忽视。

《中国居民营养与慢性病状况报告(2015年)》[5]指出,我国居民人均预期寿命的逐年增长,健康状况和营养水平不断改善。但与此同时,不健康的生活方式等因素也影响着人们的健康状况,居民营养不良率仍然居高不下,具体表现为慢病高发、超重肥胖和微量营养成分缺乏。目前我国居民的慢性病发病情况如图4所示。

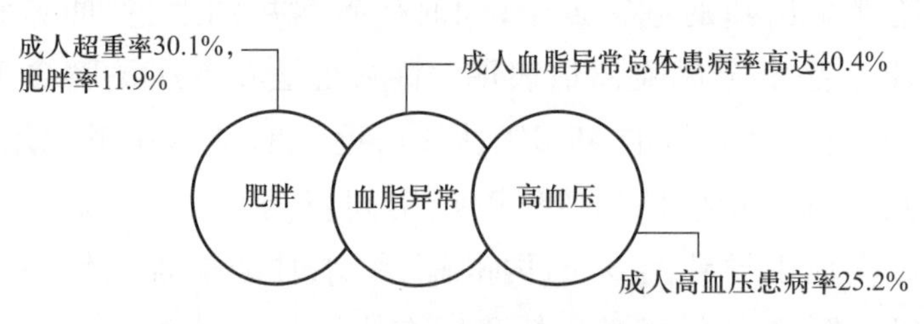

图4 我国居民的慢性病发病情况[7]

我国食用油产量与人均消费量增速已明显放缓，进入快速发展后的产业优化与结构调整的战略机遇期。面临“双重营养负担”的困境，下一阶段我国食用油的营养和消费策略应向“少吃油、吃好油”的方向发展。

（二）食用油有益伴随物的重要性

油脂伴随物又叫类脂物，是油中的次要与微量成分，在精制油中的含量一般不到1%。

几乎所有食用油都天然含有某些伴随物，不同油脂中伴随物的种类和含量不同，植物油的伴随物较动物油脂更为丰富。油脂中存在的多种伴随物的结构或功能至今尚未完全探明。

伴随物在油脂加工过程中会发生各种反应和变化，进而对食用油的品质、安全性产生很大影响。并非所有伴随物都是对人体健康有益的，有些有益，有些无益，有些甚至有害，不少具有“双刃剑”的作用，即具有特殊的生理活性。植物油中的绝大部分伴随物等同于油中存在的植物化合物，它们与健康的关系非常密切，列举如下。

（1）乳腺癌已成危害女性健康的“第一杀手”，膳食因素在乳腺癌发生中起着重要作用，但对于减少膳食脂肪是否可以降低乳腺癌发病率存在争论。

加拿大西奥兰多大学的肯·卡罗尔教授在其职业生涯晚期所作的脂肪摄入与乳腺癌的相关性研究影响广泛，他证明了膳食脂肪和乳腺癌之间存在着强关联性[8]，如图5所示。

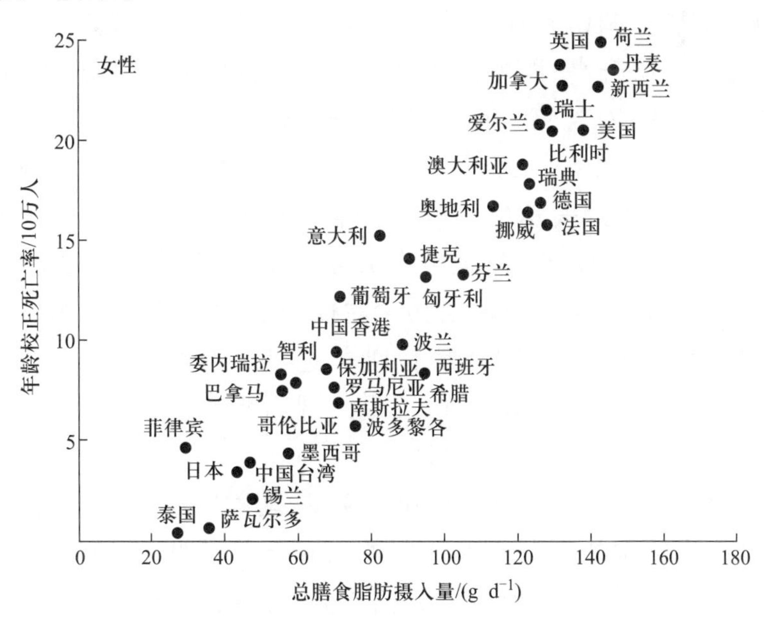

图5 总膳食脂肪摄入量与乳腺癌死亡率的关系

据此，卡罗尔教授指出，只要减少脂肪的摄入量，就能降低乳腺癌的发病危险。

对此，美国康奈尔大学柯林·坎贝尔教授看法不同，他的研究结论是，乳腺癌与动物脂肪的摄入量有关，而与植物油摄入量的关系不显著[9]，如图6所示。

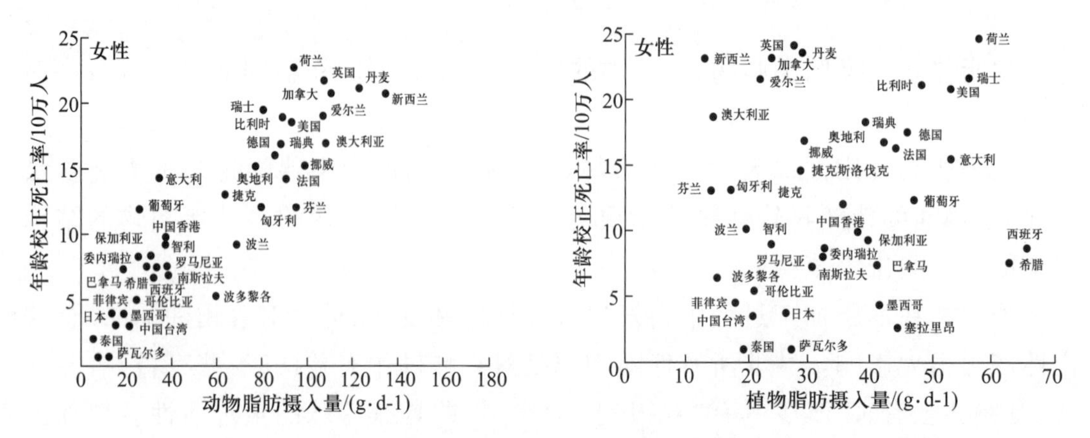

图6　动物脂肪(左)和植物脂肪(右)摄入量与乳腺癌死亡率的关系

一项前瞻性研究也证实了脂肪摄入与患乳腺癌风险的相关性[10]，研究者对90 655名26~46岁的绝经期前妇女随访了8年，随访期间共有714名妇女罹患乳腺癌，且其中绝大多数仍处于绝经期前。结果显示，总脂肪摄入量与乳腺癌之间无相关性，但动物脂肪的摄入可增加患乳腺癌的危险。动物脂肪摄入量最高者患乳腺癌的危险比最低者增加了54%。

因此，可推测膳食脂肪和乳腺癌发病率之间的关系是：当摄入更多动物脂肪时，乳腺癌的发病危险升高；而植物油中较为丰富的有益伴随物(如维生素E、甾醇、胡萝卜素、多酚等)对乳腺具有一定的保护作用。

(2) 杨瑞丽[11]、李武等[12]研究了高脂膳食对消化系统氧化还原状态、糖/脂代谢、生长抑素分泌、基因表达的影响及抗氧化剂的干预作用。结论是，高脂膳食引发氧化/抗氧化系统失衡，而维生素E、硫辛酸等抗氧化剂通过直接清除自由基以及恢复自由基/氧化应激通路相关功能基因的表达水平，除解氧化应激，防止高脂引发的肠道功能损伤和糖脂代谢紊乱，保护免疫系统(图7)。

研究表明，给小鼠喂以高脂膳食，结果出现高脂血症，但若同时补充适量的脂溶性抗氧化剂，则症状消失或不明显。

(3) 尽管新疆哈萨克族人群高血压患病率、动物脂肪摄入均高于汉族，但哈萨克族心脑血管病的病死率并不高于汉族[13]，研究表明，这可能与他们常食用红花籽制品有关；红花籽含多种微量活性成分，尤其是5-羟色胺衍生物(图8)能够清除自由基、抗氧化、抗肿瘤、抗病毒、保护心脏等[14]。

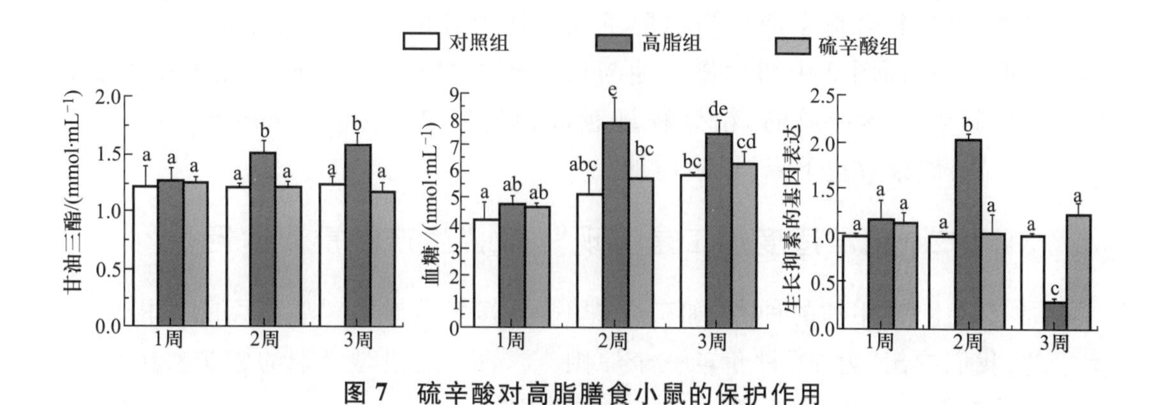

图 7　硫辛酸对高脂膳食小鼠的保护作用

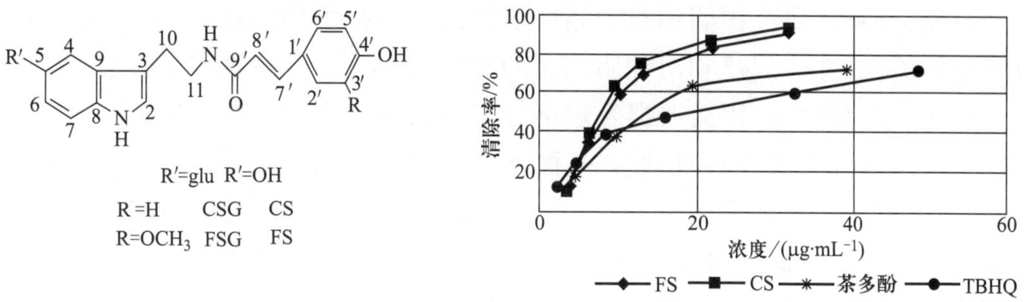

R′=glu　R′=OH
R =H　CSG　CS
R=OCH_3　FSG　FS

清除率/%
浓度/(μg·mL⁻¹)
FS　CS　茶多酚　TBHQ

图 8　红花籽 5-羟色胺衍生物的化学结构(左)，阿魏酰 5-羟色胺(FS)与香豆酰 5-羟色胺(CS)的清除 O^{2-} 活性(右)

(4) 研究表明，与精炼椰子油相比，初榨椰子油可更有效地降低血液和肝脏的胆固醇、甘油三酯含量，两者差异显著[15](图 9 左)。

不同精炼程度的椰子油对胆固醇生成和降解关键基因 *HMGCR* 和 *CYP7A1* 表达具有不同的影响，精炼程度越高的椰子油，越易增加 HepG2 肝细胞内胆固醇生成量[16-17](图 9 右)。

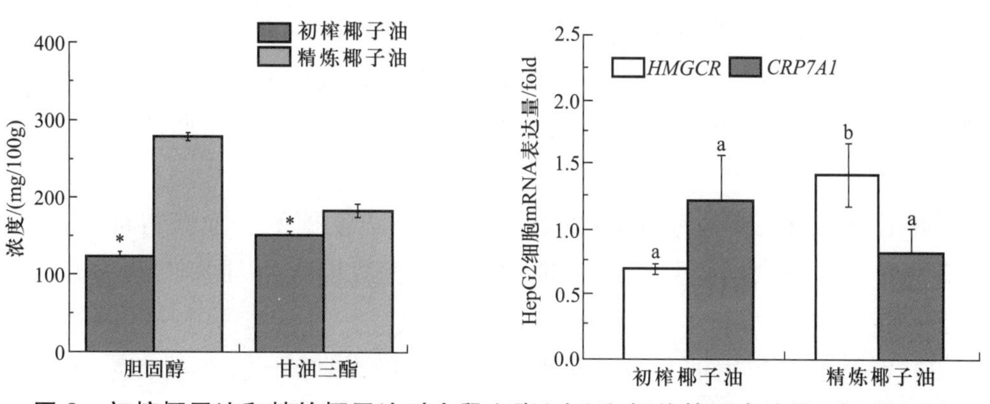

图 9　初榨椰子油和精炼椰子油对小鼠血脂(左)和相关基因表达量(右)的影响

显然,导致精炼椰子油与初榨椰子油上述差异的主要原因并非脂肪酸或甘油三酯的组成,而图9中初榨椰子油与精炼椰子油对小鼠血脂和相关基因表达的影响是其伴随物造成的,精炼程度越高,风险-获益熵(hazard-risk quotient,BRQ)越高,健康效益下降,风险增加。

二、精准适度加工是实现"好油"生产的重要途径

综上所述,食用油的种类、加工方式不同,其营养与生理功能可能大相径庭。鉴于此,我们提出"好油"评价的三个原则[18-19]:一是相对合理的脂肪酸组成;二是丰富的有益伴随物;三是极少或不含风险因子。

"好油"的生产必须从脂肪伴随物研究识别和加工技术创新两方面着手。

首先,要系统研究探明油料油脂中所含的各种脂肪伴随物,以及它们在加工过程中的流向、变化规律和对油脂品质的影响,这是生产"好油"的前提。

就加工过程而言,则需要摒弃过度加工的传统模式,开发精准适度加工新工艺。精准适度加工是在探明加工过程营养成分和危害物迁移变化规律的基础上,以最大程度保留营养素、去除危害物和避免其形成目标的更精细、更准确的加工方式。它是在满足食品安全要求前提下,兼顾成品油营养、口感、外观、出品率和成本而实施的先进合理加工过程,是实现"好油"生产的重要途径。

精准适度加工技术因所加工对象而异,各具特色,由精选原料、精准识别、精细制油、适度精炼等构成,包括但不限于低/适温浸出、冷榨、低活性吸附剂脱色、低温凝聚脱磷、软塔脱臭等一系列新工艺和新技术以及它们的组合和集成,为每一种产品提供量体裁衣般的预处理、压榨、浸出、精炼整套工艺路线,以最小代价获取最大的收益。

以下略举数例,介绍我们秉持精准适度加工理念在食用油生产中的工程实践。

(1)针对传统大豆油过度加工突出的问题,开发了内源酶钝化、预脱-复脱两步脱色、短时双温双塔脱臭等七项关键技术(图10),并与企业合作自主设计制造基于精准适度加工的大型成套装备,实现营养素的高保留和危害物的有效控制,使大豆油中生育酚、植物甾醇的保留率大于90%,反式脂肪酸、3-氯丙醇酯含量大幅下降。

成果已经在中粮、益海嘉里、山东渤海、江苏迈安德等企业获得应用,年处理大豆2 000万t,占全国大豆总加工能力的1/4。我国大豆油加工业的升级优化态势已初步显现。

(2)针对浓香花生油存在的黄曲霉毒素污染、风味不稳定等难题,开发了以光电色选、低温絮凝吸附脱毒、瞬时紫外辐照脱除黄曲霉毒素为核心的大型在线

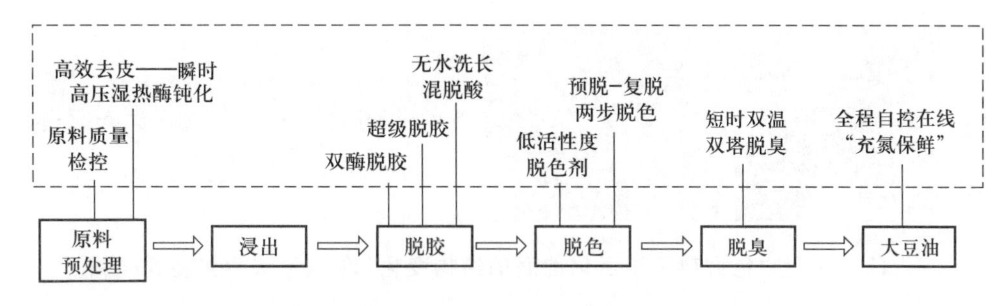

图 10 大豆油精准适度加工关键技术

脱毒技术和“大小路焙炒”生香留香工艺(图 11),使黄曲霉毒素含量达到未检出水平,低于欧盟 2 ppb 限量。

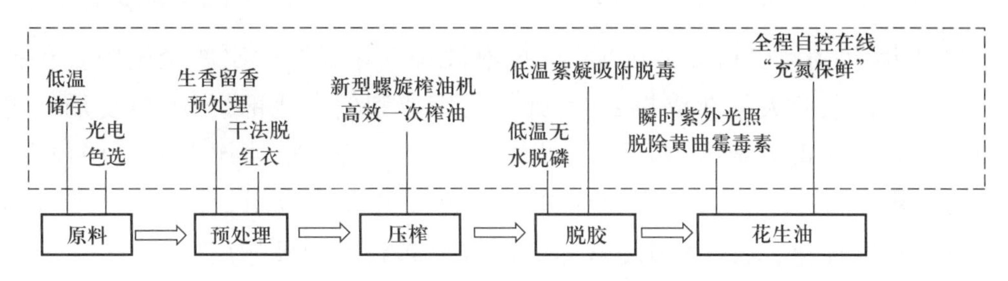

图 11 花生油精准适度加工关键技术

该技术彻底解决了花生因易污染黄曲霉毒素而无法建设大型油厂的难题,实现了花生制油的规模化和集约化,使浓香花生油成为我国花生油的主导品种,花生油成为三大国产食用油之一,并已扩展至葵花籽和菜籽,形成了我国特有的浓香型食用油加工技术体系。鲁花集团采用该技术,在全国 6 省建成 8 家大型油厂,实现全国布局,成为全球最大花生油生产企业和第一品牌,浓香花生油年产量占全国花生油总产量 1/3。

(3) 脱色旨在去除色素、氧化物和苯并芘等危害物,其效果直接影响食用油品质与安全性,是生产“好油”的关键环节。针对传统脱色材料吸油率高、副反应严重的共性技术难题,我们提出了吸附脱色的适度孔径理论,发现具有结构微孔、纳米棒晶属性的凹凸棒土[图 12(a)]是油脂吸附脱色理想材料,发明了基于低酸挤压捏合、中温活化解聚扩孔的干法工艺[干法活化装置见图 12(b)],生产出了食用油专用新型脱色材料,每吨产品的酸用量由传统加工的 500 kg 降到 2 kg、废水排放由 60 t 降到零。该技术在多家企业获得应用,催生出了食用油专用脱色材料产业。

目前,新型脱色材料的市场占有率已超过传统脱色材料膨润土,广泛应用于“金龙鱼”“福临门”等品牌食用油生产,显著提高油脂得率、品质和安全性。推

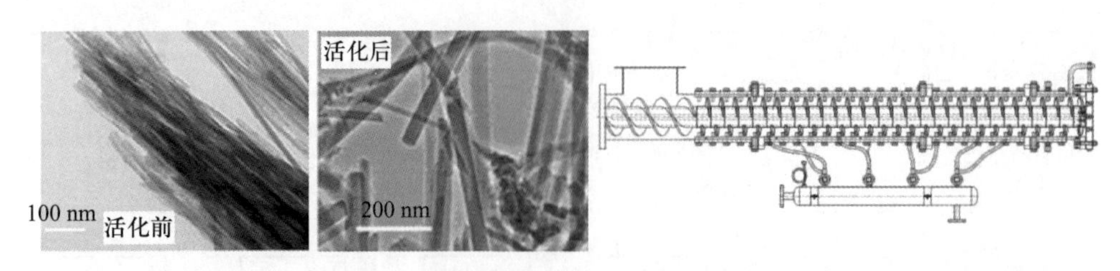

图 12 新型脱色材料干法活化前后的结构变化(左)、干法活化装置(右)

广应用20年以来,食用油减损30多万吨,抗氧化剂用量减少2 000多吨,废水减少1.2亿多吨。

三、结 语

2014年,食用油"精准适度加工"技术被每五年召开一次的全国粮食科技创新大会列为行业四大创新成果之一,并作为工业和信息化部、国家粮食局促进粮油加工健康发展重大举措,写入了"十二五""十三五"粮油加工业发展规划、科技兴粮工程、粮安工程等,在全行业推广。成果的推广应用,有效推动了食用油加工业的升级优化,对改善国民营养健康状况起到了积极作用。

参考文献

[1] 刘治主. 中国食品工业年鉴[M]. 北京:中华书局出版社,2015.

[2] 韩军花,杨月欣,冯妹元,等. 中国常见植物食物中植物甾醇的含量和居民摄入量初估[J]. 卫生研究,2007,36(3):301-305.

[3] 国务院. 中国食物与营养发展纲要(2014—2020年)[M]. 北京:人民出版社出版,2014.

[4] 国家卫生和计划生育委员会,中国营养学会. 中国居民膳食指南[M]. 北京:人民卫生出版社,2016.

[5] 国家卫生和计划生育委员会. 中国居民营养与慢性病状况报告(2015年)[M].北京:人民卫生出版社,2015.

[6] 中国营养学会. 中国居民膳食营养素参考摄入量(2013版)[M]. 北京:科学出版社,2014.

[7] 《中国成人血脂异常防治指南》修订联合委员会. 中国成人血脂异常防治指南(2016年修订版)[M]. 北京:人民卫生出版社,2017.

[8] CARROLL K K, BRADEN L M, BELL J A, et al. Fat and cancer [J]. Cancer, 1986 (58): 1818-1825.

[9] CAMPBELL T C. 中国健康调查报告[M]. 张宇晖, 译. 吉林:吉林文史出版社,2006:7-9.

[10] CHO E, SPIEGELMAN D, HUNTER D J, et al. Premenopausal fat intake and risk of

breast cancer [J]. Journal of the National Cancer Institute, 2003, 95(14), 1079-1085.

[11] 杨瑞丽. 高脂氧化应激对生长抑素分泌及肠、肝基因表达的影响 [D]. 无锡:江南大学,2008.

[12] 李武,施用晖,杨瑞丽,等. 硫辛酸对高脂饮食小鼠肠道氧化还原状态及消化吸收功能的影响 [J]. 中国病理生理杂志,2009,25(3):577-580.

[13] 夏晓利,路航,别革兰, 等. 哈萨克族体脂分布特征与心血管病危险因素相关性 [J]. 中国慢性病预防与控制,2002,10(5):232-233.

[14] 金青哲. 红花籽苯丙烯酰 5-羟色胺提取纯化及活性研究 [D]. 无锡:江南大学,2008.

[15] ARUNIMA S, RAJAMOHAN T . Influence of virgin coconut oil-enriched diet on the transcriptional regulation of fatty acid synthesis and oxidation in rats—a comparative study [J]. British journal of nutrition, 2014, 111: 1782-1790.

[16] LIU R J, WANG X G, THOMAS S J. A novel method to assess health effects of oils: virgin and refined coconut oil [C]. 108th AOCS Annual Meeting. USA: Orlando, 2017.

[16] LIU R J, WANG X G, THOMAS S J. Coconut oil refining effects on human liver cell cholesterol metabolism [C]. 12th Congress international society for the study fatty acids and lipids. South Africa: Stellenbosc, 2016.

[17] 金青哲,王兴国,厉秋岳. 直面油脂营养误区,大力发展健康食用油 [J]. 中国油脂,2007,32(2):12-16.

[18] 王兴国,金青哲. 食用油精准适度加工理论与实践 [M]. 北京:中国轻工出版社,2016:

王兴国 江南大学教授、博士生导师,享受国务院特殊津贴,入选国家“新世纪百千万”人才工程国家级人选、江苏省中青年科技领军人才培养对象、江苏省高等学校优秀科技创新团队负责人。两次获全国粮油优秀工作者、江苏省优秀科技工作者称号。中国油脂学会油脂分会常务副会长、中国标准化专家委员会委员。先后主持国家“863”、国家科技支撑计划等重大研究项目 6 项。获国家技术发明奖二等奖 1 项、国家科技进步奖二等奖 3 项、其他省部级奖励 10 多项。发表论文 300 多篇,其中 SCI 收录 125 篇,单篇最高他引 120 次;出版教材、专著 10 部;获授权国家发明专利 44 项;主持制修订国家/行业标准 30 余项。任《中国粮油学报》《中国油脂》《粮油加工》等期刊编委。

粮食质量安全保障与主食工业产业化

卞　科

河南工业大学，郑州

我国是粮食生产大国，粮食消费大国，也是粮食进口大国。粮食产量由2003年的4.081 5×10^8 t增加到2016年的6.162 4×10^8 t，连续4年保持在6×10^8 t以上（表1）。

表1　近5年我国粮食产量

年度	产量/（10^4 t）	年度	产量/（10^4 t）
2012	58 958	2015	62 144
2013	60 194	2016	61 624
2014	60 703		

美国农业部最新报告《粮食：世界市场与贸易》显示，2015/2016市场年度，中国小麦、稻谷、玉米的期末库存分别是8 729.5万t、4 768万t、11 349.4万t，合计约2.5亿t，主粮库存规模世界第一。我国粮食的进口数量仍然处于高位，粮食生产成本比较高（表2），农民卖粮难的现象依然存在。粮食“三高”（高库存、高进口、高成本）压力沉重。

粮食是食品加工工业的主要原料，粮食质量安全能否得到保障对食品安全有重要影响（虽然近年来食品安全事故并不全是原料安全原因引起的）。

粮食质量安全涵盖了记录粮食生产及其加工产品的全过程，其目的是实现粮食质量（品质）和安全的一致性。近年来，发达国家通过食品安全保护与质量管理系统相结合以实现食品安全的目标。可追溯则是粮食（食品）质量安全系统的核心因素。

粮食的生产及其加工全过程包括：

育种——高产、高抗、最终用途（育种目标）；

种植——土肥、灌溉、植物保护（病虫害）；

收获——适时收获、及时干燥、防止有害生物繁殖；

储藏——无污染、绿色粮食储藏技术；

流通/运输——粮食流通技术；

加工——粮食加工技术；

食品——食品加工技术。

表2 近5年我国粮食进口数量 单位：10^4 t

名称	年度				
	2016	2015	2014	2013	2012
谷物及谷物粉	2 199	3 270	1 951	1 458	1 398
小麦	341.2	341	300.4	553.5	370.1
玉米	316.8	473	259.9	326.6	520.8
大米	356.2	335	257.9	227.1（含稻谷）	236.9（含稻谷）
大豆	8 391	8 169	7 140	6 338	5 838
食用植物油	553	676	650	810	845

在种植过程中为了防治病虫害，不规范的大量施药造成粮食中农药残留超标；收获前，粮食受到微生物的侵染，导致真菌毒素的超标；在收获过程中由于没有及时晒干而导致霉变使粮食带有霉菌毒素，或在柏油马路晾晒而导致粮食污染；粮食在储藏过程中由于防治虫害而实施的药剂熏蒸也有可能使粮食中的熏蒸剂残留超标，或储藏不当导致粮堆发热霉变；粮食在加工过程中为了改善某些特定的品质而不规范地使用添加剂，或加工环境条件差导致有害生物的生长和繁殖；运输过程中有可能与有毒物质混装而导致污染等。所以对粮食这一特殊商品的质量管理每一个环节都不能忽视。

近年来，我国的粮油质检监测体系日趋完善。2004年后国家《粮食流通管理条例》和《粮食质量监管实施办法》的相继出台，明确了各级粮食行政管理部门对粮食质量安全的监管职责。目前，隶属于粮食行政管理部门的检验监测机构有1 200个。2006年，国家粮食局启动了国家粮食质量检测体系建设项目，择优授权挂牌了近300个机构作为国家粮食质量监测体系骨干。2006年我国发布实施了《中华人民共和国农产品质量安全法》，2008年发布实施了《中华人民共和国食品安全法》，粮食质量安全纳入了食品安全法的范围。

一、种质资源/育种与粮食质量安全

新中国成立以后,我国粮食生产取得了举世公认的成就。粮食总产量由新中国成立初期的 11 318 万 t,到 1978 年的 30 477 万 t,2016 年达到 61 624 万 t。

育种科学家在粮食育种和遗传改良等方面取得了巨大成就,尤其是 20 世纪,各个高产品种的推广,在解决人口剧增带来的粮食问题上发挥了不可忽视的作用。但是在育种过程中,集中使用某些亲本造成小麦遗传多样性逐渐丧失,使小麦种内的遗传变异日益匮乏。现代农业要求高抗性、高品质和高产量,而我国主要粮食遗传资源现在很难达到这个要求,迫切需要开发新的基因资源并应用于粮食生产。

我国著名植物种质资源学家刘旭院士认为[1],目前文献中主要品种的更替次数主要以育种专家的定性结论为主,缺少具体的直接研究成果。至于种质资源在我国生产实际中究竟起多大作用,更是缺乏相关的定量研究。这在一定程度上制约了更好地开发利用种质资源,保障我国的粮食安全。

品种安全是保障种子产业安全的基础与关键[2]。优质品种的培育需要相对应的种质资源。近年来,粮食生产中的病害情况时有发生,如玉米在植株上受到霉菌的感染有加重的趋势,小麦的赤霉病害连年发生,特别是黄淮流域,而且染病区域逐年扩大。据报道 2016 年小麦的赤霉病害现象在某些省份十分严重,以至于小麦收购是按照 20%左右的不完善粒处理。

作为粮食生产最重要的是要满足终端消费者的各种需求。因此,食品原料品质的优劣应该是以对最终产品的适应性来评价才是合适的,而不仅仅是产量。

二、粮食种植与质量安全

粮食的种植环节质量安全的因素主要包括以下几方面。

(一) 重金属

土壤中的重金属污染主要来源是农药、废水、污泥和大气沉降等,如汞主要来自含汞废水,镉、铅污染主要来自冶炼排放和汽车废气沉降,砷则被大量用作杀虫剂、杀菌剂、杀鼠剂和除草剂。另外还有来自工业污染的重金属。污染土壤的重金属主要包括汞(Hg)、镉(Cd)、铅(Pb)、铬(Cr)和类金属砷(As)等生物毒性显著的元素,以及有一定毒性的锌(Zn)、铜(Cu)、镍(Ni)等元素。

(二) 化肥

合理使用化肥对粮食是有利的。已有大量研究表明,施肥可以显著影响粮食的外观品质和营养品质，比如适当地使用含硫化肥可以提高小麦产量，同时改善强筋小麦的稳定时间。施钾促进了氮素的吸收和同化物向籽粒的转移，也提高了小麦籽粒蛋白质含量和面粉的烘烤品质。然而，过度使用化肥、不重视施用有机肥料，已经导致普遍性的耕层变薄和土壤板结、酸化、盐渍化，养分低、质量差、有机质少、生物性状严重退化，导致粮食质量下降。

（三）农药

农药是植物保护的重要手段。对粮食来讲，农药的使用对防止由于有害生物给粮食生产带来的巨大损失几乎是必不可少的。据联合国粮食及农业组织（FAO）统计数据显示，全球粮食产量因病虫草鼠害造成的损失每年约占总产的20%～35%。可见农药的使用在粮食生产中占据非常重要的地位。然而，当农药使用不当，甚至滥用，不仅会造成有害生物的抗药性，而且污染环境，给农业生态带来不利影响，同时也带来粮食质量安全问题。

为了保障粮食质量安全，粮食生产过程中农药的使用必须严格监管，合理、规范使用。

（四）耕作

不合理的耕作也是导致粮食质量安全的因素之一。

三、粮食收储与质量安全

虽然近年来，粮食收获的机械化程度逐年提高，但是粮食收获时往往存在两个主要问题，即水分和杂质含量都比较高，如果不能得到及时清理和干燥，就会出现霉变现象，对粮食的质量安全直接造成危害。

我国2004年就颁布了《粮食流通管理条例》，对粮食经营（粮食收购、销售、储存、运输、加工、进出口）、宏观调控、监督检查、法律责任等都有明确规定。2006年我国发布实施了《中华人民共和国农产品质量安全法》，2008年发布实施了《中华人民共和国食品安全法》。但在监管与执法过程中多头监管、重复执法，交叉、错位和不到位现象仍然不同程度存在，粮食质量安全监管体系相对薄弱。

我国在粮食收购时对其卫生质量有明确要求，特别是对重金属、农药残留以及真菌毒素均有限量标准，但是由于检测技术特别是快速检测技术手段的限制，限制了一些标准的有效执行。目前，国有粮油收储企业，除能检验粮食的等级、水分、杂质等常规质量指标外，几乎均不具备检验测定粮食质量安全指标的能力（主要是卫生指标）；民营收储企业中很多还不具备常规质量指标的检验能力。

由于上述原因导致入库粮食质量达不到要求,埋下质量安全隐患,同时也为粮食的安全储藏带来一定难度。

虽然,我国在粮食储藏技术领域取得了公认的长足进步,机械通风、环流熏蒸、谷物冷却和粮情监控"四合一"粮食储藏技术体系,使中央储备库和多数地方储备库的技术条件达到了国际一流,粮食储藏过程中的损失率降到1%以下,储备粮宜存率高。然而,粮站或用粮企业的粮仓或粮食经纪人租赁的仓库储藏,粮大户或种粮农民自建简易粮仓储藏的仓储条件相对比较简陋,储存的粮食占到比较高的比例,这部分粮食储存过程中的损失仍然比较高。

四、进口粮食的质量安全

我国粮食产量连续12年持续增长,然而,粮食出口量不断下滑,而进口粮食数量居高不下,已经成为世界主要粮食进口国。大量粮食的进口,使粮食进出口环节存在的安全质量问题风险进一步加大。

赵增运等[3]报道,2014年上半年,我国海关共检出质量安全不合格进口食品1 398批,大豆、小麦、玉米等进口粮食不合格的主要原因是带土壤,携带一般性有害生物,夹带杂草、草籽、麦角,混有种衣剂种子;在这些进口粮食中检出重金属、黄曲霉毒素B1、呕吐毒素、玉米赤霉烯酮、马拉硫磷等项目。但我国标准《食品中农药最大残留限量》(GB 2763—2012)的限量高于国外标准,导致无法有效维护我国的贸易利益和保障国民的健康安全。

2007年,我国主导的第一个粮食国际标准(ISO 7970—2000)——"小麦规格"的修订,对标准中名词术语定义、水分、降落数值、杂质分类等与国际贸易关系重大的指标进行了科学界定,引入了重金属、农药残留和真菌毒素等指标,确保国际食品原料安全。该标准将小麦水分含量由原来的15.5%修改为14.5%(质量分数)。将小麦降落数值由原来的160S修改为180S。修订后的标准(ISO 7970—2011)于2011年发布。该标准仅水分一项指标的修订,每年可节约小麦进口费用上亿元,保护了小麦进口国的利益。

五、粮食加工与质量安全

粮食加工质量与原粮的品质特性关系密切。粮食加工中的质量安全问题主要包括原粮、原粮加工和加工制品品质改良三个方面。

(一)原粮

1. 原粮的品质特性

原粮的品质特性虽然与真正意义上的质量安全没有直接关系,但是与其最终用途有密切关系。以往我国农业上所说的优质小麦主要指的是高产、高抗。20世纪90年代末实行的粮食收购优质优价,把小麦分成优质强筋小麦(GB/T 17892—1999,《优质小麦　强筋小麦》)和优质弱筋小麦(GB/T 17893—1999,《优质小麦　弱筋小麦》)。一般来讲,优质小麦必须具备三个基本特征:优质、专用、稳定(一致性)。所谓优质,指的是品质优良,它是小麦感官品质、营养品质、加工品质和市场品质的有机结合。对象不同,小麦品质的含义往往有所差异。

2. 原粮中的有害物

原粮中的有害物主要是农药残留、重金属和真菌毒素。

我国每年的施药量已位居世界之首[4],其中80%为高毒农药,造成土壤、水体等农业环境污染,导致农产品中化学农药的大量残留,小麦、玉米等粮食的农药残留检出率达10%~20%,超标率为5%~10%。2007年我国粮食收购期原粮卫生状况调查显示,河南省玉米样品中包括黄曲霉毒素B1、呕吐毒素和玉米赤霉烯酮等真菌毒素超标率达15%[5];2014年经济参考报报道,我国每年因重金属污染的粮食达1 200万t,造成的直接经济损失超过200亿元[6];2009年李君等报道,唐山市小麦、花生、玉米中有机磷和氨基甲酸酯类农药检出率均为100%。可见粮食中重金属、农药残留和真菌毒素对其质量安全有重要影响。

在原粮中这几种有害物的分布是不均匀的,一般而言,越接近皮层其含量越高。在面粉的生产过程中,精加工程度越高,其农药残留相对越低。

查燕等[7]对水稻、小麦和玉米中铅、镉、和铜的分布情况进行了研究,结果表明,这几种重金属在粮食籽粒中的分布是不均匀的,皮层和胚的浓度高于胚乳中的浓度,但是胚乳中的总量大于皮层和胚中的总量(表3)。

表3　Cd、Pb、Cu在作物籽实形态结构中的浓度

作物	形态结构	籽实中各结构组分含量/g	Cd浓度/($mg \cdot kg^{-1}$)	Pb浓度/($mg \cdot kg^{-1}$)	Cu浓度/($mg \cdot kg^{-1}$)
水稻	颖壳	0.182 9	0.029^{b}	0.110^{b}	2.77^{b}
	皮层	0.029 4	0.160^{a}	0.646^{a}	15.29^{a}
	胚	0.018 8	0.153^{a}	0.706^{a}	16.32^{a}
	胚乳	0.769 0	0.039^{b}	0.189^{b}	3.35^{b}

续表

作物	形态结构	籽实中各结构组分含量/g	Cd 浓度/($mg \cdot kg^{-1}$)	Pb 浓度/($mg \cdot kg^{-1}$)	Cu 浓度/($mg \cdot kg^{-1}$)
小麦	颖壳	0.149 2	0.325^{b}	8.287^{a}	10.11^{a}
	皮层	0.027 0	0.654^{a}	6.897^{b}	12.42^{a}
	胚	0.029 0	0.577^{a}	1.405^{c}	14.46^{a}
	胚乳	0.794 7	0.214^{b}	0.566^{c}	5.10^{b}
玉米	皮层	0.054 4	0.032^{b}	0.114^{a}	5.60^{a}
	胚	0.121 5	0.143^{a}	0.131^{a}	7.60^{b}
	胚乳	0.824 1	0.051^{b}	0.057^{b}	0.56^{a}

注:同列不同字母表示差异显著($P<0.05$)。

Fleurat-lessard 等[8]研究了甲基嘧啶磷在杜伦小麦加工产品中的分布,结果表明粗麸中的含量最高(粗麸皮中的高于细麸皮)皮的含量最高,胚乳中的外胚乳甲基嘧啶磷高于内胚乳(表 4)。

表 4 甲基嘧啶磷在杜伦小麦加工产品中的分布

项目	甲基嘧啶磷含量/($mg \cdot kg^{-1}$)
原料麦	3.56
外胚乳面粉	2.81
中胚乳面粉	1.91
内胚乳面粉	0.96~1.34
粗麸皮	11.3
细麸皮	8.53

我们对小麦中的呕吐毒素分布情况进行了研究,结果表明(表 5),呕吐毒素在小麦中的分布也是不均匀的,总体来讲皮层的呕吐毒素含量大于胚乳,外皮层(粗麸皮)大于内皮层(细麸皮),外胚乳(皮磨面粉)大于内胚乳(心磨面粉)。

(二)原粮加工

由于重金属、农药残留和真菌毒素在粮食籽粒中分布不均匀,这为通过粮食加工降低成品粮中有害成分含量提供了条件。

表 5 DON 污染小麦籽粒研磨制粉效果

污染籽粒品种	感染程度	DON 含量/(μg·kg^{-1})			
		粗麸皮	细麸皮	皮磨面粉	心磨面粉
宁麦 13	2 级	1 989	1 230	623	504
豫麦 70-36	2 级	2 635	3 169	840	791
皖麦 68	3 级	3 743	3 735	766	770
良星 99	3 级	3 693	2 795	803	772
扬辐麦 2 号	4 级	5 613	4 549	1 180	1 190

高效节能小麦加工新技术,针对小麦加工过程中的关键技术问题,研发了物料纯化技术、细料特殊处理技术、物料可控后推技术,对现有小麦加工技术进行改造、完善和技术创新,所建立的小麦加工新技术体系与引进的国外小麦加工线相比,单位产能提高 20%以上,电耗降低 15%以上,优质粉出粉率提高 10%以上,总出粉率增加 3%以上;针对产品质量安全存在的问题,研究了清洁处理、真空浸润调质、添加物检测控制等技术,有效减少了产品的农药残留、有害生物及其代(排)谢产物,使小麦加工制品中菌落总数减少 90%以上,保证了小麦加工制品质量安全。

(三) 加工制品品质改良

为了满足不同消费者对最终产品的需求(地域文化、个体习惯、感官反应、营养等)以及产品储藏和流通(保质期、保鲜期)的需要,粮食加工制品往往需要添加一些外源物(食品添加剂)。科学合理地使用食品添加剂,无疑对保障粮油食品质量安全和促进人体健康具有积极作用。我国对食品添加剂的使用有严格规定,同时执行严格管理制度。《食品安全国家标准　食品添加剂使用标准》(GB 2760—2014)对食品添加剂的使用有明确规定。食品添加剂的不合理使用甚至滥用必将导致严重的食品安全后果。我们必须清醒地认识到对食品添加剂使用的监管任重而道远。

六、食品追溯体系

追溯系统是一种可以对产品进行正向、逆向或不定向追踪的生产控制系统,可适用于各种类型的过程和生产控制。该体系同样适用食品过程和生产控制。建立食品追溯体系,对保障食品质量安全具有举足轻重的作用。2015 年我国实施新修订的食品安全法中第 42 条规定:“国家应建立食品安全全程追溯制度”。

这意味着,我国已经从国家法规层面开始督促追溯体系的建立。国家标准《饲料和食品链的可追溯性体系设计与实施指南》(GB/Z 25008—2010)中对追溯单元做了如下定义:需要对其来源、用途和位置的相关信息进行记录和追溯的单个产品或同一批次产品。追溯包括追踪和溯源两个方面:“追踪”是指从供应链的上游至下游跟踪追溯单元运行路径的能力,“溯源”是指从供应链下游至上游识别追溯单元来源的能力。食品追溯体系的建立可使生产管理规范化、标准化,是提高食品质量的有力保障;当发现产品质量缺陷时,可迅速实现缺陷食品召回,将损害与损失降至最低;是保护消费者权益不受侵害的有效保障,是提升企业品牌形象的有效途径;可提高企业管理效率。

七、主食工业产业化需要什么样的食品原料?

粮食是我国国民主食消费的主要原料。主食品工业需要什么样的原料呢?当然是优质原料!优质原料的标志是什么?那就是能够满足不同食品质量标准的原料。

(一)粮食生产

优良品种是粮食生产的根本。对粮食育种学家来讲,优良品种应该是:高产、高抗(抗旱、抗寒、抗倒伏、抗病虫害),耕作的适应性要强,比较短的成熟期,同时能够满足最终使用用途品种。尽可能理解每个遗传组分所表现的品质形状。

我国育种科学家在粮食高产创建方面做了不懈努力,取得了重大成就,也为国家粮食安全做出了巨大贡献。

然而,我国不同粮种的品种过于繁杂,新品种层出不穷。2015—2016 年通过国审的玉米品种有 55 个、水稻品种 119 个、小麦品种 47 个,加上地方审定的品种就更多了。种植的品种繁多,必然导致每个品种的种植面积不大。因为每个品种的品质性状不同,最终给食品加工业带来一系列问题,最重要的问题是产品质量的稳定性或一致性问题。

(二)粮食储藏

因为粮食的生产是季节性的,而粮食的消费是常年的。所以,收获后的粮食需要储存,一方面满足常年消费,另一方面满足国家粮食安全战略的需要。

粮食入库之前,首先要把好质量关。首先要满足“干、饱、净”(干——粮食水分含量满足安全储藏需要;饱——健全的粮食籽粒;净——杂质含量符合储藏要求)。其次是粮食品质的一致性,即不同品质的粮食分开储藏。

良好的储藏条件是延缓/抑制品质劣变的基本保障。粮食的储藏与管理应该按照国家标准《粮油储藏技术规范》(GB/T 29890—2013)执行。

(三) 粮食加工

现代食品工业对食品原料的加工提出更高的要求。如前所述,粮食中含有杂质、污染物、有害生物及其排泄物(害虫的排泄物)、毒素(微生物的次级代谢产物)等。为了保证加工产品的质量安全,这些应该尽可能少地带到产品中去。

所以,对粮食加工企业来讲,优质粮食应该是:粮食中无杂质、无虫(残骸)、无毒素;粮种、粮食等级和蛋白质的一致性;皮层与胚乳易分离,产品得率高等。

关于粮食加工技术和工艺这里不再叙述。

我国主食工业产业化的基础是粮食生产的标准化和产业化,产业化主食工业原料——粮食,应该是优质的、满足产品用途的、品质一致(稳定)的和可追溯的。

参考文献

[1] 刘旭,王秀东,陈孝. 我国粮食安全框架下种质资源价值评估探析——以改革开放以来小麦种质资源利用为例[J]. 农业经济问题,2008(12):14-19.

[2] 王娅. 中国农作物品种安全问题辨识研究[D]. 兰州:甘肃农业大学,2014.

[3] 赵增运,沈崇钰,柳菡,等. 粮食进出口环节存在的质量安全问题与对策[J]. 食品科学技术学报,2014,32(5):10-14.

[4] 张玲,祁玉峰. 控制农药残留保障农产品质量安全[J]. 河南农业科学,2002(10):27-27.

[5] 尹成华. 2007 年河南省原粮卫生状况调查[J]. 食品科技,2008,33(8):188-190.

[6] 齐海山,陈刚,吴涛,等. 每年受重金属污染粮食达 1200 万吨土壤多路吸污难治理[N].经济参考报,2014-05-22(3).

[7] 查燕,杨居荣. 污染谷物中重金属的分布及加工过程的影响[J]. 环境科学,2000,21(3):52-55.

[8] FLEURAT-LESSARD F, CHAURAND M, MARCHEGAY G, et al. Effects of processing on the distribution of pirimiphos-methyl residues in milling fractions of durum wheat[J]. Journal of Stored Products Research, 2007, 43(4): 384-395.

第四部分

主 题 论 文

虾夷扇贝生殖腺酶解物-核糖美拉德反应产物抗氧化特性研究

韩佳润[1]　李雪薇[1]　赵晨晨[1]　于翠平[1,2]
唐　越[1,2]　孙　娜[1,2]　吴海涛[1,2]

1. 大连工业大学食品学院，大连；
2. 国家海洋食品工程技术研究中心，大连

水产品中含有丰富的蛋白质，从中制备天然抗氧化活性肽已经受到人们广泛关注。近十几年来，在许多亚洲国家，扇贝养殖得到了迅速发展。2014 年，我国扇贝养殖产量近 165 万 t[1]，随着我国扇贝养殖规模的扩大和产量的提高，扇贝加工制品的需求也随之上升。虾夷扇贝生殖腺是贝柱产品生产过程中的可食用副产物，其蛋白质含量高达 60%以上（以干基计算），利用酶解手段制备的雌性生殖腺酶解物具有一定的抗氧化活性[2]。

美拉德反应又称羰氨反应，是一种羰基与氨基经缩合、聚合反应生成类黑色素的非酶褐变反应[3]。该反应体系复杂，美拉德产物具有一定的抗氧化能力，其中某些物质的抗氧化强度可以与食品中常用的抗氧化剂相媲美[4]。近几年来，研究人员以氨基酸、蛋白质或蛋白水解物为原料，通过与还原糖进行美拉德反应，对其反应产物抗氧化活性的研究逐渐增多。例如，在人造奶油中添加甘氨酸-葡萄糖反应产物可提高其氧化稳定性[5]；银鲤蛋白水解物-葡萄糖和猪骨蛋白酶解液-葡萄糖/木糖的美拉德反应产物均具有较强的 DPPH 自由基清除能力[6-7]。因此，利用美拉德反应对酶解物进行修饰，可显著提高酶解物的抗氧化能力。

本研究在前期研究的基础上，以虾夷扇贝雌性生殖腺为原料，通过比较中性蛋白酶、木瓜蛋白酶、碱性蛋白酶及风味蛋白酶的水解度及肽得率确定最适用酶。以核糖为还原糖，对酶解物进行美拉德反应修饰，考察体系 pH 值对虾夷扇贝雌性生殖腺酶解物-核糖美拉德产物 DPPH 自由基清除能力和抑制亚油酸过氧化能力的影响。同时，以常用的商业抗氧化剂 2,6-二叔丁基-4-甲基苯酚（BHT）为对照，评价虾夷扇贝雌性生殖腺酶解物-核糖美拉德产物的抗氧化能力。本研究为扇贝蛋白质资源高值化利用提供研究基础，同时也为制备新型食

品抗氧化剂提供理论依据。

一、试　　验

（一）材料与仪器

虾夷扇贝（*Patinopecten yessoensis*）（2016 年 4 月）购于大连长兴水产品市场。从内脏团中摘取雌性生殖腺（呈橘红色），经清洗，100 ℃煮沸10 min变性后，采用 10 倍体积的混合溶剂（正己烷与无水乙醇的体积比为 3 ∶ 1）于 50 ℃萃取 6 h，重复一次以除去脂肪，随后抽滤、自然风干并粉碎过筛后，得到虾夷扇贝雌性生殖腺脱脂粉，于-80 ℃冰箱冷冻保存备用。

试剂：中性蛋白酶、碱性蛋白酶、风味蛋白酶，丹麦诺维信有限公司；木瓜蛋白酶、D-核糖，上海生工生物工程技术服务有限公司；1，1-二苯基-2-三硝基苯肼（DPPH）、2，6-二叔丁基-4-甲基苯酚（BHT）、亚油酸，美国 Sigma-Aldrich 公司；吐温-20、2-硫代巴比妥酸（TBA），上海 BBI 生命科学有限公司；其他试剂均为分析纯。

仪器：KDN-103F 自动定氮仪，上海纤检仪器有限公司；SZF-106A 粗脂肪测定仪，上海新嘉电子有限公司；马弗炉，龙口市先进仪器有限公司；SHZ-D9 循环水式真空泵、DF-101S 恒温加热磁力搅拌器，巩义市予华仪器有限公司；Micro 17R 微量台式离心机，赛默飞世儿科技（中国）有限公司；PHS-3 精密 pH 计，上海雷磁仪器公司；HITACHI CF16RXII 离心机，日本株式会社日立制作所；XW-80A 漩涡振荡器，上海精科实业有限公司；UV-5200 型紫外可见分光光度计，上海元析仪器有限公司；干浴器，德国 IKA 公司；Infinite200 NANO 酶标定量测定仪，TECAN（上海）贸易有限公司。

（二）试验方法

1. 化学组成分析

虾夷扇贝雌性生殖腺脱脂粉蛋白含量采用凯式定氮法测定；脂肪含量采用 GB/T 5009.6—2003 索式抽提法测定；总糖含量采用苯酚硫酸法测定；灰分含量采用 GB/T 5009.4—2010 方法测定；水分含量采用 GB/T 5009.3—2010 直接干燥法测定。

2. 酶解方案

（1）酶解条件。

以中性蛋白酶（98 471.32 U/g）、木瓜蛋白酶（345 160.7 U/g）、碱性蛋白酶（173 168 U/g）及风味蛋白酶（34 606.86 U/g）为工具酶，以虾夷扇贝雌性生殖腺脱脂粉为底物,底物浓度以蛋白质计,依据各种酶的商品说明书,分别在四种酶的最适温度和最适 pH 条件下进行酶解,酶解具体条件如表 1 所示。

表 1 不同蛋白酶的酶解条件

蛋白酶	θ/℃	pH/值	酶加量/(U · g^{-1})	t/h
中性蛋白酶	50	7.0	3 000	3
木瓜蛋白酶	50	7.0	3 000	3
碱性蛋白酶	50	8.5	3 000	3
风味蛋白酶	50	7.0	3 000	3

(2) 酶解工艺。

准确称取一定量的虾夷扇贝雌性生殖腺脱脂粉→补水至底物蛋白浓度为4%→在 50 ℃下保温并调至适宜 pH→加酶→50 ℃恒温酶解 3 h(保持 pH 恒定在最适值)→调 pH 至中性→灭酶(100 ℃,10 min)→离心(4 000 r/min,20 min)→上清液→冷冻干燥→酶解物。

3. 水解度的测定

采用 pH-stat 法[8],以滴定所消耗的标准 NaOH 溶液体积计算水解度。

4. 肽得率的测定

采用三氯乙酸(TCA)沉淀法[9]结合 Folin-酚法测定肽得率。

$$肽得率=(m_2-m_1)/(m_0-m_1) \tag{1}$$

式中,m_1为反应前蛋白液中 TCA 可溶性蛋白质量,mg;m_2为蛋白酶解液中 TCA 可溶性蛋白质量,mg;m_0为总蛋白质量,mg。

5. 虾夷扇贝雌性生殖腺酶解物-核糖美拉德反应及产物的制备

配制虾夷扇贝生殖腺酶解物溶液(10 mg/mL),按质量比 1∶2 加入核糖,用 1 mol/L NaOH 溶液分别调节 pH 值至 6、7、8、9 后,混匀分装于 20 mL 带螺帽小玻璃瓶中,置于干浴器中于 95 ℃加热12 h,进行美拉德反应。同时以酶解物和核糖单独加热作为对照。反应结束后立即放入冰浴中迅速冷却,以终止反应。进行虾夷扇贝雌性生殖腺酶解物-核糖美拉德反应产物抗氧化评价时,在适宜的 pH 下进行美拉德反应,将产物进行冻干,获得。

6. 抗氧化能力的测定

(1) DPPH 自由基清除能力测定。

测定方法参考金文刚等[10]的方法进行。取样品溶液 200 μL 与磷酸盐缓冲溶液(PBS,pH=6)400 μL、DPPH 400 μL 于 1.5 mL 离心管中混合均匀。振荡后室温下避光静置 30 min,2 000g 离心 10 min。取 200 μL 该溶液加入 96 孔板中,于 517 nm 波长下用酶标仪测定吸光值,按照式(2)计算清除率。

$$DPPH\ 自由基清除率=\frac{1-(A_s-A_0)}{A}\times 100\% \quad (2)$$

式中,A_s 为样品吸光值测定值;A_0 为以 95%乙醇代替 DPPH 溶液时测定的吸光值;A 为以去离子水代替样品时的空白测定值。

(2)亚油酸过氧化抑制活性测定。

采用硫代巴比妥酸(TBA)法测定亚油酸过氧抑制活性[12]。取 200 μL 亚油酸,与 400 μL 吐温-20 及 19.4 mL 磷酸缓冲溶液(PBS)进行乳化,经混合超声处理后获得均匀的亚油酸乳液。取亚油酸乳液 500 μL,加入 PBS(0.02 mol/L,pH=7.4)600 μL、$FeSO_4$ 200 μL、抗坏血酸(0.01%)200 μL 及分别稀释 1 倍和 5 倍的样品 500 μL,于 37 ℃孵育 24 h 后,取反应液 2 mL,加入 TCA(4%)0.2 mL、TBA(0.8%)2 mL、BHT(0.4%)0.2 mL,于 100 ℃孵育 30 min 并冷却,将混合物于 4 000 r/min 离心 10 min,于 534 nm 处测定上清液吸光度,按照下式计算抑制率。

$$亚油酸过氧化抑制率=[(A_s-A)/A]\times 100\% \quad (3)$$

式中,A_s 为样品吸光值测定值;A 为以去离子水代替样品时的空白测定值。

7. 数据分析

每个样品设三组平行,试验数据以平均值±标准差表示。采用 IBM SPSS Statistics 软件中的 One-Way ANOVA 方法对以上数据进行显著性分析,以 $p<0.01$ 表示具有极其显著性差异;$p<0.05$ 表示具有显著性差异。半抑制率(IC_{50})的计算方法为:以样品浓度(mg/mL)为横坐标,DPPH 自由基清除率或亚油酸过氧化抑制率(%)为纵坐标,采用 Excel 软件做散点图,获取回归方程及相关系数 R^2。通过回归方程,计算 DPPH 自由基清除率或亚油酸过氧化抑制率为 50%时,样品的浓度,即为 IC_{50} 值。

二、结果与讨论

(一)虾夷扇贝雌性生殖腺脱脂粉的化学组成

对采集的虾夷扇贝雌性生殖腺脱脂粉进行成分分析,包括粗蛋白、总糖、灰分及水分含量,结果见表 2。由表 2 可见,虾夷扇贝雌性生殖腺脱脂粉中主要化学成分的含量比例依次为粗蛋白>水分>灰分>总糖,其中粗蛋白的含量最高,经过脱脂后蛋白含量高达 68.51%,其蛋白含量与金文刚等[9]的研究结果相比相对较高,这可能与脱脂处理有关。同时,结果也表明虾夷扇贝雌性生殖腺是一种高蛋白资源,具有潜在的开发利用价值。

表 2 虾夷扇贝雌性生殖腺脱脂粉的化学组成

成分	含量/%	成分	含量/%
粗蛋白	68.51±0.01	总糖	2.66±0.04
灰分	7.64±0.10	水分	9.57±0.19

(二) 虾夷扇贝雌性生殖腺脱脂粉的水解曲线

利用碱性蛋白酶、中性蛋白酶、风味蛋白酶和木瓜蛋白酶对虾夷扇贝雌性生殖腺脱脂粉进行酶解,在酶加量为 3 000 U/g 底物蛋白的条件下,酶解过程中水解度随水解时间的变化曲线如图 1 所示。随着酶解时间的延长,碱性蛋白酶、中性蛋白酶的水解度在前 60 min 上升较快,之后增加趋于平缓。相比而言,木瓜蛋白酶、风味蛋白酶对虾夷扇贝生殖腺脱脂粉的水解能力相对较弱,其水解度仍随时间逐渐增强。在酶解 3 h 后,碱性蛋白酶、中性蛋白酶、风味蛋白酶及木瓜蛋白酶酶解的水解度分别达到 24.16%、18.59%、16.27%、9.50%,这说明四种酶对虾夷扇贝雌性生殖腺脱脂粉的水解能力大小依次为碱性蛋白酶>中性蛋白酶>风味蛋白酶>木瓜蛋白酶。这可能是由于虾夷扇贝雌性生殖腺经变性处理后,其脱脂粉蛋白质二、三、四级结构被破坏,而碱性蛋白酶与蛋白质分子内部的酶切位点更容易发生作用,从而促进了酶解。徐洋等[13]采用木瓜蛋白酶、风味蛋白酶、碱性蛋白酶、复合蛋白酶、胰蛋白酶分别对南极磷虾加工下脚料进行酶解,结果显示不同的酶对蛋白质的水解能力不同,其中碱性蛋白酶水解程度最高,最易与酶切位点发生作用。此外,这一结果还与卢娣等[14]以核桃粕蛋白为原料,通过碱性蛋白酶、中性蛋白酶、风味蛋白酶、木瓜蛋白酶经酶法制备降压肽的结果相似,利用碱性蛋白酶获得的核桃粕水解液的水解度相对较高。

(三) 虾夷扇贝雌性生殖腺脱脂粉酶解物 TCA 可溶性寡肽含量及肽得率

经测定,虾夷扇贝雌性生殖腺水解液中,TCA 可溶性寡肽得率结果见表 3。由表 3 可以看出,虾夷扇贝雌性生殖腺脱脂粉经碱性蛋白酶酶解后,其 TCA 可溶性寡胀得率最高。四种酶对虾夷扇贝雌性生殖腺脱脂粉的 TCA 可溶性寡肽得率大小依次为碱性蛋白酶>中性蛋白酶>风味蛋白酶>木瓜蛋白酶,这与水解度曲线趋势相一致。这一结果与韩克光等[15]以羊骨粉为底物,对 7 种蛋白酶的水解指标相关性分析的结果类似,结果表明碱性蛋白酶的水解度、短肽得率、多肽生成量均高于其他几种酶,且水解度与短肽得率之间的相关性高达 0.981($p<$

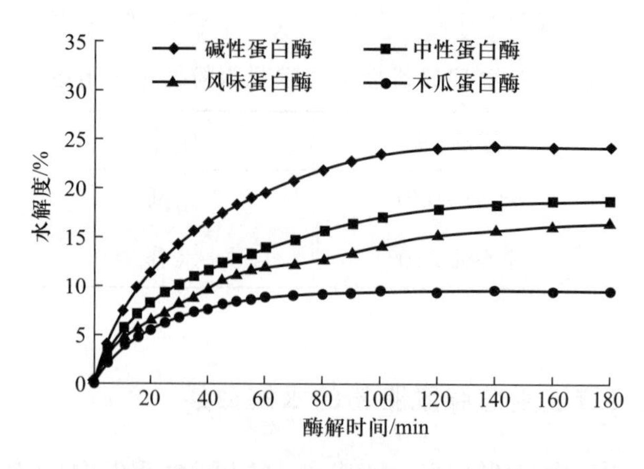

图 1　虾夷扇贝生殖腺脱脂粉酶解过程中的水解度曲线

0.01）。因此，本研究选用碱性蛋白酶作为工具酶，制备虾夷扇贝雌性生殖腺酶解物，进行后续的美拉德反应产物的抗氧化研究。

表 3　虾夷扇贝雌性生殖腺 TCA 可溶性寡肽得率

工具酶	TCA 可溶性寡肽得率/%
碱性蛋白酶	20.79
中性蛋白酶	15.05
风味蛋白酶	12.10
木瓜蛋白酶	11.17

（四）pH 值对虾夷扇贝雌性生殖腺酶解物-核糖美拉德反应产物抗氧化能力的影响

将经过碱性蛋白酶酶解获得的虾夷扇贝雌性生殖腺酶解物分别于 95 ℃，pH＝6、7、8、9 的条件下与核糖共热 12 h，制备其对应的美拉德产物。以酶解物、核糖单独加热的样品作为对照，研究其对 DPPH 自由基清除活性及亚油酸过氧化抑制活性。由图 2 可知，体系 pH 值对虾夷扇贝雌性生殖腺酶解物与核糖的美拉德产物抗氧化能力有较大影响。在相同稀释倍数下，随着体系 pH 值的升高，美拉德反应产物对 DPPH 清除活性呈现上升趋势，且 pH＝7、8 条件下几乎无显著性差异，而与 pH＝6 之间存在显著性差异［图 2（a）］。在稀释倍数为 25 的条件下，不同 pH 值下的美拉德反应产物对 DPPH 自由基的清除能力均显著强于核糖及酶解物（$p<0.05$），说明美拉德反应可显著提高虾夷扇贝生殖腺酶解物对

DPPH 自由基的清除能力，这与魏彬彬等[16]和唐杰等[17]分别以对虾肽和虾蟹壳提取物为原料，经美拉德修饰后其 DPPH 自由基清除能力均显著提高的研究结果相似。对于抗亚油酸过氧化能力，相比于 pH＝6、8、9 而言，pH＝7 条件下虾夷扇贝雌性生殖腺酶解物与核糖的美拉德产物显著提高（$p<0.05$），且强于核糖和酶解物［图 2（b）］。因此，综合考虑选择 pH＝7 为虾夷扇贝雌性生殖腺酶解物-核糖美拉德反应的适宜 pH，在该条件下进一步制备美拉德反应产物，进行抗氧化能力的评价。

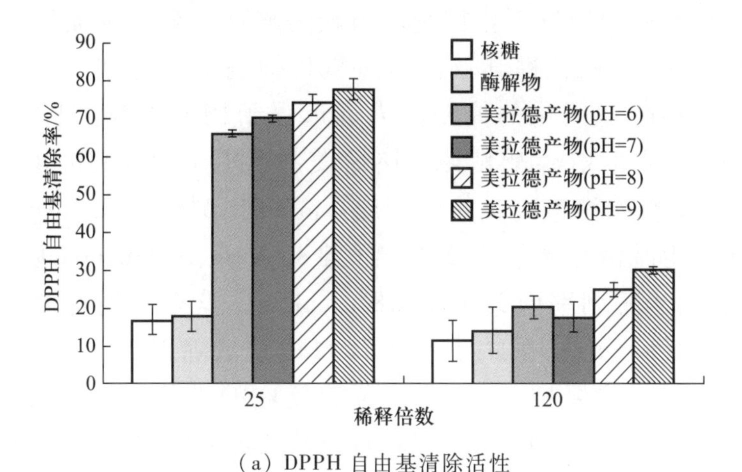

（a）DPPH 自由基清除活性

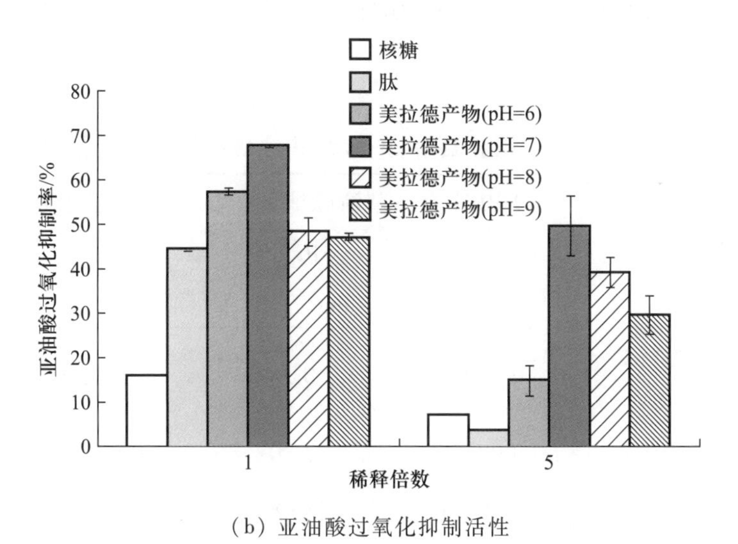

（b）亚油酸过氧化抑制活性

图 2　pH 对虾夷扇贝雌性生殖腺酶解物美拉德反应产物抗氧化能力的影响

（五）虾夷扇贝雌性生殖腺酶解物-核糖美拉德反应产物的抗氧化能力评价

将在 pH＝7 条件下制备的虾夷扇贝雌性生殖腺酶解物-核糖美拉德反应产

物进行冻干,进一步利用DPPH自由基清除和亚油酸过氧化反应体系,以商业抗氧化剂BHT作为阳性对照,通过比较半抑制率(IC_{50}),评价美拉德反应产物的抗氧化能力。虾夷扇贝生殖腺酶解物-核糖美拉德反应产物、酶解物、核糖及BHT均具有一定的清除DPPH自由基和抗亚油酸过氧化能力,且呈现明显的量效关系。如表4所示,根据拟合的回归方程,计算各样品的半抑制率(IC_{50}),结果显示,美拉德反应产物的DPPH自由基清除活性较酶解物、核糖均有很大程度的提高,美拉德反应产物的IC_{50}值分别为上述样品的1/31和1/1 731。相比较而言,美拉德反应产物对亚油酸过氧化抑制能力较酶解物也有少许提高。而对于核糖来说,由于800 mg/mL的核糖其亚油酸过氧化抑制率仅达到28.58%,因此美拉德反应产物对亚油酸过氧化的抑制能力远远强于核糖本身。与抗氧化剂BHT相比,虾夷扇贝雌性生殖腺酶解物-核糖美拉德反应产物还相对较弱。Jung等[18]发现,当壳寡糖水溶液经美拉德反应0 min时,浓度为200 μg/mL的美拉德产物其DPPH自由基清除率仅为27%;而当80 ℃反应240 min后,其DPPH自由基清除率最高,半抑制率(IC_{50})为118 μmol/mL,这表明随着美拉德反应的进行,美拉德产物的供氢能力增加,其DPPH自由基清除能力相应增加。同时,对亚油酸过氧化抑制的结果显示,随着美拉德反应的进行,丙二醛的浓度显著下降,表明脂质过氧化的抑制能力在增强,且反应240 min时其活性优于对照抗坏血酸。此外,Jing和Kitts等[19]也在酪蛋白-葡萄糖模型系统中得出了类似的结论。

表4 虾夷扇贝雌性生殖腺酶解物-核糖美拉德产物的抗氧化能力评价

样品	DPPH自由基清除能力		抗亚油酸过氧化能力	
	R^2	IC_{50}/(mg·mL^{-1})	R^2	IC_{50}/(mg·mL^{-1})
虾夷扇贝生殖腺酶解物-核糖美拉德反应产物	0.990 3	0.25	0.942 4	3.36
虾夷扇贝生殖腺酶解物	0.984 4	7.80	0.975 0	6.18
核糖	0.980 3	430.83	-	>800
BHT	0.982 5	0.027	0.879 3	0.035

注:由于800 mg/mL的核糖其亚油酸过氧化抑制率仅达到28.58%,因此这里未再计算IC_{50}值。

三、结　论

虾夷扇贝雌性生殖腺经碱性蛋白酶、中性蛋白酶、风味蛋白酶及木瓜蛋白酶酶解,碱性蛋白酶在酶解 3 h 获得的水解度和肽得率最高,分别达 24.16%和 20.79%。以 DPPH 自由基清除能力及亚油酸过氧化抑制能力为指标,确定了 pH=7 条件下进行虾夷扇贝雌性生殖腺酶解物-核糖的美拉德反应,其产物的抗氧化能力相对较强。虾夷扇贝雌性生殖腺酶解物-核糖的美拉德反应产物具有一定的 DPPH 自由基清除活性及亚油酸过氧化抑制能力,相比于酶解物和核糖本身抗氧化能力有显著提升,与抗氧化剂 BHT 相比,仍较弱。以上研究结果说明,经美拉德反应修饰可提高虾夷扇贝生殖腺酶解物的抗氧化能力,具有潜在的开发价值。

参考文献

[1] 农业部渔业局. 中国渔业年鉴[M]. 北京:中国农业出版社,2015.

[2] WU H T , JIN W G , SUN S G , et al. Identification of antioxidant peptides from protein hydrolysates of scallop (*Patinopecten yessoensis*) female gonads[J]. European Food Research and Technology, 2016, 242(5): 713-722.

[3] HODGE J E. Dehydrated foods. Chemistry of browning reactions in model systems[J]. Journal of Agricultural and Food Chemistry, 1953, 1(15): 625-651.

[4] 王延平,赵谋明,彭志明,等. 美拉德反应产物研究进展[J]. 食品科学,1999,20(1): 15-19.

[5] ALFAWAZ M, SMITHJ S, JEON I J. Maillard reaction products as antioxidants in precooked ground beef[J]. Food Chemistry, 1994, 51(3): 311-318.

[6] YOU J, LUO Y, SHEN H, et al. Effect of substrate ratios and temperatures on development of Maillard reaction and antioxidant activity of silver carp (*Hypophthalmichthys molitrix*) protein hydrolysate-glucose system[J]. International Journal of Food Science and Technology, 2011, 46(12): 2467-2474.

[7] 唐宏刚,肖朝耿,叶梦迪,等. 猪骨蛋白酶解液美拉德反应产物的抗氧化活性研究[J]. 浙江农业学报,2016,28(8):1396-1400.

[8] QIN L, ZHU B W, ZHOU D, et al. Preparation and antioxidant activity of enzymatic hydrolysates from purple sea urchin (*Strongylocentrotus nudus*) gonad [J]. Lebensmittel Wissenschaft and Technologie, 2011, 44(4): 1113-1118.

[9] 金文刚,吴海涛,朱蓓薇,等. 虾夷扇贝生殖腺多肽的制备及分离[J]. 大连工业大学学报,2011,30(6):391-395.

[10] 金文刚,段秀红,吴海涛,等. 虾夷扇贝生殖腺多肽美拉德反应过程的研究[C]. 中国食品科学技术学会东西方食品业高层论坛. 2011.

[11] MELLARS P,FRENCH J C. Extraction of polyphenols from apple peel using cellulase and pectinase and estimation of antioxidant activity [J]. Journal of the Korean Society of Food Science and Nutrition, 2009, 38(5): 535-540.

[12] AHMED I A, MIKAIL M A, IBRAHIM M B, et al. Antioxidant activity and phenolic profile of various morphological parts of underutilised Baccaurea angulata fruit [J]. Food Chemistry, 2015, 172: 778-787.

[13] 徐洋,吕大强,王舒婷,等. 超声辅助酶法回收南极磷虾壳中蛋白质的研究[J]. 安徽农业科学,2016,44(14):97-100.

[14] 卢娣,吴庆智,毛晓英,等. 响应面法优化核桃降压肽的酶解工艺研究[J]. 食品工业科技,2015,(11):233-238.

[15] 韩克光,甄守艳,高文伟,等. 单酶水解羊骨粉效果比较及水解指标相关性分析[J]. 食品科技,2016,(1):110-114.

[16] 魏彬彬. 对虾肽美拉德反应产物及其分离组分的化学特性与抗氧化活性[D]. 青岛:中国海洋大学,2013.

[17] 唐杰,刘必谦,周湘池,等. 虾蟹壳提取物氨基葡萄糖美拉德反应及其产物的抗氧化性能研究[J]. 海洋与湖沼,2012,43(4):741-747.

[18] JUNG W K, PARK P J, AHN C B, et al. Preparation and antioxidant potential of maillard reaction products from (MRPs) chitooligomer[J]. Food Chemistry, 2014, 145C (4): 173-178.

[19] JING H, KITTS D D. Chemical and biochemical properties of casein-sugar Maillard reaction products[J]. Food and Chemical Toxicology, 2002, 40(7): 1007-1015.

蒸制过程中大菱鲆肌肉理化特性、组织结构及蛋白特性变化

傅新鑫　黄　颖　姜鹏飞　纪超凡　董秀萍
大连工业大学食品学院，国家海洋食品工程技术研究中心，大连

加热是肉类加工和食用的主要方式，适当的热处理可以赋予产品良好的色泽，杀灭微生物，提升产品品质。Yarmand 等[1]研究了烤、炖、微波加热的方式对骆驼肉品质的影响，发现微波方式下肌肉的剪切力最大，炖的方式对肌束膜的损伤最严重。García-Segovia 等[2]研究了牛肉在常压、真空低温、真空蒸煮条件下的品质变化，发现不同处理条件下的牛肉组织结构变化明显不同。董志俭等[3]研究了南美白对虾在蒸制过程中水分和质构的变化，发现虾肉蒸制不同时间其质构明显不同，自由水的损失会影响质构的变化。可见，不同来源的肌肉需要选择适宜的加工方式和加工条件，才能最大限度地保持其营养、口感和外观。

大菱鲆（*Scophthalmus maximus* L.），属硬骨鱼纲，鲽形目，鲆科，菱属，我国的主要养殖区域集中于山东、辽宁、河北等沿海地区。目前，专家学者对大菱鲆的研究主要着眼点仍在于如何扩大养殖产量，推进养殖技术的发展。对于加工利用的研究相对较少，尤其是加工利用过程中理化指标的变化。吴琼[4]开展了不同熟化方式（烤制、油炸、微波、蒸制、真空隔水加热）对大菱鲆失重率、色度、质构、组织结构、感官影响的对比研究，发现蒸制是最适合大菱鲆的加工方式，但尚未系统考察蒸制时间对大菱鲆品质的影响。大菱鲆肌肉作为高蛋白、低脂肪的优质海鱼，富含氨基酸、维生素和矿物质，且肉质鲜美、口感嫩滑，适宜的加工方式和条件有利于保留营养物质，降低由于蛋白质变性、脂肪酸降解等导致的肌肉品质的劣化。因此，本文考察大菱鲆肌肉在蒸制过程中的理化指标、组织结构、蛋白特性的变化，以探寻出适宜的蒸制加工条件，为大菱鲆的精深加工和中餐工业化的利用提供一定的参考与理论依据。

一、材料与方法

（一）材料与仪器

材料：大菱鲆原料鱼购于辽宁省大连市长兴水产市场，鱼体长（37.2±1.7）

cm,质量为(962.3±78.7) g。活鱼采用碎冰覆盖方式运送至实验室,打头致死,取上背部肌肉,去皮待用。

仪器:TA.XT-质构仪,Stable Micro Systems Ltd 公司;Ultrascan PRO 测色仪,HunterLab 公司;TP1020 自动脱水机、RM2245 石蜡包埋机、EG1150C 石蜡切片机,德国 Leica 公司;Thermo Fisher 冷冻离心机,上海卡耐兹试验仪器设备有限公司;M200 酶标定量测定仪,瑞士 Tecan Infinite 公司。

(二) 实验方法

1. 蒸制方法

沿大菱鲆主骨方向,将去皮鱼片切成 1.5 cm×1.5 cm×1.0 cm 规格的鱼块,然后置于玻璃皿中,覆盖保鲜膜,于充满蒸汽的蒸锅中分别加热 2 min、4 min、6 min、8 min、10 min 后,迅速放入冰盒中冷却 10 min 后取出,测试相关指标。

2. 肌原纤维蛋白相对提取率

分别称取新鲜及蒸制后的大菱鲆鱼肉各 2 g,参照 Niamnuy 等[5-6]的方法稍作改进提取肌原纤维蛋白,参照 Bradford 方法[7]测定蛋白浓度。以新鲜大菱鲆肉的提取率为 100%,计算蒸制后大菱鲆鱼肉肌原纤维蛋白的相对提取率。

3. 失水率及失重率

参照孙丽等[8]的方法测定鱼块的蒸制失重率及失水率,参照 AOAC (1995)[9]方法测定样品的水分含量,失重率按式(1)计算,失水率按式(2)计算。

$$\text{失重率}=\frac{A_1-A_2}{A_1}\times 100\% \tag{1}$$

$$\text{失水率}=\frac{B_1-B_2}{B_1}\times 100\% \tag{2}$$

式中,A_1为试样蒸制前质量,g;A_2为试样蒸制后质量,g;B_1为未蒸制试样水分含量,g/100 g;B_2为蒸制后试样水分含量,g/100 g。

4. 粗脂肪的测定

根据 GB/T 5009.6—2003 方法测定[10]。

5. 色度

使用色度测试仪测定新鲜及蒸制不同时间鱼块的色度,主要采用中孔径反射进行测定,测试近骨一端,采用三点测试法进行测试,观察 L^*、a^* 及 b^* 值的变化。L^* 表示亮度,L^* 值为正值表示颜色偏白,L^* 为负值表示颜色偏黑;a^* 表示红绿值,a^* 值为正值表示颜色偏红色,a^* 值为负值表示颜色偏绿色;b^* 表示黄蓝值,b^* 值为正值表示颜色偏黄色,b^* 值为负值表示颜色偏蓝色。颜色饱和度 C^* 表示颜色的深浅,值越大表示颜色越深,反之表示颜色越浅。颜色饱和度 C^* 按公式(3)计算。

$$C^* = \sqrt{a^{*2} + b^{*2}} \tag{3}$$

6. 质构特性测定

(1) 剪切力测定。

探头型号 HDP/BS,测试前速度为 1 mm/s,测试中速度为 1 mm/s,测试后速度为 10 mm/s,数据收集由计算机软件完成。

(2) TPA 测试。

探头型号 P50,测试前速度为 2 mm/s,测试中速度为 1 mm/s,测试后速度为 1 mm/s,压缩程度为 60%,时间间隔 5 s,压缩次数 2 次,数据收集由计算机软件完成。

7. SDS-PAGE 电泳

采用考马斯亮蓝染色法进行 SDS-PAGE 电泳,使用的分离胶浓度为 12%,浓缩胶浓度为 5%。上样后先采用 8~15 mA 电泳电流,样品进入浓缩胶后提高到 15~30 mA,电泳时间 2 h 左右。电泳完毕后,染色、脱色,直至有清晰的条带出现后,使用凝胶成像仪分析结果。

8. 石蜡切片的制作及染色

参照刘世新[11]的方法制作石蜡组织切片。基本步骤:将处理后的肌肉切成 0.5 cm×0.5 cm×0.2 cm 的小块,进行固定、梯度乙醇脱水、透明、浸蜡、包埋、切片、展片、捞片、脱蜡的处理过程。

染色:采用 V-G 染色法。基本步骤:将复红染液和 PA 溶液按 1∶9 的比例混合后染色组织切片 7 min,然后用去离子水冲洗,用滤纸吸干载玻片上组织块周围的水分,再依次放入无水乙醇、二甲苯中各浸泡 10 min,组织块晾干后置于光学显微镜下观察并拍照。

9. 数据处理

采用 SPSS 19.0 中 One-way ANOVA 模型进行分析,显著水平为 $p<0.05$。

二、结果与分析

(一) 蒸制不同时间大菱鲆鱼块理化特性的变化

1. 蒸制不同时间大菱鲆鱼块理化指标含量的变化

蒸制过程中肌原纤维蛋白相对提取率不断降低,蒸制前 2 min 相对提取率迅速下降到 12%,加热 4 min 时低于 10%[如图 1(a)],此时鱼块达到熟化态[12]。蒸制初期,肌原纤维蛋白由于受热变性其相对提取率迅速降低,继续加热,肌原纤维蛋白降解加剧,同时鱼块组织出现变形。随着蒸制时间延长,肌束膜受热破损并逐渐加剧，肌原纤维蛋白从肌纤维间逐渐流失到组织外，这应该也是导致肌原纤维蛋白相对提取率持续下降的原因。

如图 1(b)所示，蒸制过程中，大菱鲆鱼块的失重率和失水率均呈现上升趋势，其变化速率均先上升再下降，整个蒸制过程中失重率明显高于失水率。肌纤维及结缔组织受热后会发生收缩、拉伸变化，从而导致肌肉外形的变化，并伴有汁液流失，且受热时间越长，汁液流失越多，外形变化也越大。肌肉受热过程中流失的汁液中包括水分、变性的蛋白质和脂肪[11]，因此其失重率要高于失水率。蒸制初期，鱼块表层蛋白质发生变性，肌原纤维蛋白含量不断降低。继续加热，鱼块受热外形发生变化，缩短了鱼块中心至表面的距离，从而提高了汁液流失速度[8]。蒸制至 8 min 时，鱼块变形最严重，此时的失重率和失水率的变化速度也最快。因此，为了减少营养的流失及组织形状变化过大，大菱鲆鱼块的蒸制时间应不超过 8 min。

新鲜鱼块中脂肪含量较低，仅为(0.88±0.05)%(湿基)。如图 1(c)所示，在蒸制 2 min 时，脂肪含量显著降低。蒸制 4 min 后，脂肪含量无显著变化，这可能由脂肪受热到一定程度后同流失液一同流失到组织外引起。如图 1(d)所示蒸制过程中，大菱鲆鱼块的蒸制流失液中羟脯氨酸含量不断升高。羟脯氨酸是胶原蛋白的特异性氨基酸，其含量变化可以反映胶原蛋白的含量变化。因此，随着

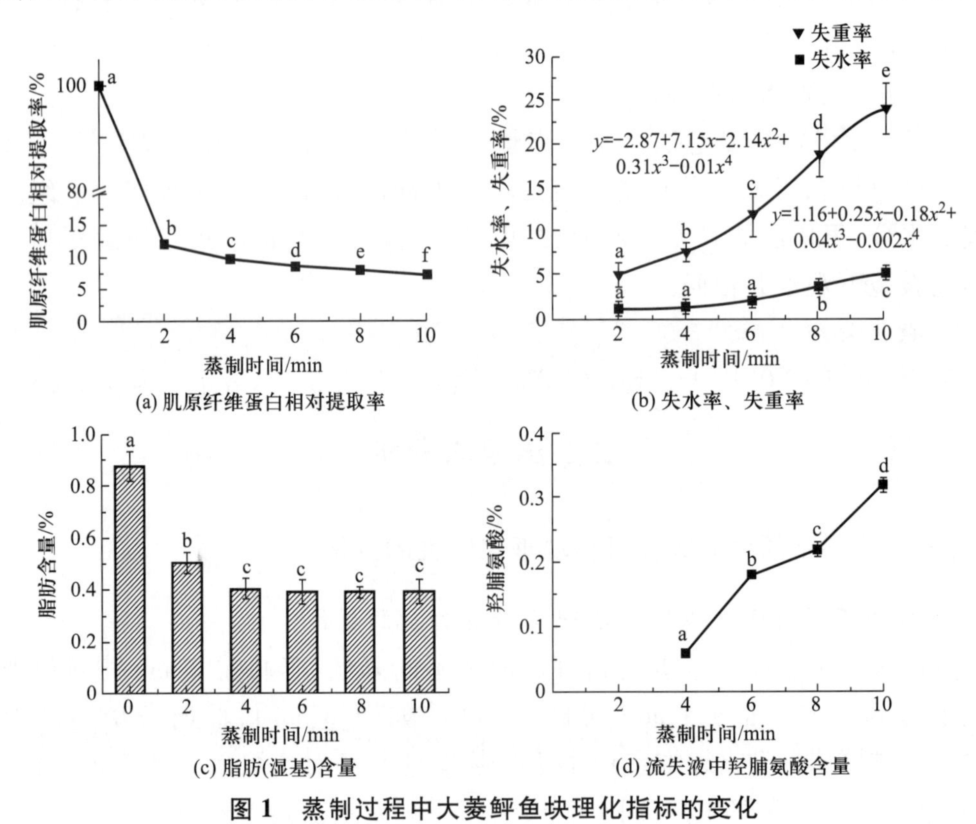

图 1　蒸制过程中大菱鲆鱼块理化指标的变化

蒸制时间的延长,大菱鲆鱼块的胶原蛋白的流失量在不断升高。

从图 2 可以看出鱼块在蒸制 4 min 时其肌束膜紧密程度降低,而在蒸制 8 min 时肌束膜不断溶解。因此,推测高温加热可能使结缔组织不断溶解,导致鱼块的胶原蛋白不断变性溶出[14]。

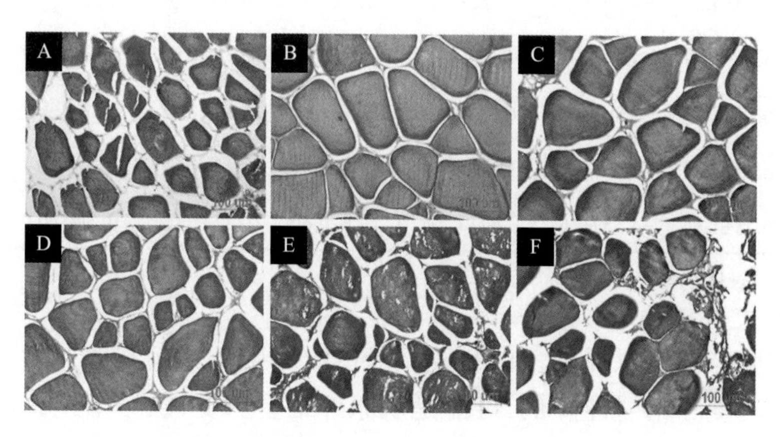

图 2　蒸制过程中大菱鲆鱼块组织结构观察(200×,V-G 染色)

A~F 依次为蒸制 0 min、2 min、4 min、6 min、8 min、10 min

2. 蒸制不同时间大菱鲆鱼块色度、质构的变化

与新鲜样品相比,蒸至 2 min 时鱼块的 L^* 值迅速上升,亮度增加;蒸制 4 min 后变化不大,亮度趋于稳定。蒸制过程中鱼块的 a^* 值呈先迅速下降后趋于平稳的趋势,如表 1 所示。蒸制过程中,鱼块的 b^* 值先升高再降低,其中 6 min 时 b^* 值最大,可能因为受热初期脂肪熔融,导致 b^* 值升高,随着受热时间延长,肌纤维蛋白变性收缩,束缚了脂肪,b^* 值下降[15]。颜色饱和度 C^* 值呈上升趋势,但变化不显著,可见加热有助于加深肉色,使肉色更鲜亮,但大菱鲆鱼肉是白肉,所以加热后其主要变化是亮度变化,即肉色变白,而不是饱和度变化,因此饱和度变化不显著。

肉制品在加热过程中,肌原纤维蛋白和结缔组织的变化是影响肉制品剪切力的两大因素,加热过程中,二者的张力发生变化,从而影响剪切力的变化。从表 1 可以看出,随着加热时间的延长,大菱鲆鱼块的剪切力显著下降。其中,新鲜样品和蒸制2 min样品的剪切力没有显著差异,而蒸制 2 min 到 4 min 的鱼块剪切力显著降低,可能是此时的肌原纤维蛋白含量显著降低,且肌纤维发生收缩导致。蒸制 4 min 后,鱼块剪切力变化不明显。研究表明,加热过程中肌肉组织中维系蛋白质分子结构的各种共价键和非共价键逐渐出现断裂。一般在 30~32 ℃时,肌原纤维蛋白开始失去高级结构,开始溶解;在 50~60 ℃时,胶原蛋白开始变性,致使胶原纤维收缩,这些蛋白质的热变性会导致剪切力的变化[16]。

表1 蒸制过程中大菱鲆鱼块色度、质构的变化

时间/min	L^*	a^*	b^*	C^*	相对剪切力	相对硬度	相对咀嚼性
0	43.55 ± 0.46^{a}	-2.91 ± 1.09^{a}	1.10 ± 3.08^{ab}	4.15 ± 1.25^{a}	1.00^{a}	1.00^{a}	1.00^{a}
2	67.78 ± 4.24^{b}	-4.39 ± 0.31^{b}	-2.22 ± 6.27^{a}	5.12 ± 0.92^{a}	0.99 ± 0.04^{a}	0.56 ± 0.11^{b}	0.51 ± 0.16^{b}
4	73.25 ± 2.57^{c}	-4.47 ± 0.77^{b}	-0.74 ± 1.62^{ab}	4.76 ± 0.81^{a}	0.12 ± 0.02^{b}	0.46 ± 0.11^{b}	0.44 ± 0.11^{bc}
6	76.77 ± 2.57^{c}	-4.47 ± 0.69^{b}	6.04 ± 6.21^{b}	5.63 ± 1.17^{a}	0.11 ± 0.01^{b}	0.25 ± 0.08^{c}	0.26 ± 0.12^{cd}
8	76.85 ± 1.54^{c}	-4.48 ± 0.44^{b}	3.23 ± 4.96^{ab}	5.48 ± 1.66^{a}	0.11 ± 0.02^{b}	0.29 ± 0.03^{c}	0.24 ± 0.04^{cd}
10	76.58 ± 1.94^{c}	-4.53 ± 0.64^{b}	0.49 ± 1.29^{ab}	4.71 ± 0.62^{a}	0.11 ± 0.02^{b}	0.27 ± 0.03^{c}	0.21 ± 0.05^{d}

注:不同小写字母代表差异显著($P<0.05$)。

肉的硬度与其肌原纤维蛋白和胶原蛋白的性质及比例有关。大菱鲆鱼块在蒸制过程中硬度和咀嚼性降低,可能是肌原纤维蛋白变性、结缔组织收缩及肌动球蛋白的脱水收缩共同作用的结果[17]。

(二)蒸制不同时间大菱鲆鱼块组织结构的变化

宰杀后的大菱鲆鱼块的组织略微松散;蒸制 2 min,鱼块的肌纤维受热膨胀,组织紧密程度有所提高,肌束膜完整并紧密地包裹着肌纤维;蒸制 4 min 时肌纤维开始收缩,肌束膜连接的紧密程度降低;蒸制 6 min 时包裹的肌束膜的紧密性更弱;蒸制 8 min 时肌纤维断裂,在横切面产生孔洞,肌束膜破损,结缔组织液体化,随水分流出[14];蒸制 10 min 时肌束膜破损更加严重。肌束膜的主要成分是胶原蛋白,这与图 1 的流失液中羟脯氨酸含量所反映的肌肉胶原蛋白流失的变化趋势相同。由图 2 可知,鱼块肌纤维在蒸制 4 min 时开始收缩变细,而此时的鱼块的剪切力也降至较低值,可见肌纤维的直径对鱼块的剪切力影响较大。

(三)蒸制不同时间大菱鲆鱼块肌原纤维蛋白和流失液的 SDS-PAGE 电泳变化

肌球蛋白是肌原纤维的主要组成部分[18]。如图 3(a)所示,从未蒸制和蒸制不同时间的鱼块中提取出的肌原纤维蛋白包括两种主要的蛋白条带,即肌球蛋白重链和肌动蛋白。新鲜的和蒸制 2 min 的肌原纤维蛋白的电泳隐约看到肌球蛋白轻链和一些小分子蛋白;随着蒸制时间的延长,鱼块肌原纤维蛋白中的各种蛋白均在减少,部分小分子蛋白消失。加热过程中,鱼块流失液中的蛋白质主要是肌浆蛋白等水溶性蛋白和一些相对分子质量较小的多肽化合物或肌原纤维蛋白的降解产物及重新聚合的大分子聚合物。由图 3(b)可以看出,加热初期,

鱼块中低分子蛋白受热变性发生降解，蛋白亚基种类较多；进一步加热，低分子蛋白含量减少。条带5显示的是蒸制10 min的结果，低分子蛋白条带几乎全部消失，而高分子蛋白条带明显变宽且颜色加深，可能是由于随着蒸制时间的延长，流失液中的低分子蛋白彼此连接，重新聚集成为高分子蛋白，使高分子蛋白的浓度有所增加，或是小分子蛋白已完全水解。在对鱼块进行生产加工的过程中会产生大量的蒸煮液，而这些蒸煮液中所含有的蛋白质种类和含量较为丰富，具有一定的营养价值，可以考虑利用蒸煮液，提高资源附加值。

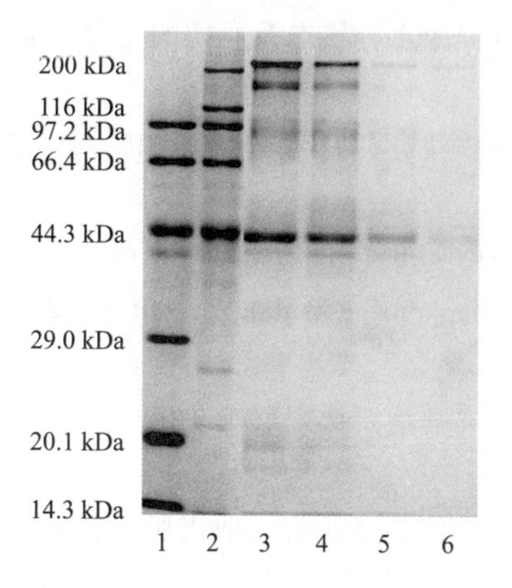

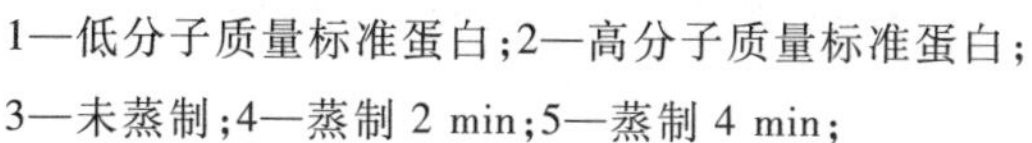
1—低分子质量标准蛋白；2—高分子质量标准蛋白；3—未蒸制；4—蒸制 2 min；5—蒸制 4 min；6—蒸制 10 min

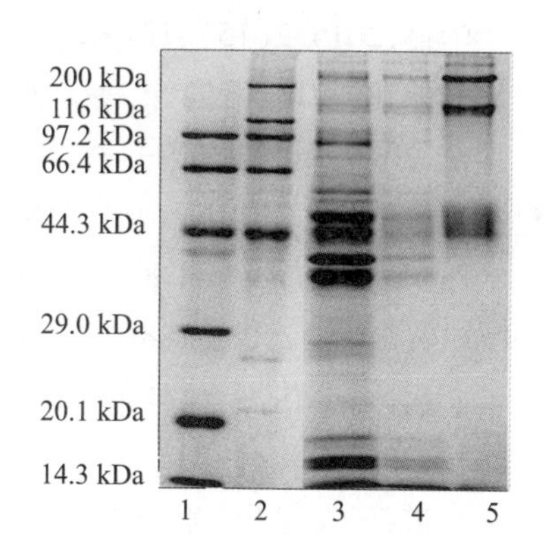

1—低分子质量标准蛋白；2—高分子质量标准蛋白；3—蒸制 2 min；4—蒸制 4 min；5—蒸制 10 min

图3 蒸制不同时间大菱鲆鱼块的肌原纤维蛋白SDS-PAGE电泳(左)和流失液SDS-PAGE电泳(右)

三、结 论

大菱鲆鱼块蒸制后在理化特性、组织结构和蛋白特性方面均发生了不同程度的变化。蒸制2 min时，鱼块中大分子蛋白质降解成小片段，肌原纤维蛋白相对提取率大幅降低。蒸制4 min时，肌原纤维蛋白相对提取率降至10%以下，鱼块达到熟化状态；熟化鱼块剪切力降至较低值，具有较好的嫩度和亮度。继续受热，鱼块的剪切力、亮度基本不变，但由于肌束膜紧密程度不断降低甚至溶解，导致水分、胶原蛋白等营养物质持续流失。因此，限定规格(1.5 cm×1.5 cm×1.0 cm)鱼块蒸制4 min即可达到熟化，此时组织完整，营养物质流失较少，颜色和嫩度适宜。

参考文献

[1] YARMAND M S, NIKMARAM P, DJOMEH Z E, et al. Microstructural and mechanical properties of camel longissimus dorsi muscle during roasting, braising and microwave heating[J]. Meat Science, 2013, 95(2): 419-424.

[2] GARCIA-SEGOVIA P, ANDREA-BELLO A, MARTINEZ-MONZO J. Effect of cooking method on mechanical properties, color and structure of beef muscle (*M. pectoralis*)[J]. Journal of Food Engineering, 2007, 80(3): 813-821.

[3] 董志俭,王庆军,黄静雅,等. 白对虾蒸制过程中水分状态及质构的变化[J]. 中国食品学报,2015,2(15):231-236.

[4] 吴琼,李德阳,潘锦锋,等. 熟化方式对大菱鲆肌肉加工特性的影响[J]. 中国食品学报,2016,16(9):129-135.

[5] NIAMNUY C, DEVAHASTIN S, SOPONRONNARIT S. Changes in protein compositions and their effects on physical changes of shrimp during boiling in salt solution[J]. Food Chemistry, 2008, 108(1): 165-175.

[6] 蓝蔚冰,毛伟杰,池岸英,等. 凡纳滨对虾肌肉盐溶蛋白提取工艺研究[J]. 现代食品科技,2012,28(3):313-315.

[7] 袁道强,黄建华. 生物化学实验和技术[M]. 北京:中国轻工业出版社,2006.

[8] 孙丽,夏文水. 蒸煮对金枪鱼肉及其蛋白质热变性的影响[J]. 食品与机械,2010,26(1):22-25

[9] 中华人民共和国卫生部. 食品安全国家标准食品中水分测定:GB 5009.3-2010[S]. 北京:中国标准出版社社社,2010.

[10] 中华人民共和国卫生部. 食品中脂肪的测定:GB/T 5009.6-2003[S]. 北京,中国标准出版社,2003.

[11] 刘世新. 实用生物组织学技术[M]. 北京:科学出版社,2004:55-69.

[12] 朱蓓薇. 海珍品加工理论与技术的研究[M]. 北京:科学出版社,2010.

[13] 邱澄宇. 鲮鱼肌肉加热变形规律的研究[J]. 集美大学学报(自然科学版),2007,3(12):217-220.

[14] TORNBERG E. Effects of heat on meat proteins-implications on structure and quality of meat products[J]. Meat Science, 2005, 70(3): 493-508.

[15] 吴强,戴四发. 超声波结合氯化钙处理对牛肉品质的影响[J]. 食品科学,2010,31(19):141-145.

[16] 黄明,赵莲,徐幸莲,等. 鸡肉在成熟过程中肌原纤维蛋白的降解机制研究[J]. 农业工程学报,2007,23(11):42-45.

[17] 齐海萍,胡文忠,姜爱丽,等. 热加工对鲤鱼质构的影响研究[J]. 食品科技,2011,36(5):144-150.

[18] 刘宏彦. 鲤鱼肌肉中肌原纤维蛋白的性质研究[D]. 天津:天津商业大学,2012.

鱼子酱盐渍贮藏过程中品质变化的研究

黄琳琳　谭明乾

大连工业大学食品学院，大连

鱼子酱是盐腌渍的从性成熟的雌性鲟鱼卵巢取出的卵，是最昂贵的渔业产品之一。它不仅含有蛋白质，而且富含必需氨基酸、微量元素、维生素和多不饱和脂肪酸，有助于保护组织免受损害[1]。由于非侵入特性、高重现性和灵敏度，LF-NMR（低场核磁共振）已经成为监测食品加工贮藏的有力工具[2]。与 4.7 T 高场 NMR 扫描不同过程中品质变化相比，LF-NMR 方法具有成本低、操作简单、安全、环境保护和适用于工业应用而不使用昂贵的超导线圈等优点。

一、试　验

（一）材料与仪器

杂交鲟鱼（*Huso dauricus* ♀ ×*Acipenser schrenckii* ♂），杭州千岛湖鲟龙科技股份有限公司；无水乙醚，国药集团化学试剂有限公司；NMI20 核磁共振分析仪，上海纽迈电子科技有限公司；粗脂肪测定仪，上海新嘉电子有限公司。

（二）试验方法

1. 原料预处理

从杂交鲟鱼卵巢中取出鱼卵，加入约 4%的食盐腌渍约 10 min，将盐渍好的鱼子酱用金属罐罐装，每罐 30 g，贮藏在-4 ℃的冰箱中。

2. 水分、粗脂肪和挥发性盐基氮含量的测定

水分含量测定采用 105 ℃烘干恒重法（GB/T 5009.3—2003）；粗脂肪含量的测定采用索式抽提法（GB/T 5009.5—2003）；挥发性盐基氮含量的测定采用半微量扩散法（GB/T 5009.44—2003）。

3. 低场核磁共振的测定

低场核磁共振分析仪的磁体强度为 0.5 T，磁体温度为 32 ℃，质子共振频率为 23.2 MHz。自动样品的检测：将 1.5 g 鱼子酱样品放在无信号的 EP 管中，然后放于永磁场射频线圈的中心进行信号采集。

二、结果与讨论

(一) 低场核磁共振的测定

低场核磁波谱弛豫法是能够探测氢质子的移动性的非破坏性方法。横向弛豫时间(T_2)是测定鱼子酱的水流动和分布的优良工具。它不仅能用于描述食物样品中水的状态,而且还可用于鉴定不同的食物样品中的水组分。通过低场核磁共振波谱的 CPMG 序列的衰变信号的 CONTIN 多指数拟合,图 1 显示了鱼子样品的弛豫时间 T_2 瀑布图谱。

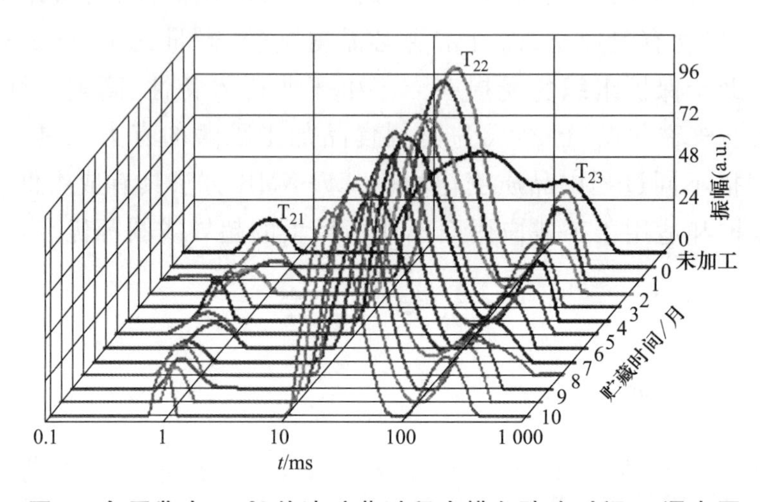

图 1　鱼子酱在-4 ℃盐渍贮藏过程中横向弛豫时间 T_2瀑布图

T_2弛豫反映了与自旋-自旋相互作用的相关的质子分子的迁移率,在 T_2弛豫图谱中观察到三个峰,表明鱼子酱中存在三种不同的水组分,即结合水(与蛋白质强烈结合,T_{21},0~10 ms)、不可移动水(细胞外空间中的水,T_{22},10~100 ms)和自由水(肌原纤维和肌浆网中的水,T_{23},100~1 000 ms)[3]。弛豫时间 T_2反应水分子的流动性,流动性越好,T_2值越大。所有变化主要发生在 0~30 d 之间。从 2 个月到 11 个月,T_2值不变。这表明卵母细胞的渗透收缩可能导致盐渍贮藏开始时水的适应性降低,并且水在 2~11 个月内相对稳定。

(二) 水分含量变化的测定

图 2 显示了用盐处理后的卵母细胞水分含量从 52.08%下降到 45.45%,显示出明显的下降趋势,这种下降可能是由盐含量引起的,这导致细胞由于盐渗透应力而收缩。

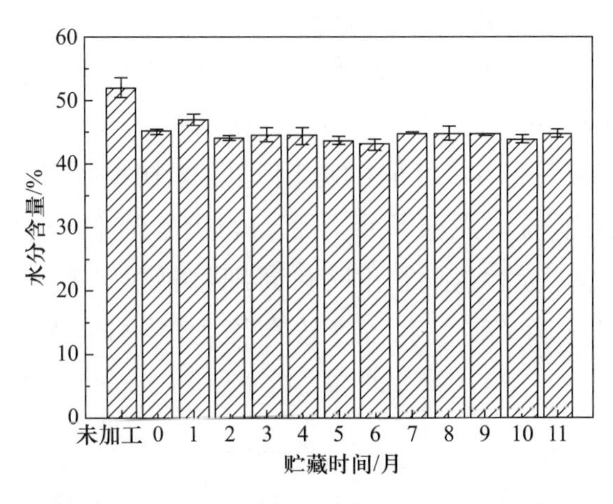

图 2 鲟鱼卵及 -4 ℃盐渍贮藏过程中鱼子酱的水分含量变化

(三) 粗脂肪含量变化的测定

图 3 显示了在用盐处理原始卵母细胞之后，粗脂肪含量呈下降趋势，从 11.96%下降到 9.05%。然而，除了在盐渍 1 个月的鱼子酱样品中观察到脂肪的轻微增加之外，脂肪含量在整个-4 ℃贮藏期间基本上是恒定的($P>0.05$)，约为 8.78%~10.95%。Gussoni 等[4]在研究贮藏期间鱼子酱的脂肪变化时也得出类似的结果。结果表明，杂交鲟鱼鱼子酱在-4 ℃贮藏 11 个月，贮藏时间对粗脂肪含量没有显著影响。

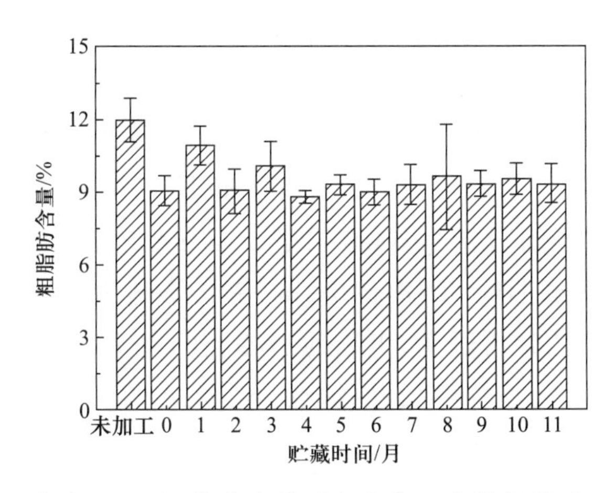

图 3 鲟鱼卵及-4 ℃盐渍贮藏过程中鱼子酱的粗脂肪含量变化

(四) 挥发性盐基氮含量变化的测定

如图 4 所示，在 0~2 个月的贮藏期间，盐渍的鱼子酱中的挥发性盐基氮的含量约为 8.41~9.09 mg/g,没有出现显著的变化($P>0.05$)。贮藏 3~5 个月的盐渍鱼子酱样品的 TVB-N 值没有显著差异($P>0.05$),与贮藏 0~2 个月的样品对比,含量明显增加($P<0.05$),从 8.68 mg/g 增加到 10.37 mg/g。鱼子酱在盐渍贮藏初期 TVB-N 含量相对稳定,可能的原因是贮藏初期微生物含量相对较少,对蛋白质等的分解作用不强。贮藏 6 个月后,盐渍鱼子酱样品中的 TVB-N 含量增加明显加快,表明在这些贮藏条件下具有高细菌活性。微生物及酶的作用使鱼子酱中的蛋白质发生了降解,产生一些胺类等含氮物质,从而导致 TVB-N 含量的升高。

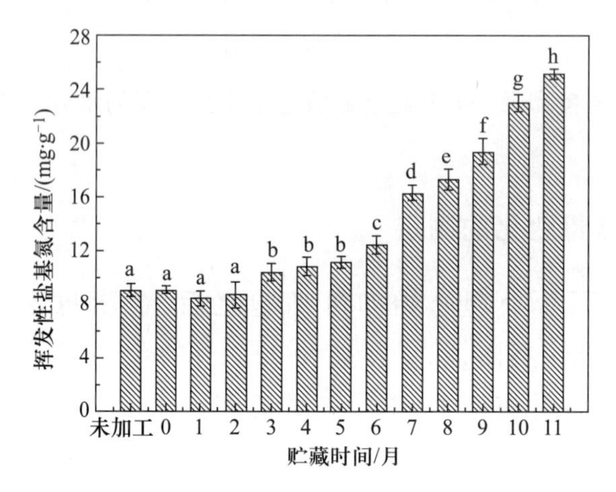

图 4　鲟鱼卵及-4 ℃盐渍贮藏过程中鱼子酱的挥发性盐基氮含量变化

(五) 相关性分析

表 1 显示了 NMR 弛豫的 T_2数据与物理化学指标参数的相关结果。可以看出,除了 T_{21} 和 A_{2t},水分含量和 NMR 参数之间具有良好相关性($0.494 \leqslant R^2 \leqslant 0.917$)。除 T_{21}外,粗脂肪含量与 NMR 参数($0.428 \leqslant R^2 \leqslant 0.879$)显示有很好的相关性。在整个盐渍贮藏期间,TVB-N 值和 NMR 参数之间没有发现显著的相关性。本研究中的相关性分析表明,可以通过相应的 NMR 参数来确定样品中的水分和脂肪含量,从而替代传统方法,以快速且非侵入的方式监测盐渍贮藏过程中鱼子酱品质变化。

表 1 鱼子酱在-4 ℃盐渍贮藏过程中物理化学参数和 NMR 数据之间的线性回归分析

	水分含量		粗脂肪含量		TVB-N	
	R^2	P	R^2	P	R^2	P
T_{21}	0.158	ns	0.197	ns	0.010	ns
T_{22}	0.770	<0.01	0.805	<0.01	0.250	ns
T_{23}	0.494	<0.01	0.428	<0.05	0.006	ns
A_{21}	0.762	<0.01	0.750	<0.01	0.032	ns
A_{22}	0.767	<0.01	0.667	<0.01	0.147	ns
A_{23}	0.850	<0.01	0.866	<0.01	0.041	ns
A_{2t}	0.405	<0.05	0.580	<0.01	0.024	ns

三、结　　论

本研究利用 LF-NMR 方法监测杂交鲟鱼卵母细胞和其鱼子酱样品在-4 ℃贮藏 11 个月期间的品质变化。通过 T_2弛豫分析表明,鱼子酱中的水状态呈现三个不同的水群——T_{21}、T_{22}和 T_{23}。贮藏不同时间时,自由水的变化比结合水和不可移动水的变化明显。纵向 T_1弛豫图谱显示在整个盐渍贮藏过程期间仅有一个峰,峰弛豫时间从 217.31 ms(卵母细胞)减少至 167.16 ms(2 个月),然后保持在 167 ms 左右不变。A_2弛豫组分的分析表明,盐渍处理对水分布有很大的影响,而在-4 ℃贮藏过程中,贮藏时间对其没有显著影响。

参 考 文 献

[1] CAPRINO F, MORETTI V M, BELLAGAMBA F, et al. Fatty acid composition and volatile compounds of caviar from farmed white sturgeon (*Acipenser transmontanus*)[J]. Analytica Chimica Acta, 2008, 617(1): 139-147.

[2] MONAVAR H M, AFSETH N K, LOZANO J, et al. Determining quality of caviar from Caspian Sea based on Raman spectroscopy and using artificial neural networks[J]. Talanta, 2013, 111: 98-104.

[3] BELTON P S, JACKSON R R, PACKER K J. Pulsed NMR studies of water in striated muscle: I. Transverse nuclear spin relaxation times and freezing effects[J]. Biochimica et Biophysica Acta (BBA)-General Subjects, 1972, 286(1): 16-25.

[4] GUSSONI M, GRECO F, VEZZOLI A, et al. Monitoring the effects of storage in caviar from farmed Acipenser transmontanus using chemical, SEM, and NMR methods[J]. Journal of Agricultural and Food Chemistry, 2006, 54(18): 6725-6732.

鲍鱼性腺多糖中有害重金属的脱除方法

刘文转[1]　杨　川[1]　杨静峰[1,2]

1. 大连工业大学食品学院,大连;

2. 大连工业大学国家海洋食品工程技术研究中心,大连

鲍鱼脏器中腹足为主要可食部分,而其他部分如性腺等一般作为加工副产物丢弃。鲍鱼性腺约占鲍鱼总质量的1/3,其干物质中总糖含量约占10%。怎样开发鲍鱼性腺资源并减少副产物排放,成为食品副产物加工领域的重要课题。鲍鱼性腺多糖具有抗氧化、抗疲劳、降血栓、提高机体免疫力等多种生理活性[1-3],因而具有很好的开发前景。然而其生产品质不稳定,经常有重金属超标的情况发生。如何有效脱除重金属元素,成为开发鲍鱼多糖产品的关键技术难点。

随着我国工农业的快速发展,重金属对环境特别是对水体的污染越来越严重,而贝类移动能力弱,对重金属的吸附积累能力较强[4]。贝类中重金属含量易超标,常见的富集有害重金属为铅、镉、汞、铬[5]。贝类性腺对重金属具有较强的蓄积能力,目前国内外关于重金属污染的相关研究主要为水体沉积物和土壤中的重金属含量检测以及对其的去除方法[6-7]。对于食品中的重金属含量检测及其去除方法的研究较少。寻找高效的方法去除鲍鱼性腺多糖中的重金属,可为鲍鱼下脚料的综合利用提供技术依据。

一、试验材料与方法

(一) 材料

皱纹盘鲍(*Haliotis discus hannai* Ino.)收集自受重金属污染海域。鲜活冰鲜运至实验室,采集雌性鲍鱼性腺和雄性鲍鱼性腺,冷冻干燥后粉碎待用。

(二) 试剂与仪器

试剂:强酸性阳离子交换树脂(001×7),购于天津南开和成科技有限公司。

仪器:真空冷冻干燥机(LG-1.0型)、高速药物粉碎机、精密电子天平

(JJ200)、旋转蒸发器(R1002B)、岛津 GFA-7000 原子吸收分光光度计、石墨炉原子化器、原子荧光光谱仪、电渗析。

(三) 鲍鱼性腺多糖的提取

鲍鱼性腺多糖的提取参照文献[8]。把真空干燥的鲍鱼性腺干粉、鲍鱼脏器粉加入 25 倍水中,用 6 mol/L NaOH 调 pH 到 10.0,加入 2.0%的碱性蛋白酶,在 45 ℃条件下水解 3 h。之后快速升温至 90 ℃,灭酶 10 min,冷却至室温后,调 pH 到中性,离心 10 min(4 000 r/min)。取上清液加 3 倍体积 95%乙醇,醇沉 12 h,离心,取沉淀,冷冻干燥得鲍鱼性腺粗多糖。

(四) 多糖重金属的脱除

1. 离子交换法

树脂的预处理:树脂经水洗,酸、碱交互洗,水洗后备用[9]。

阳离子树脂:将活化后的阴离子树脂灌进柱子(2.7 cm×37 cm),将 2 g 样品溶于 50 mL 水中,样品溶液进入阳离子交换柱,以泵反复循环约 30 min,收集的溶液冻干,待用[10-11]。重复 3 次。

2. 电渗析法

将 2 g 样品溶于 100 mL 水中,对样品溶液设置的电渗析参数:操作电压 20 V,进水流量 20 L/h,进水 pH=7,浓水循环 50 min[12-13]。重复 3 次。

(五) 重金属检测方法

微波消解:称取 0.1 g 试样于消解罐中,加入 3 mL 硝酸、2 mL 过氧化氢,盖好安全阀后,将消解罐放入微波消解系统中,采用最佳分析条件,至消解完全[14]。

铬(Cr)采用石墨炉原子吸收光谱法(GB/T 5009.123—2003)测定,铅(Pb)采用石墨炉原子吸收光谱法(GB 5009.12—2010)测定,镉(Cd)采用石墨炉原子吸收光谱法(GB/T 5009.15—2003)测定,汞(Hg)采用原子荧光光谱分析法(GB/T 5009.17—2003)测定。

多糖中的总糖含量采用苯酚硫酸法测定[15]。

二、结果与讨论

（一）鲍鱼性腺多糖的提取及其重金属含量检测

1. 鲍鱼性腺多糖的总糖含量

鲍鱼性腺干粉经碱性蛋白酶酶解、醇沉、冷冻干燥后得到鲍鱼性腺粗多糖，其干粉呈深褐色，计算提取率为30.10%。分别测定提取的雌、雄性腺多糖含量，结果雌性性腺多糖中总糖含量为14.27%，雄性性腺多糖中总糖含量为14.85%。因采用葡萄糖作为标准品进行测量，故测得总糖含量与真实值比较有低估现象[16]。

2. 鲍鱼性腺多糖的重金属含量

对危害性较大且在海域污染较严重的重金属元素进行测定。采用石墨炉原子吸收光谱法测定雌雄性腺多糖干粉中总重金属含量，结果见图1。可以看出，雌性腺多糖中重金属含量由高到低依次为Cd、Pb、Hg、Cr，雄性腺多糖干粉中重金属由高到低依次为Cd、Hg、Pb、Cr。鲍鱼雌雄性腺多糖对重金属的吸附能力是有一定区别的，总体看对Cd的吸附能力最强，对Cr的吸附能力最弱。对照《绿色食品　干制水产品》（NY/T 1712—2009）[17]重金属卫生指标，受污染鲍鱼性腺多糖吸附的重金属明显超过国家标准。从总量来看，雌雄性腺多糖中Cd含量都超标，因此可以Cd含量为指标监测重金属的脱除情况。

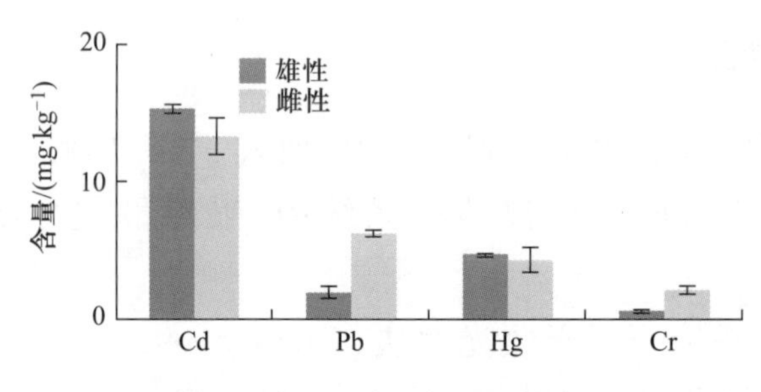

图1　鲍鱼性腺多糖重金属含量

（二）4种有毒重金属脱除率的比较

将鲍鱼性腺多糖分别通过离子交换法、电渗析法[18]脱除重金属，4种重金属的脱除率见表1。用离子交换法处理多糖后，其各种重金属的含量均大幅下降，其中Cd、Hg、Cr含量符合国家标准，Pb的含量虽降低，但其总含量仍很高，达1.2 mg/kg。经电渗析技术处理后，Cd和Cr的含量无明显变化，说明这两种元素与多糖的吸附力较强，不以游离状态存在，在本试验条件下不能透过离子膜。Hg

和 Pb 的含量有明显下降，说明此两种元素以游离态弱吸附的形式与多糖结合，在电场下能够透过离子膜。其中 Pb 含量明显下降，并符合国家标准。

表 1　处理后的重金属含量和脱除率

处理	Cd		Cr	
	含量/($mg \cdot kg^{-1}$)	脱除率/%	含量/($mg \cdot kg^{-1}$)	脱除率/%
阳离子(a)	0.34±0.02	97.8±0.29	0.42±0.05	34.4±0.32
阳离子(b)	0.21±0.05	98.4±0.01	1.5±0.14	30.6±0.37
电渗析(a)	15.5±1.34	0	0.58±0.03	9.38±0.25
电渗析(b)	10.8±0.23	18.8±0.98	1.7±0.02	21.3±0.42

处理	Hg		Pb	
	含量/($mg \cdot kg^{-1}$)	脱除率/%	含量/($mg \cdot kg^{-1}$)	脱除率/%
阳离子(a)	0.48±0.06	89.8±1.04	1.2±0.16	39.4±0.83
阳离子(b)	1.09±0.04	74.8±0.11	5.2±0.04	16.9±0.29
电渗析(a)	2.07±0.21	56.1±0.14	0.42±0.07	78.8±0.36
电渗析(b)	2.33±0.38	46.2±0.05	1.53±0.02	75.6±0.32

上述结果表明，离子交换法可明显地脱除鲍鱼性腺多糖中的 Cd、Hg、Cr 元素；电渗析法可很好地脱除其中的 Hg 和 Pb 元素。如果将两种重金属脱除技术结合起来，能够有效脱除鲍鱼性腺多糖中的重金属元素，达到净化多糖有害重金属物质的目的。

（三）重金属脱除方法对多糖损失的影响

采用离子交换法和电渗析法脱除鲍鱼性腺多糖中的重金属，测定脱除前、后的回收率和总糖含量，结果见图 2。在雌、雄鲍鱼性腺多糖的回收率方面，电渗析法优于离子交换法。由于电渗析采用离子膜过滤，大分子物质无法透出，因此多糖的损失极少。使用离子交换法则会损失一部分多糖，其多糖回收率在 70% 以上，在可接受范围。从总糖含量的对照看，雌、雄性腺多糖无较大差异；未处理样品中总糖含量为 14%，经离子交换法和电渗析法处理后其总糖含量均有提高，其中离子交换法在提升总糖含量指标上更为明显，约 17%。这说明离子交换法在一定程度上能提高多糖的纯度。综合两种方法脱除重金属的能力及多糖回收率、总糖含量的指标，可得出结论：离子交换法较电渗析法能更好地达到脱除鲍鱼性腺多糖中重金属的目的。两种技术相结合可脱除 4 种有害重金属。

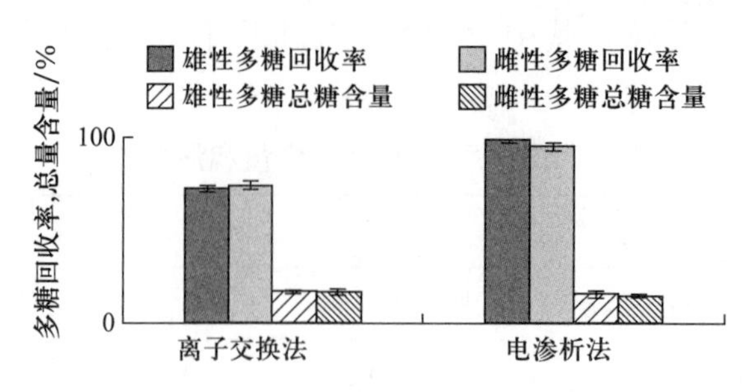

图 2 多糖的回收率和总糖含量

三、结　　论

从污染海域的鲍鱼中提取鲍鱼性腺多糖,检测结果表明其重金属含量较高,其中雌性腺多糖中重金属含量由高到低依次 Cd、Pb、Hg、Cr,雄性腺多糖干粉中重金属含量由高到低依次 Cd、Hg、Pb、Cr。离子交换法脱除 Cd、Hg、Cr 的效果很明显,电渗析法脱除 Pb 的效果很明显。两种技术脱除重金属后的多糖总糖含量都有较明显提升。离子交换法脱除重金属后的多糖损失率高于电渗析技术。两种技术结合使用,能有效脱除鲍鱼性腺中 4 种有害重金属,使之符合国家标准。

参考文献

[1] 刘娜,朱蓓薇,孙黎明,等. 鲍鱼性腺多糖的体内抗氧化活性[J]. 大连工业大学学报,2011,30(3):177-179.

[2] 郭丽莉,朱蓓薇,孙黎明,等. 鲍鱼性腺多糖抗血栓抗疲劳活性的研究[J]. 大连工业大学学报,2011,30(4):250-252.

[3] UCHIDA H, SASAKI T, UCHIDA N A, et al. Oncostatic and immunomodulatory effects of a glycoprotein fraction from water extract of abalone, *Haliotis discus hannai* Ino.[J]. Cancer Immunology, Immunotherapy, 1987, 24(3): 207-212.

[4] 李玉环,黄海,王佃伟,等. 海湾扇贝体内重金属镉的富集和消除规律的研究[J]. 食品科学,2009,30(3):109-113.

[5] 徐韧,杨颖,李志恩. 海洋环境中重金属在贝类体内的蓄积分析[J]. 海洋通报,2007,26(5):117-120.

[6] 刘勇,黄朋江. 近海岸海洋污染源分析和保护措施[J]. 北方环境,2013,25(7):94-96.

[7] RAINBOW P S. Biomonitoring of heavy metal availability in the marine environment[J]. Marine Pollution Bull, 1995, 94(2): 183-192.

[8] 李冬梅,谭凤芝,杨静峰,等. 皱纹盘鲍脏器多糖的分离纯化及鉴定[J]. 水产科学,2007,26(9):485-488.

[9] 陶祖贻. 四种常用的离子交换动力学模型及速度方程[J]. 离子交换与吸附,1990,6(3):232-237.

[10] 李红艳,李亚新,李尚明. 离子交换技术在重金属工业废水处理中的应用[J]. 水处理技术,2008,34(2):13-14.

[11] 雷兆武,孙颖. 离子交换技术在重金属废水处理中的应用[J]. 环境科学与理,2008,33(10):23-24.

[12] 邓永光,叶恒朋,黎贵亮,等. 电渗析法处理含铬废水的研究[J]. 工业安全与环保,2013,39(1):35-37.

[13] SANTAROSA V E, PERETTI F, CALDART V. Study of ion-selective membranes from electrodialysis removal of industrial effluent metals[J]. Desalination, 2002, 149(1): 389-391.

[14] 胡曙光,苏祖俭,黄伟雄,等. 食品中重金属元素痕量分析消解技术的进展与应用[J]. 食品安全质量检测学报,2014,5(5):1270-1278.

[15] 许光域,颜军,郭晓强,等. 硫酸苯酚定糖法的改进与初步应用[J]. 食品科学,2005,26(8):342-346.

[16] 郁玮,杨小明,刘伟明,等. 苯酚硫酸法测定无花果中多糖含量的研究[J]. 食品科技,2009,34(10):256-258.

[17] 龚倩,蔡友琼,马兵,等. 对贝类产品标准中重金属限量指标的探讨[J]. 海洋渔业,2011,33(2):226-233.

[18] 邹照华,何素芳,韩彩云,等. 重金属废水处理技术研究进展[J]. 水处理技术,2010,36(5):9-12.

胰蛋白酶对刺参体壁胶原纤维的降解作用研究

刘自强[1] 妥丰艳[1] 刘玉欣[1] 宋 亮[1,2] 周大勇[1,2]

1. 大连工业大学食品科学与工程学院，大连；
2. 大连工业大学国家海洋食品工程技术研究中心，大连

刺参具有较强的自溶能力，当机体受到理化（如辐射、热、强酸、强碱等）或者外界机械（如针扎、刀割等）刺激后[1-4]，原本正常的生命活动出现紊乱，体壁会出现松弛、黏液样的变化，给海参的运输、储藏与加工带来极大的不便，同时也造成了巨大的经济损失。

海参体壁由可变胶原组织（MCT）构成，MCT 是层级结构，从微观到宏观依次为胶原、胶原原纤维、胶原纤维网络。微纤维包绕胶原纤维形成网络结构，保证了 MCT 的机械稳定性。2002 年，Wilkie[2]发现，海参自溶时体壁 MCT 超微结构出现了胶原原纤维解聚和分离的现象。2008 年，Zhu 等[4]采用紫外线照射引发海参自溶，观察到海参体壁平行排列的胶原结构变得紊乱。2010 年，董秀萍[5]利用光学显微镜并结合组织化学发现鲜海参体壁中存在粗细不等的胶原纤维束，且有一定的方向性，放大到一定倍数镜下呈现网络结构。

海参体内拥有丰富的内源酶系，研究表明其内源酶在海参自溶中发挥关键作用[6]。2013 年，Wu 等[7]在对海参降解研究中发现，海参体壁的非胶原蛋白能够被半胱氨酸蛋白酶降解。2016 年，Liu 等[8]研究表明海参内源性半胱氨酸蛋白酶可使海参体壁胶原纤维部分解聚成胶原原纤维。由此可见，内源蛋白酶可引起自溶的发生，导致海参体壁组织结构降解破坏。

丝氨酸蛋白酶为一大类含有相似活性位点的蛋白酶的总称，它们有一个共同点就是活性中心都含有丝氨酸。常见的丝氨酸蛋白酶包括胰蛋白酶、胰凝乳蛋白酶、枯草杆菌蛋白酶和弹性蛋白酶。据报道，丝氨酸蛋白酶在胶原蛋白的降解过程中有重要的作用[9-11]。2005 年，曹敏杰等[12]发现，在 55～60 ℃时肌原纤维经丝氨酸蛋白酶酶解后肌球蛋白有明显的降解现象。2013 年，吴海龙等[13]通过测定不同蛋白酶抑制剂对海参体壁粗酶液降解胶原蛋白的抑制情况，分析海参体壁中可能有能分解胶原蛋白的丝氨酸蛋白酶。因此，研究丝氨酸蛋白酶在

海参 MCT 超微结构变化中发挥的作用,对进一步揭示海参自溶机理具有一定的理论和实践意义。

本研究提取完整的海参体壁胶原纤维建立海参体壁 MCT 胶原超分子模型,采用丝氨酸蛋白酶系中的胰蛋白酶降解该模型,利用 SEM、化学分析法和 HPLC,揭示丝氨酸蛋白酶对刺参体壁胶原纤维结构的影响。

一、材料与方法

(一)生物材料

海参选择新鲜、状态活跃并且无组织破损的刺参(*Stichopus japonicus*),产地为大连附近的黄海海域,购于大连刘家桥市场。新鲜刺参装于黑色保鲜袋内,置于装有碎冰的冰盒中在最短时间内运至实验室。商业化的胰蛋白酶(1∶2500, EC 3.4.4.4)购于上海生工生物工程有限公司,4 ℃存放。其他试剂均为分析纯。

(二)胶原纤维的制备

胶原纤维的提取方法参考文献[14]。

(三)胶原纤维的体外降解

称取 2 g MCT 胶原超分子样品,加入 8 mg 胰蛋白酶固体粉末(536 U/mL)和 8 mL pH=8.0 的 Tris-HCl 缓冲溶液,放入 30 ℃培养箱中,孵育不同的时间。将酶解不同时间的反应混合物在4 ℃条件下 13 500*g* 离心 10 min,分别收集上清和沉淀,进一步进行研究。

(四)化学分析

根据 AOAC(1990)方法 952.08 和 981.10,分别测定样品的水分和粗蛋白;根据 Lowry[15]的报道,以牛血清蛋白为标准品,采用 Folin-酚法测定可溶性蛋白;以 L-羟脯氨酸为标准品,采用分光光度法测定羟脯氨酸的含量[16]。根据 Farndale 等[17]的报道,以酸酸软骨素为标准品,采用 1,9-二甲基亚甲蓝法测定糖胺聚糖(GAG)。

(五)扫描电子显微镜(SEM)观察

用 SEM 对酶处理前、后的不溶性胶原纤维进行观察。样品用冷的去离子水漂洗,冻干,固定在金属存根上,在离子溅射仪中喷镀一层厚约 10 nm 的铂(Pt)。使 JSM-7800F 扫描电镜(JEOL 公司,东京,日本)在 10 kV 下成像,实验重复 3

次，操作中要避免样品受电子束损坏，在同样的放大倍数下，相同样品的显微照片取自不同的位置。

（六）分子质量分布分析

上清中溶出性成分的分子质量分布采用高效液相色谱（依利特 P230，中国）匹配 Superdex Peptide 10/300 GL 凝胶过滤柱测定。进样质量浓度为1.25 mg/mL；进样量为 25 μL；检测波长为 220 nm；流动相为含 0.1% TFC 的 30%乙腈；洗脱流速为 0.4 mL/min。分子质量标准品分别选用细胞色素 C（12 500 u①）、抑肽酶（6 512 u）、维生素 B_{12}（1 355.42 u）、还原型谷胱甘肽（307.33 u）、L–羟脯氨酸（131.13 u）。分子质量的对数（y）与保留时间（x）的线性方程为 $y=-0.079x+5.831$（$R^2=0.987$）。

（七）统计学分析

实验数据均以平均值±标准偏差表示，并采用 SPSS 16.0 统计学软件对实验各组数据进行单因素方差分析（One–Way AVOVA 中的 SNK），当 $P<0.05$ 时认为具有统计学差异。

二、结果与讨论

（一）胰蛋白酶对胶原纤维微观结构的影响

对空白组和加胰蛋白酶组的样品进行 SEM 观察。空白组处理 72 h 后的样品在低倍镜下，纤维状结构排列有一定的方向性，规整有序；在高倍镜下，胶原纤维平行排列，表面完整光滑，出现凹凸有序的周期性横纹。与制备的胶原纤维模型相比，空白组胶原纤维的结构变化较小。由于大多数的胶原纤维仍然完好无损，表明所提取的 MCT 胶原超分子以结构完整的胶原纤维为主，可以用于研究酶对胶原超分子的降解作用。

加胰蛋白酶组处理 72 h 后的样品在低倍镜下，胶原纤维也表现出由胶原纤维纤维状结构聚集交织；在高倍镜下，纤维束间界限模糊，胶原原纤维的离散仅发生在胶原纤维表面，而胶原纤维的主体结构尚在。上述结果表明，胰蛋白酶可引起胶原纤维表面解聚出少量胶原原纤维。研究表明海参内源性半胱氨酸蛋白酶可破坏海参体壁胶原纤维，使胶原纤维部分解聚成胶原原纤维[14]，与本研究的结果一致。

---

① 1 u≈1.660 5×10^{-27} kg。

（二）酶解溶出性成分变化

对空白组及加胰蛋白酶组的溶出性成分进行分析。空白组的总溶出物、蛋白和 GAG 随孵育时间的延长而逐渐增加。到 72 h 时，总溶出物和蛋白的溶出率分别为 1.87% 和 0.81%，GAG 的溶出量为 530.66 μg/g。然而，直至 72 h，空白组上清液中仍未检测到羟脯氨酸。相比之下，经胰蛋白酶孵育后，随着酶解时间的延长，总溶出物、蛋白、羟脯氨酸和 GAG 溶出率呈上升趋势。孵育 72 h 后，总溶出物、蛋白和羟脯氨酸的溶出率分别为 2.70%、3.92% 和 0.21%，GAG 的溶出量为 1 515.30 μg/g。与空白组相比，胰蛋白酶水解 72 h 后，总溶出物的释放增加 44%，可溶性蛋白释放增加 3.83 倍，GAG 的释放增加 1.86 倍。

海参体壁主要的组织结构是真皮层的 MCT，由胶原纤维和微纤维构成。胶原纤维是胶原超分子结构，完整的胶原纤维是不溶于水的，水溶性成分增加，说明胶原纤维的结构遭到了破坏。胶原分子按“四分之一错列”方式形成原纤维，原纤维通过蛋白聚糖桥连结构连接，且胶原原纤维与蛋白聚糖形成的网络结构保证了可变胶原组织的机械完整性[2]。海参胶原的脯氨酸含量约为牛皮Ⅰ型胶原脯氨酸含量的 76.7%，相应的羟脯氨酸含量约为 60.6%[18]。2014 年，颜龙杰[19]指出温度高于 25 ℃时，1 h 后胶原蛋白就被丝氨酸蛋白酶完全降解。研究表明内源半胱氨酸蛋白酶可导致胶原纤维的降解，溶出物、蛋白和 GAG 的释放[14]与本研究的结果一致。

（三）分子质量分布分析

对不同孵育时间加胰蛋白酶组的分子质量分布情况进行分析。所提取的海参体壁胶原纤维未经胰蛋白酶酶解处理时，其溶出性成分的凝胶色谱图中未出现明显的可见峰，这说明此时溶出性蛋白含量较低，与溶出性蛋白定量分析结果一致。随着胰蛋白酶酶解时间的延长，溶出性成分的凝胶过滤色谱谱图中出现了多个明显的可见峰，这说明胰蛋白酶酶解导致可溶性蛋白的释放。此外，随着酶解时间的延长，溶出性成分在低保留时间段的可见峰的相对丰度减少，而在高保留时间段的可见峰的相对丰度增加，这说明随着酶解时间的延长，溶出性蛋白的总体相对分子质量逐渐降低。

根据保留时间与分子质量关系，将分析谱图切割成大于 10 ku、5～10 ku、3～5 ku、1～3 ku 和小于 1 ku 五个部分，并以相对峰面积代表其相对含量。在孵化时间长达 2 h 的初始阶段，分子质量 3～10 ku 的组分相对含量增加，表明蛋白质（肽）主要分布在此分子质量范围。在此之后，随着时间的推移，相对含量低于 1 ku 的组分急剧增加，表明在此期间主要是小肽释放。房堃[20]选取了木瓜蛋白酶、中性蛋白酶和复合胰蛋白酶三种酶，在相同条件下对新鲜海参进行水解制备海参多肽，结果表明清除超氧阴离子的海参肽分子质量主要分布在 5 ku 以下，清除羟自由基的海参肽分子质量是在 5 ku 以下和 10 ku。郑杰等[21]研究确定了海参肠自溶的最佳条件，在此条件下，海参肠自溶物以低分子质量组分为主，其中大于 10 ku、5~10 ku、1~5 ku 和小于 1 ku 四个不同分子质量范围组分的相对含量分别为 9.82%、1.54%、11.53%、77.11%。

三、结　　论

刺参胶原纤维经胰蛋白酶处理 72 h 后，SEM 观察胶原纤维表面出现少量分散的胶原原纤维，然而，胶原纤维的主体结构尚在，表明胰蛋白酶仅可引起胶原纤维表面发生轻微的解聚。此外，总溶出物及可溶性蛋白、GAG、羟脯氨酸均随酶解时间延长而增加，但程度较轻，说明胰蛋白酶对非胶原蛋白、胶原原纤维间的蛋白聚糖桥连结构和胶原蛋白仅有轻微的降解作用。胶原纤维经胰蛋白酶酶解处理 72 h 后，释放的可溶性蛋白分子质量在 3~10 ku，随处理时间的延长，大分子的蛋白质降解为低分子质量的小肽和游离氨基酸。综上所述，胰蛋白酶解可通过破坏蛋白聚糖桥连结构参与海参自溶。

参考文献

[1] HILL R B. Role of Ca^{2+} in excitation-contraction coupling in echinoderm muscle: comparison with role in other tissues[J]. Journal of Experimental Biology, 2001, 204(5): 897-908.

[2] WILKIE I C. Is muscle involved in the mechanical adaptability of echinoderm mutable collagenous tissue[J]. Journal of Experimental Biology, 2002, 205(2): 159-165.

[3] YANG J F, GAO R C, WU H T, et al. Analysis of apoptosis in ultraviolet-induced sea cucumber (*Stichopus japonicus*) melting using terminal eoxynucleotidyl-transferase-mediated dUTP nick end-labeling assay and cleaved caspase-3 immunohistochemistry[J]. Journal of Agricultural and Food Chemistry, 2015, 63(43): 9601-9608.

[4] ZHU B W, ZHENG J, ZHANG Z S, et al. Autophagy plays a potential role in the process of sea cucumber body wall "melting" induced by UV irradiation[J]. Wuhan University Journal of Natural Sciences, 2008, 13(2): 232-238.

[5] 董秀萍. 海参、扇贝和牡蛎的加工特性及其抗氧化活性肽的研究[D]. 镇江：江苏大学，2010.

[6] 付劲，林捷，郑华，等. 近江牡蛎蛋白自溶水解的条件优化[J]. 现代食品科技，2012，28(2)：195-199.

[7] WU H T, LI D M, ZHU B W, et al. Proteolysis of noncollagenous proteins in sea cucum-

ber, *Stichopus japonicus*, body wall: characterisation and the effects of cysteine protease inhibitors[J]. Food Chemistry, 2013, 141(2): 1287-1294.

[8] LIU Y X, ZHOU D Y, MA D D, et al. Changes in collagenous tissue microstructures and distributions of cathepsin L in body wall of autolytic sea cucumber (*Stichopus japonicus*) [J]. Food Chemistry, 2016, 212: 341-348.

[9] SRIKET C, BENJAKUL S, VISESSANGUAN W. Characterisation of proteolytic enzymes from muscle and hepatopancreas of fresh water prawn (*Macrobrachium rosenbergii*) [J]. Journal Science Food Agric, 2011, 91(1): 52-59.

[10] HAYET B K, RYM N, ALI B, et al. Low molecular weight serine protease from the viscera of sardinelle (*Sardinella aurita*) with collagenolytic activity: purification and characterisation[J]. Food Chemistry, 2011, 124(3): 788-794.

[11] AOKI H, AHSAN MN, MATSUO K, et al. Purification and characterization of collagenolytic proteases from the hepatopancreas of northern shrimp (*Pandalus eous*) [J]. Journal of Agricultural and Food Chemistry, 2002, 51(3): 777-783.

[12] 曹敏杰,李燕,翁凌,等. 鲢鱼肌原纤维结合型丝氨酸蛋白酶的研究[J]. 食品科学,2005,26(1):91-94.

[13] 吴海龙. 海参体壁中胶原蛋白酶的研究[D]. 厦门:集美大学,2013.

[14] LIU Y X, ZHOU D Y, MA D D, et al. Effects of endogenous cysteine proteinases on structures of collagen fibres from dermis of sea cucumber (*Stichopus japonicus*) [J]. Food Chemistry, 2017, 232: 10-18.

[15] LOWRY O H, ROSEBROUGH N J, FARR A L, et al. Protein measurement with the Folin phenol reagent[J]. The Journal of Biological Chemistry, 1951, 193(1): 265-275.

[16] TROTTER J A, LYONS-LEVY G, THURMOND F A, et al. Covalent composition of collagen fibrils from the dermis of the sea cucumber, *Cucumaria frondosa*, a tissue with mutable mechanical properties[J]. Comparative Biochemistry and Physiology Part A: Physiology, 1995, 112(3): 463-478.

[17] FARNDALE R W, BUTTLE D J, BARRETT A J. Improved quantitation and discrimination of sulphated glycosaminoglycans by use of dimethylmethylene blue[J]. Biochimica et Biophysica Acta (BBA)-Genaral Subjects, 1986, 883(2): 173-177.

[18] 崔凤霞. 海参胶原蛋白生化性质及胶原肽活性研究[D]. 青岛:中国海洋大学,2007.

[19] 颜龙杰. 海参内脏丝氨酸蛋白酶的研究[D]. 厦门:集美大学,2014.

[20] 房堃. 酶解法制备海参多肽及其抗氧化性能研究[D]. 烟台:烟台大学,2013.

[21] 郑杰,吴海涛,朱蓓薇. 海参肠自溶水解物的制备及活性研究[C]. 中国食品科学技术学会年会,2010.

罗非鱼鱼皮纳豆菌的发酵条件及产物生物活性

王　婷　孙黎明

大连工业大学食品学院，大连

罗非鱼（*Oreochromis* spp.），又名非洲鲫鱼，属鲈形目（Perciformes）鲷鱼科（Cichlidae），是世界性主要养殖鱼类之一。2015年，我国罗非鱼淡水养殖产量约18万t，比2014年增长8万多t，同比增幅4.77%[1]。但其加工方式传统，产品较单一，加工过程中，会产生含有大量胶原蛋白的鱼皮[2]，这使其蛋白资源利用并不充分，因此对于罗非鱼鱼皮的综合利用及产品开发更应该深入研究。

纳豆菌（*Bacillus natto*）是制备发酵食品常用的一种益生菌，可产生多种酶系[3-4]。1987年，Sumi等[5]从纳豆中提取出对人体无害的溶栓物质——纳豆激酶（nattokinase，NK），促进了国内外学者对纳豆菌及其发酵产物的研究。

本研究以罗非鱼鱼皮作为发酵底物，用纳豆菌对其进行液体发酵，通过单因素试验优化发酵条件，并考察发酵产物的溶纤活性、抗凝血活性和ACE抑制活性等，为开发罗非鱼鱼皮功能性食品奠定基础。

一、试　　验

（一）材料与仪器

冷冻罗非鱼鱼皮，广西百洋食品有限公司。

纳豆菌、金黄色葡萄球菌，实验室保存菌株；血管紧张素转换酶（angiotensin converting enzyme，ACE），从猪肺自提；小鼠巨噬细胞RAW264.7，实验室保存细胞。

牛纤维蛋白原（74 mg/支）、凝血酶（150 BP/支）、蚓激酶标准品（12 600 U/支），中国药品生物制品检定所；98%马尿酰-组氨酰-亮氨酸（N-hippuryl-his-leu，HHL）（色谱纯）、98%马尿酸（hippuric acid，HA）（色谱纯），美国Sigma公司；其他所用试剂均为国产分析纯。

UV-5200紫外可见分光光度计，上海元析仪器有限公司；SW-CJ-2FD型双人单面净化工作台，苏州净化设备有限公司；P1201 高效液相色谱仪，大连依利特分析仪器有限公司；E2695 高效液相色谱（high performance liquid chromatography，HPLC）仪，美国 Waters 公司。

（二）试验方法

1. 原料预处理

将冷冻罗非鱼鱼皮用冰水洗净，去鳞，然后 -30 ℃预冻，待样品中心温度达到 -30 ℃后放入冻干机中，冻干，用高速打粉机打成粉状，于 -20 ℃条件下保藏备用。

2. 罗非鱼鱼皮基本成分分析

采用食品中水分测定中的直接干燥法（GB/T 5009.3—2010）[6]；采用肉制品总糖含量测定中的苯酚-硫酸法（GB/T 9695.31—2008）[7]：以葡萄糖为标准绘制标准曲线，实验得到的标准曲线回归方程为 $y=0.006\ 7x+0.004\ 8$（$R^2=0.999\ 4$）；采用食品中蛋白质测定中的半微量凯氏定氮法（GB/T 5009.5—2010）[8]；采取食品中粗脂肪测定中的索氏抽提法（GB/T 14772—2008）[9]；采用食品中灰分测定中的马弗炉灼烧法（GB 5009.4—2010）[10]。

3. 罗非鱼鱼皮发酵条件优化

研究碳源类型及添加量、发酵理化因素（初始 pH 值、发酵温度、转速、装液量）、初始接菌量及底物添加量共 8 种因素对发酵液中溶纤酶活力的影响。

4. 罗非鱼鱼皮发酵产物的制备

取优化后条件进行发酵，制备发酵液，然后在 4 ℃，7 000 r/min 离心 20 min，收集上清液，-20 ℃保存，备用。

5. 罗非鱼鱼皮发酵产物的蛋白表征

（1）Tricine-SDS-PAGE 电泳。

根据 Schägger H 等[11]、张晓楠等[12]、路金芝等[13]的研究，对方法做了改进，具体方法如下：采用三层梯度胶，上样前 30 V 恒压预电泳10 min，加入样品，30 V 恒压到浓缩胶与夹层胶界面，转换电压至 100 V 恒压至结束。电泳结束后将胶放入固定液中固定 30 min，用考马斯亮蓝 R-250 染色 30 min，结束后脱色至条带清晰，凝胶成像。

（2）分子质量分布。

将样品溶于超纯水中，使浓度达到 0.5 mg/mL，过 0.45 μm 微孔膜后，进样量为 10 μL，分子质量分布范围采用 P230 半制备高效液相色谱匹配 SuperdexTM Peptide 10/300 GL 凝胶过滤色谱柱测定。进样量：25 μL；检测波长：220 nm；流动相：超纯水-乙腈-三氟乙酸［V（超纯水）：V（乙腈）：V（三氟乙酸）= 70：

30 : 0.1];洗脱流速:0.4 mL/min。分子质量标准品分别选用 Cytochrome C(12 500 u)、Aprotinin(6 512 u)、Vitamin B12(1 355 u)、还原型谷胱甘肽(307 u)、甘氨酸(75 u)。对凝胶过滤色谱而言,分子质量的对数(y)与保留时间(x)呈线性关系,经过计算所得分子质量标准曲线为 $y=-0.071\ 3x+5.694\ 3$($R^2=0.990\ 6$)。

(3)氨基酸组成分析。

色谱柱为伊利特公司氨基酸分析专用 ODS 柱,柱温为 27 ℃,采用二元梯度分析。

取 0.015 g 样品至安倍瓶中,加入 3 mL 6 mol/L 盐酸和 3 mL 4 mol/L 氢氧化钠,分别进行酸碱水解。酒精喷灯高温拉丝封口,放入 110 ℃烘箱水解 24 h,水解后转入坩埚中(水洗多次一并转入)。80 ℃水浴蒸干,用衍生缓冲液多次洗涤蒸发皿,放入 25 mL 容量瓶中定容。0.45 μm 微孔过滤后备用。取已过滤的样品液 5~25 mL 于棕色试剂瓶中,同时做一个标准样品进行衍生化:加 5 mL 氨基酸标准品于 25 mL 棕色容量瓶中,加入衍生试剂 2.5 mL 后混匀,暗处反应放入 60 ℃水浴中,反应 60 min。反应完毕后取出冷却至室温,加入平衡缓冲溶液稀释至刻度,静置片刻,用 0.45 μm 微孔过滤器过滤,取 10 μL 进样。

(4)明胶酶谱[14]。

5%浓缩胶、13%分离胶(含有 0.1%明胶)、样品(含蛋白质 5~75 μg)在 4 ℃条件下进行非还原条件电泳。结束后,凝胶经 2.5% TrionX-100 洗涤复性后,于 37 ℃条件下在 50 mmol Tris-HCl(pH=7)孵育 24 h,考马斯亮蓝染色 3.5 h,再用甲醇-冰醋酸-水[V(甲醇) : V(冰醋酸) : V(水)= 3 : 1 : 6]脱色 1~2 h,凝胶成像。

(5)纤维蛋白酶谱[15]。

5%浓缩胶、13%分离胶(含有 0.1%纤维蛋白原和凝血酶)、样品(含蛋白质 0.3 mg)在 4 ℃进行非还原条件电泳。结束后,凝胶经 2.5% TrionX-100 洗涤复性后,于 37 ℃在 50 mmol Tris-HCl(pH=7)孵育 4 h,考马斯亮蓝染色 1 h,再用甲醇-冰醋酸-水[V(甲醇) : V(冰醋酸) : V(水)= 3 : 1 : 6]脱色 3~4 h,凝胶成像。

6. 罗非鱼鱼皮发酵产物的生物活性

(1)溶栓活性。

参考文献[16]的方法,取 0.7 mL 0.05 mol/L 硼酸缓冲液于试管中,加入 0.2 mL 0.72% FIB,于 37 ℃水浴预保温 5 min。再加入 0.05 mL 1 BP/mL 凝血酶,37 ℃水浴使纤维蛋白凝固,准确计时 10 min,加入待测样品 0.05 mL,混匀 5 s,于 37 ℃水浴反应,分别在 20 min 和 40 min 时,混匀 5 s,60 min 后,加入 20%

三氯乙酸(TCA)溶液 1 mL,充分混匀,在 37 ℃水浴保温 20 min 后,3 000 r/min 离心10 min,取上清液,12 000 r/min 再次离心 10 min。取上清液于 275 nm 波长处测定吸光度。空白组先加 20% TCA 混匀 5 s 以灭酶,然后加待测样品。其他操作相同。标准曲线绘制。将蚓激酶配制成 0 FU/μL、1 FU/μL、2 FU/μL、4 FU/μL、6 FU/μL、8 FU/μL 的酶液,分别按照上述方法测定溶纤酶活性,绘制标准曲线($y=0.007\,5x-0.009\,3$,$R^2=0.994\,7$)。吸光度减空白组吸光度,代入标准曲线方程,可计算酶活力。

(2) 抗凝血活性。

抗凝血活性的测定参考文献[17]的方法。30 份来自大连中心医院门诊的体检健康人抗凝血,以 3.8%枸橼酸钠作为抗凝剂,混合均匀,3 000 r/min 离心 15 min,收集血浆。将待测血浆加入试管,每管 0.9 mL,加入发酵产物 0.1 mL,使发酵产物的终浓度分别为 0.5 mg/mL、1.0 mg/mL、2.5 mg/mL、5.0 mg/mL、7.5 mg/mL、15.0 mg/mL。按试剂盒说明书操作,测定活化部分凝血活酶时间(APTT)、凝血酶原时间(PT)、凝血酶时间(TT)及纤维蛋白原(FIB)含量。采用肝素钠(HS)作为阳性对照,生理盐水作为空白对照。

(3) ACE 抑制活性。

根据参考文献[18]测定 ACE 抑制活性。ACE 溶液的配制:将自提的 ACE 溶于冷的 1 mol/L pH=8.3 硼酸盐缓冲液(含 0.3 mol/L NaCl)配制成溶液,经测定浓度为 0.047 U/mL。

HHL 溶液的配制:以 0.1 mol/L pH=8.3 的硼酸盐缓冲液(含 0.3 mol/L NaCl)配制成浓度为 5 mmol/L HHL 溶液,备用。

HA 标准溶液的配制:准确称取 HA 标准样品,加超纯水溶解配制成浓度为 50 μg/mL HA 标准溶液,备用。

取 25 μL 样品发酵液于 1.5 mL 离心管中,加入 25 μL ACE 溶液,漩涡振荡 2 min,37 ℃条件下保温 5 min。加入 50 μL 底物 HHL,37 ℃条件下反应 1 h。然后加入 20 μL 0.2 mol/L HCl 终止反应。同时用 25 μL 水代替样品作为空白对照组。反应液过 0.4 5 μm 膜后,用 HPLC(Waters)检测 HA 生成量。

采用 Ghall 12S05-2546 C_{18}柱(250 mm×4.6 mm),洗脱液为乙腈-水[V(乙腈):V(水)= 25∶75,含 0.05% 三氟乙酸 TFA],等梯度洗脱,流速为 0.5 mL/min,进样量为 10 μL,检测波长为 228 nm。ACE 抑制率为[S(对照)-S(样品)]/S(对照)×100%,其中S(样品)为加入抑制剂组中 HA 的峰面积,S(对照)为空白对照组中 HA 的峰面积。

(4) 抑制金黄色葡萄球菌活性。

根据 Muñoz A 等[19]和 Mushore J 等[20]的研究,对其方法做了改进,具体方法如下:将灭菌的琼脂平铺于玻璃平板上,厚度约为 2 mm,待其完全凝固后,将牛津杯置于琼脂上。将活化好的金黄色葡萄球菌以 2%的比例加入 LB 培养基中,混匀后,倒入摆好牛津杯的平板,使液体培养基到达牛津杯高度的 3/4 处,待液体培养基凝固后,用灭菌的镊子将牛津杯取出。加入 150 μL 样品(用灭菌的生理盐水进行稀释)后,将平板放置在 37 ℃恒温培养箱中,培养 36 h 后,测量抑菌圈直径。

(5) 细胞增殖能力。

采用 MTT[21-22]法:小鼠巨噬细胞 RAW264.7 培养条件为 DMEM 培养液(含 10%灭活的胎牛血清、100 U/mL 青霉素和 100 μg/mL 链霉素),于 37 ℃、5% CO_2的培养箱中进行培养。

消化对数生长期的 RAW264.7 细胞后,制成 4×10^5 个/mL 的细胞悬液,接种于 96 孔板中,每孔 100 μL,于 37 ℃、5% CO_2、湿度 95%的培养箱中培养 24 h,使细胞贴壁生长。然后加入质量浓度分别为 0 mg/mL、6.25 mg/mL、12.5 mg/mL、25 mg/mL、50 mg/mL、100 mg/mL 的发酵产物样品溶液(用灭菌生理盐水配制并用微孔滤膜过滤)100 μL。阴性对照组加相应体积的生理盐水,每组设 6 个平行孔,于 37 ℃、5% CO_2、湿度 95%的培养箱中孵育 24 h,在培养结束前 4 h,向每孔中加入 20 μL 的 MTT 溶液(5 mg/mL),继续孵育 4 h 终止培养。1 500 r/min 离心 15 min,弃上清液,每孔加入 150 μL 二甲基亚砜,室温振荡 15 min 后,用酶标仪于 OD_{540nm}波长处测定光密度值。

二、结果与讨论

(一) 罗非鱼鱼皮基本营养成分

按照国家标准测定得到了罗非鱼皮中冻干粉水分、总糖、粗蛋白质、粗脂肪和灰分的含量:罗非鱼鱼皮的冻干粉中含有大量的蛋白质约 95.72%,粗脂肪和总糖分别占 5.35%和 0.42%,灰分和水分分别为 1.69%和 5.35%。基本营养成分与叶小燕等[23]报道的结果相似,由此可见,罗非鱼鱼皮是一种高蛋白低糖且价格低廉的水产原料,适于用来开发生物活性蛋白和多肽。

(二) 发酵条件对发酵产物溶纤酶活性的影响

刘唤明等[24]利用枯草芽孢杆菌对罗非鱼鱼皮进行发酵,制备胶原蛋白肽,通过单因素的方法,以水解度为衡量指标,进行条件优化,其水解度可达 36.88%,说明发酵过程可以产生具有应用价值的蛋白多肽,且工艺简单、成本低,故本试验用过溶纤活性判断发酵终点,生产溶纤活性较高的产物。

1. 碳源类型及添加量对发酵液溶纤酶活性的影响

试验选择蔗糖、葡萄糖、果糖、乳糖和麦芽糖五种碳源对罗非鱼鱼皮进行纳豆菌发酵，发酵 36 h 后，结果如图 1(a)，添加果糖的发酵产物溶纤酶活性相对较高。果糖添加量观察产物溶纤活性的变化，结果如图 1(b)。果糖添加量为 3% 时，溶纤酶活性显著增加($P<0.05$)。罗非鱼鱼皮原料中糖含量相对较少，在发酵时需要外加较多碳源，当纳豆菌利用果糖生长分泌蛋白酶等多种酶系时，继续对鱼皮蛋白进行分解，产生更多的小分子蛋白和活性物质。

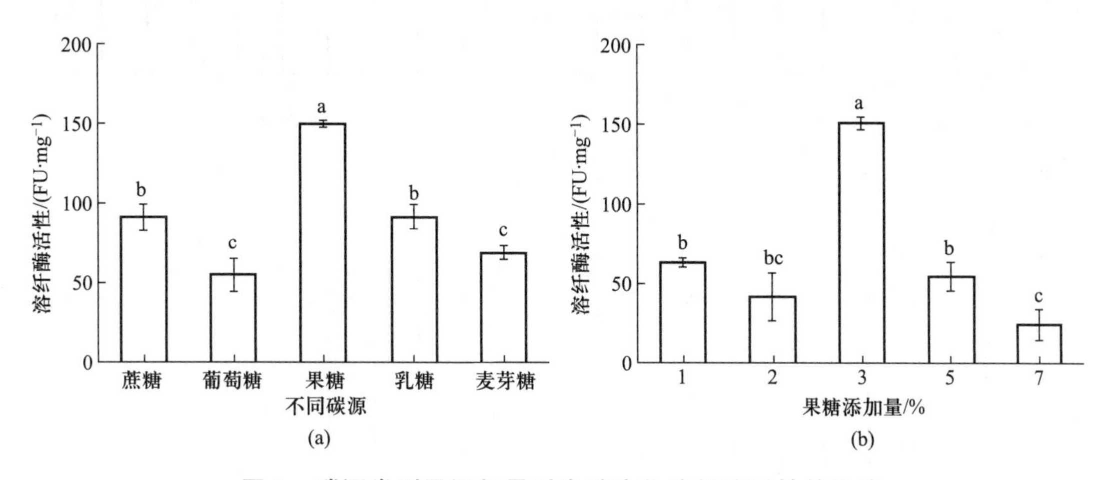

图 1　碳源类型及添加量对发酵产物溶纤酶活性的影响

2. 理化因素对发酵液溶纤酶活性的影响

pH 值主要通过影响菌体细胞膜电荷、膜渗透性以及物质离子化程度，从而影响菌体产酶及吸收养分等生理功能。如图 2(a)所示，发现溶纤酶活性随初始 pH 值的增加而先增加后减少，在 pH 值为 8 时，溶纤酶活性最高。令狐青青等[25]曾报道在利用纳豆芽孢杆菌发酵鱿鱼碎肉的工艺优化试验中，发酵最适 pH 值有利于产酶。对于不同发酵底物，发酵起始 pH 值不同，这可能是由于在发酵过程中罗非鱼鱼皮分解产生了酸性物质，所以在发酵起始要调整 pH 值到 8 才更有利于后期发酵。因此，选择发酵培养基起始 pH 值为 8。如图 2(b)所示，当温度在 31～37 ℃时，溶纤活性变化不显著；当温度大于 37 ℃时，酶活下降。考虑到纳豆菌常见的培养温度为 37 ℃，为了保证其正常发酵，本试验选择发酵温度为 37 ℃进行后续试验。如图 2(c)所示，当摇床转速为 140 r/min 时，溶纤酶活性较低；当摇床转速在 180 r/min 时，溶纤酶活性显著增加；继续增加摇床转速，对溶纤酶活性影响不大。因此，选择摇床转速为 180 r/min 进行后续试验。如图 2(d)所示，当装载量在 40%～60%时，无显著性差异，当装载量为 20%时，溶纤酶活性显著增加，说明减少装载量有利于氧气溶解于培养基中，从而有利于纳豆菌生长繁殖,并产生更多溶纤酶。因此,选择装载量为20%进行后续试验。

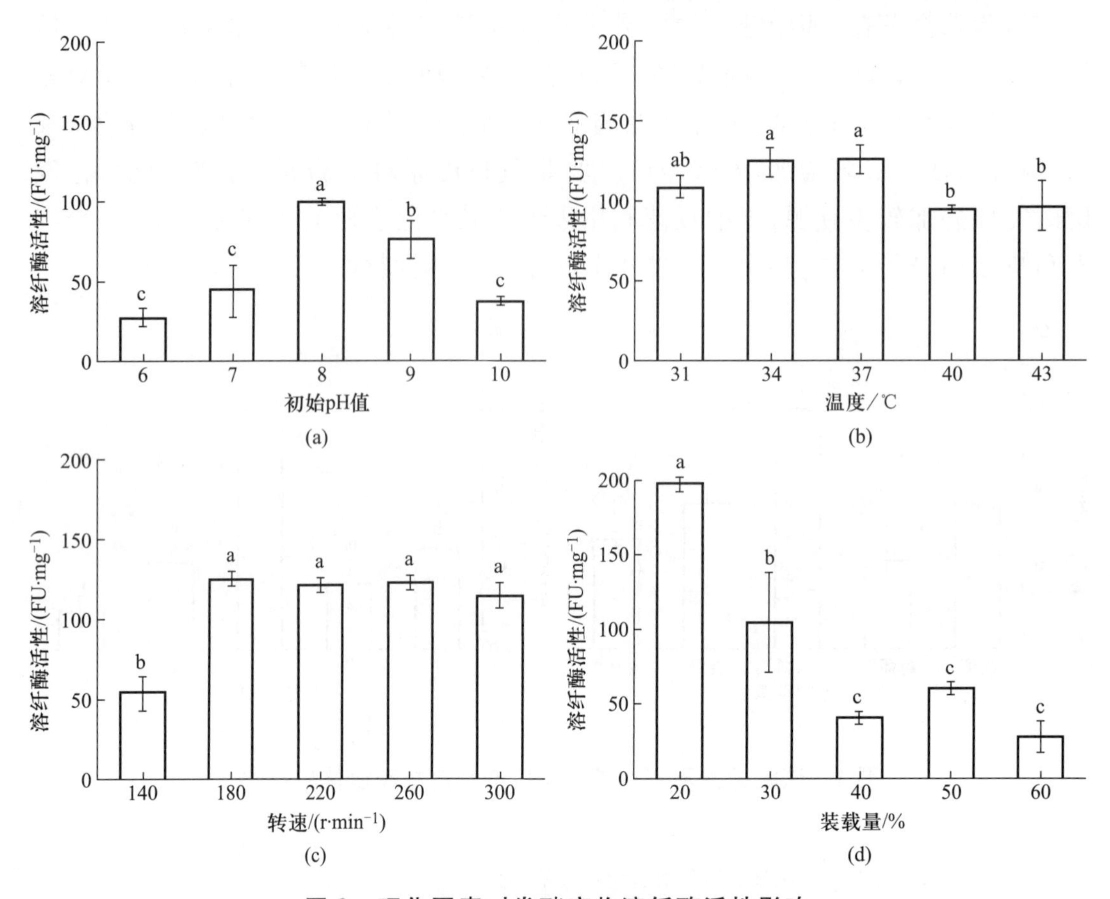

图2　理化因素对发酵产物溶纤酶活性影响

3. 接菌量及底物添加量对发酵液溶纤酶活性的影响

初始接菌量对菌体生长和代谢影响较大。由图3(a)可知,接菌量5%时,发

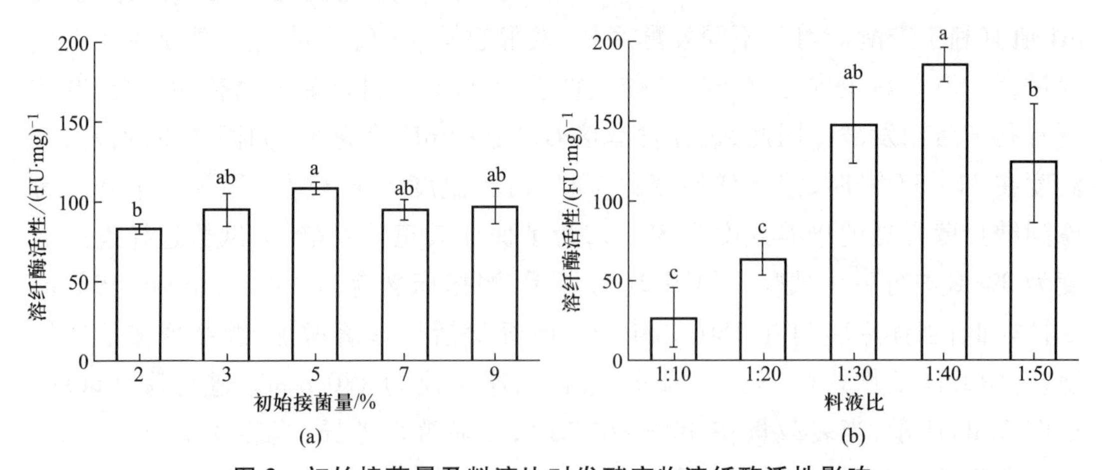

图3　初始接菌量及料液比对发酵产物溶纤酶活性影响

酵产物中溶纤活性最高。料液比影响底物溶解性、酶解反应速度及溶氧量，从而影响发酵过程。由图 3(b)可知，当料液比在 1∶40 时，溶纤活性较高，但料液比 1∶40 和 1∶30 无显著性差异，为了充分利用原料，则选择料液比为 1∶40 进行后续试验。

（三）罗非鱼鱼皮发酵产物的蛋白表征

1. Tricine-SDS-PAGE 电泳

试验对罗非鱼鱼皮发酵 0 h 和 36 h 上清液，以同条件下黄豆粉发酵上清为对照组，在 Tricine-SDS-PAGE 电泳中的情况。由图 4 可知，在发酵 0 h 的图谱中，罗非鱼鱼皮发酵上清(泳道 3)主要以大分子蛋白如鱼皮明胶为主；在发酵 36 h 时，罗非鱼鱼皮发酵产物(泳道 4)产生了许多小分子多肽，分子质量在 29 ku 与 17~26.6 ku 有明显蛋白条带，在 1.06~6.50 ku 有小分子蛋白和多肽存在，说明随着发酵的进行，大分子蛋白被水解成小分子蛋白或者多肽，为了防止小分子蛋白在电泳尾端拖尾现象，可以将电泳槽置于 4 ℃进行。

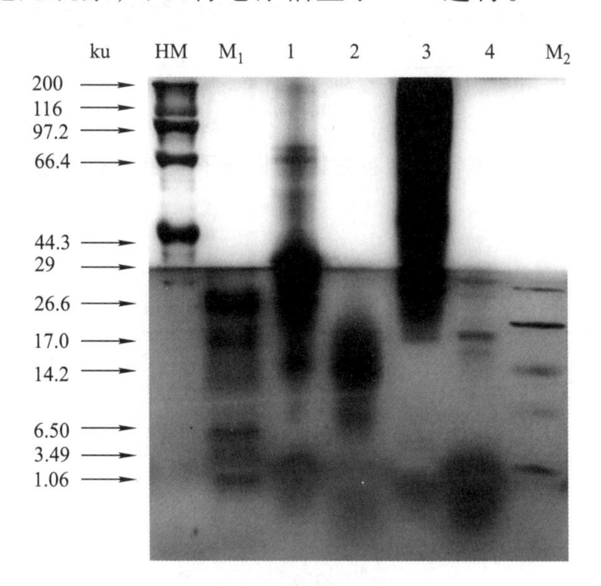

HM：高分子量蛋白质标准品

M_1：预染分子量标准品

1、2：豆粉发酵 0 h 和 36 h 上清

3、4：罗非鱼鱼皮发酵 0 h 和 36 h 上清

M_2：低分子量标准品

图 4 罗非鱼鱼皮发酵产物的 Tricine-SDS-PAGE 电泳图谱

2. 分子质量分布

为了进一步分析发酵罗非鱼鱼皮后产物蛋白分子质量，本试验进行了分子

质量分布试验。

结果如图 5 和表 1 所示，罗非鱼鱼皮发酵 0 h 的上清液主要以 10 ku 以上的蛋白为主，10 ku 以下的蛋白和多肽含量很少；当发酵 36 h 后，小分子蛋白和多肽显著增加，且含量超过 95%，其中，1～3 ku 的小分子多肽含量较多，约为 43.73%，500～1 000 u 的小分子多肽次之，约为 32.03%，因此采用发酵的方法更有利于罗非鱼鱼皮水解成小分子活性蛋白，有进一步的研究价值。

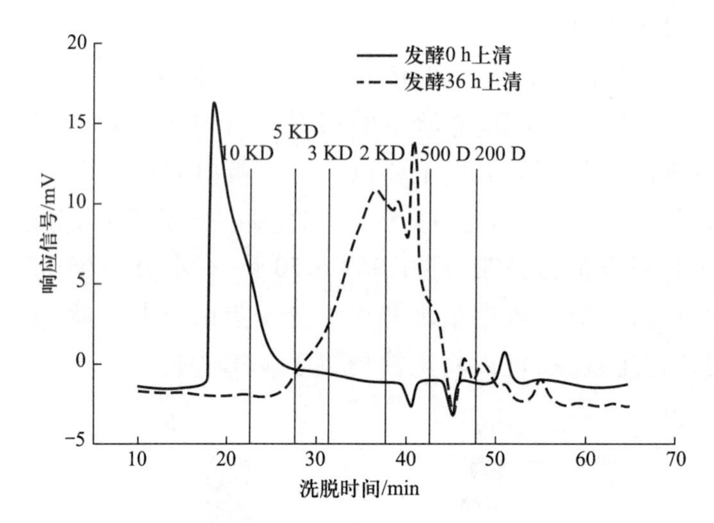

图 5　罗飞鱼鱼皮发酵产物分子质量分布图谱

表 1　罗非鱼鱼皮发酵前后分子质量分布情况

分子质量/u	分子质量分布/%	
	发酵 0 h 上清	发酵 36 h 上清
≥10 000	77.02	0.25
5 000～10 000	9.28	1.75
3 000～5 000	3.22	6.52
1 000～3 000	3.39	43.73
500～1 000	0.69	32.03
200～500	0.19	10.03
<200	6.21	5.69

3. 氨基酸组成分析

本试验对鱼皮原样、0 h 产物和 36 h 产物进行氨基酸测定，结果如表 2 所示。

非必需氨基酸中，Asp 和 Tyr 含量显著增加，Glu、Ser、Gly、Pro 及 Ala 含量变化不显著，Arg 和 His 含量显著下降，非必需氨基酸总量在发酵 36 h 后略有下降；必需氨基酸中，Val 含量显著增加，Thr 含量显著下降，Ile、Leu、Phe 和 Lys 含量变化不显著，必需氨基酸总量在发酵 36 h 后略有上升。

表 2 罗非鱼鱼皮发酵前、后氨基酸分析 单位：%

氨基酸	未处理样品	发酵 0 h 产物	发酵 36 h 产物
天冬氨酸 Asp	5.71 ± 0.76^{b}	5.29 ± 0.13^{b}	6.96 ± 0.72^{a}
谷氨酸 Glu	7.77 ± 0.95^{a}	7.84 ± 0.14^{a}	8.85 ± 0.88^{a}
丝氨酸 Ser	3.69 ± 0.47^{a}	3.45 ± 0.12^{a}	3.79 ± 0.34^{a}
精氨酸 Arg	4.46 ± 0.75^{a}	4.35 ± 0.19^{a}	0.30 ± 0.01^{b}
甘氨酸 Gly	37.07 ± 4.94^{a}	39.34 ± 0.70^{a}	35.57 ± 3.94^{a}
脯氨酸 Pro	9.75 ± 1.12^{a}	10.50 ± 0.19^{a}	11.62 ± 1.13^{a}
丙氨酸 Ala	12.56 ± 1.56^{ab}	13.46 ± 0.27^{a}	10.82 ± 1.04^{b}
酪氨酸 Tyr	2.97 ± 0.24^{b}	4.88 ± 0.04^{a}	4.16 ± 0.38^{a}
组氨酸 His	1.29 ± 0.34^{a}	0^{c}	0.79 ± 0.19^{b}
非必需氨基酸总量	85.28	89.10	84.86
苏氨酸 Thr	2.91 ± 0.34^{a}	2.85 ± 0.05^{a}	2.28 ± 0.27^{b}
缬氨酸 Val	2.61 ± 0.62^{b}	1.75 ± 0.04^{c}	3.75 ± 0.37^{a}
异亮氨酸 Ile	1.18 ± 0.15^{a}	0^{b}	0.96 ± 0.12^{a}
亮氨酸 Leu	3.09 ± 0.38^{a}	2.69 ± 0.07^{a}	2.96 ± 0.27^{a}
苯丙氨酸 Phe	1.12 ± 0.30^{a}	0^{b}	0.84 ± 0.04^{a}
赖氨酸 Lys	3.80 ± 0.40^{ab}	3.62 ± 0.11^{b}	4.35 ± 0.44^{a}
必需氨基酸总量	14.72	7.28	15.14

4. 明胶酶谱

本试验对罗非鱼鱼皮发酵 36 h 后的产物进行明胶酶谱试验，以同条件下黄豆粉发酵产物为对照，结果如图 6。结果显示，罗非鱼鱼皮发酵产物中含有丰富的活性蛋白，能够分解电泳胶中的明胶，且与黄豆粉发酵产物相比，活性蛋白的种类和数量都较多，为后续的活性研究奠定基础。

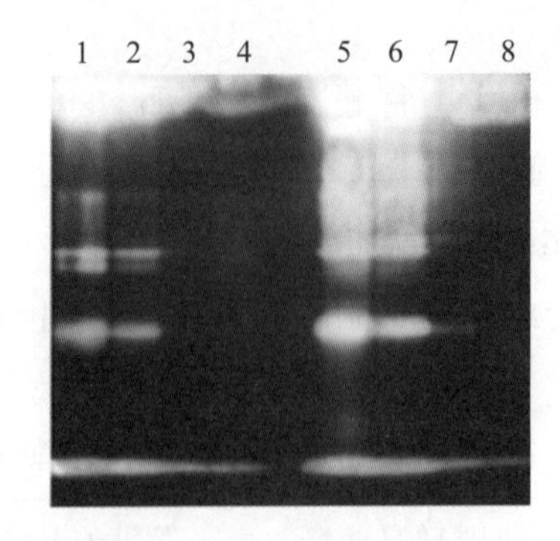

1~4—黄豆粉 36 h 发酵上清，蛋白终浓度分别为 7.50 mg/mL、3.25 mg/mL、0.50 mg/mL、0.20 mg/mL；5~8—罗非鱼鱼皮 36 h 发酵上清，蛋白终浓度同上

图 6　明胶酶谱法检测发酵产物的蛋白酶

5. 纤维蛋白酶谱

以同条件下黄豆粉发酵产物为对照，纤维蛋白酶谱试验结果如图 7。二者 36 h 发酵产物（上样蛋白浓度为 7.5 mg/mL）中纤维蛋白酶的分子质量分布基本相似，在 97.2 ku 附近溶纤酶含量大，且活性强；在 66 ku、44.3 ku 和 20 ku 处也存在溶纤酶；在 50 ku 和 18 ku 附近，罗非鱼鱼皮发酵产物存在两种溶纤酶，而黄豆粉发酵产物只有一种，是否为新型溶栓酶需要后续深入研究。

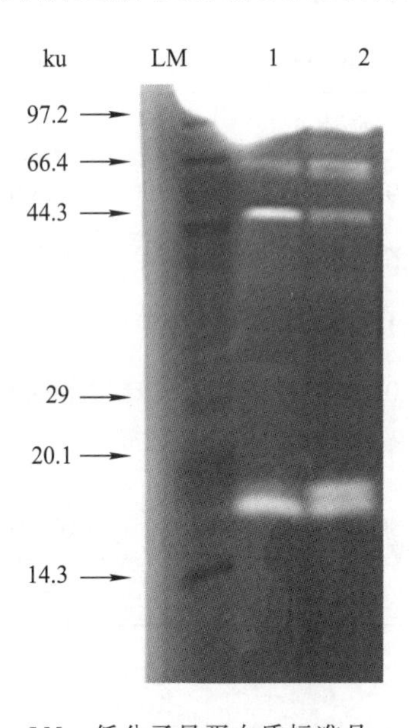

LM—低分子量蛋白质标准品；
1—黄豆粉发酵 36 h；2—鱼皮发酵 36 h

图 7　罗非鱼鱼皮发酵产物纤维蛋白酶谱

（四）罗非鱼鱼皮发酵产物的生物活性

1. 溶栓活性

由图 8 可知，发酵液上清的溶栓活性随发酵液中蛋白含量的升高而显著增强。当发酵液上清蛋白浓度为 15 mg/mL 时，溶栓活性约为 6 929 FU/mL。而 Deepak 等[26]优化纳豆菌培养条件后，得到的最高溶纤酶活性仅为 3 194.25 FU/mL；Liu 等[27]也优化了纳豆菌培养条件，获得产物的最高酶活也仅为 1 300 FU/mL。本研究与上述报道中溶纤活力的差异可能是与发酵底物及菌种不同有关。同时说明其产物更具有研究价值，是否能够代替溶栓药物还需更深层次的分析和研究。

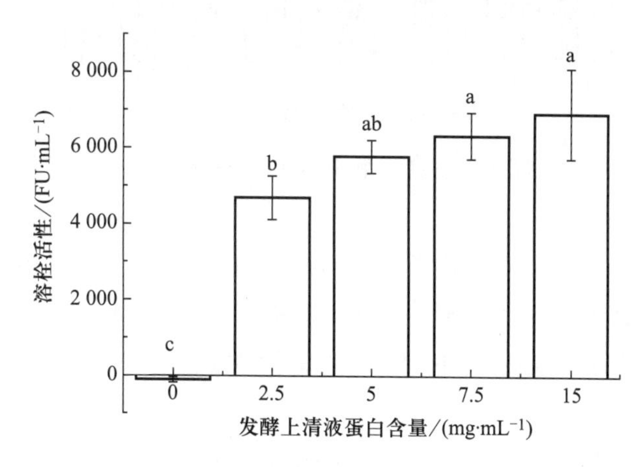

图 8 发酵产物不同蛋白浓度对溶栓活性的影响

2. 抗凝血活性

图 9 显示，与生理盐水组比较，发酵液蛋白浓度在 5 mg/mL 时，可显著延长 TT；蛋白浓度为 15 mg/mL 时，作用与阳性对照肝素钠相似；样品浓度在 0.5～20 mg/mL 时，且随浓度增加 APTT 时间延长；FIB 均处于正常水平，但明显降低；罗非鱼皮发酵产物对 PT 值无明显影响。综上，罗非鱼鱼皮发酵液粗提物可延长 TT 和 APTT，显著降低血浆 FIB 含量，但不影响 PT，且呈现一定的剂量依赖效应。

3. ACE 抑制活性

本试验对发酵 36 h 后的罗非鱼鱼皮产物进行 ACE 抑制活性测定，结果如图 10 和图 11 所示。

ACE 抑制率随发酵产物中蛋白浓度的升高而增强，当蛋白浓度 15 mg/mL 时，ACE 抑制率约为 60%。陈胜军等[28]利用单酶和复合酶水解罗非鱼鱼皮胶原蛋白制备抑制血管紧张素转换酶抑制剂（ACEI），所得水解产物对 ACE 的抑制

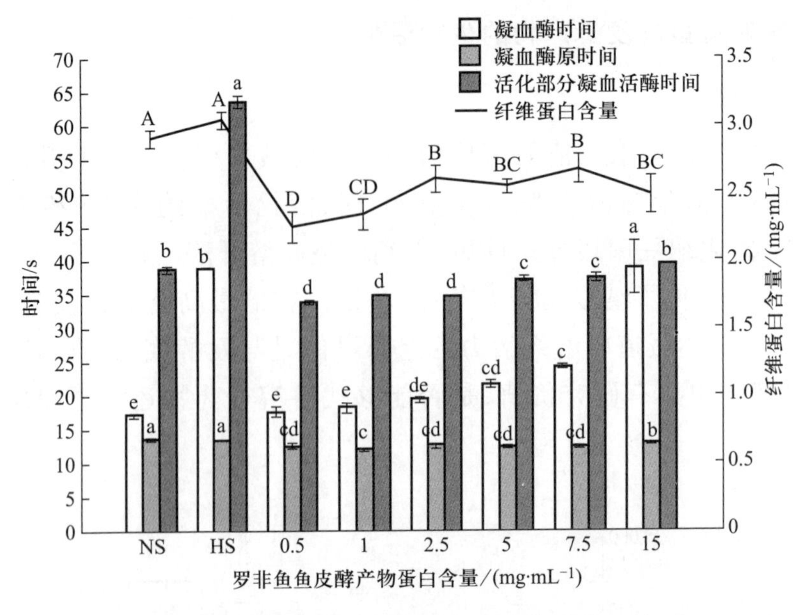

图 9　发酵产物对凝血时间的影响

率达 68.6%。Sivakumar 等[29]研究了罗非鱼蛋白水解产物和相应分离组分的体外 ACE 抑制活性,结果显示水解度高的酶水解产物 ACE 抑制活性较强,并且分子质量低的多肽比分子质量高的 ACE 抑制活性强。

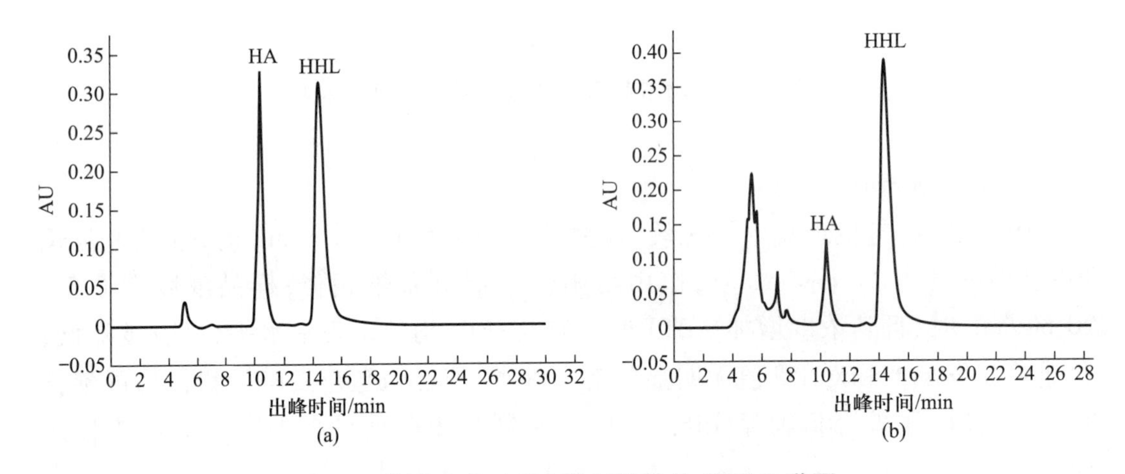

图 10　发酵产物 ACE 抑制活性的 HPLC 谱图

4. 抑菌活性

纳豆提取物对大肠杆菌和金黄色葡萄球菌有较稳定的抑制作用[30],并且不同蛋白浓度的纳豆发酵提取物对金黄色葡萄球菌的抑制效果随浓度增加变显著[31]。研究发现,纳豆菌次生代谢产物中可能含有 2,6-吡啶二羧酸、杆菌肽、多

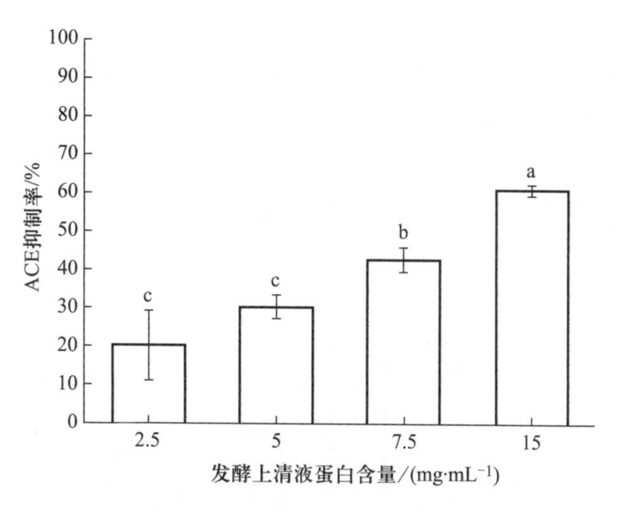

图 11 发酵产物 ACE 抑制活性

黏菌素等物质,对食品中常见污染菌和致病菌具有抑制效果[32]。

本试验以金黄色葡萄球菌为指示菌,考察罗非鱼鱼皮 36 h 发酵产物对金黄色葡萄球菌的抑制情况,如图 12,产物蛋白含量在 15 mg/mL 时,对金黄色葡萄球菌有明显的抑制作用,抑菌圈直径为 25.75 mm,随着稀释倍数的增加,抑制金黄色葡萄球菌能力降低。浓度为 2.5 mg/mL 时,抑菌圈直径为 16 mm,仍对金黄色葡萄球菌有抑制作用;当浓度为 1 mg/mL 时,抑制作用不显著。

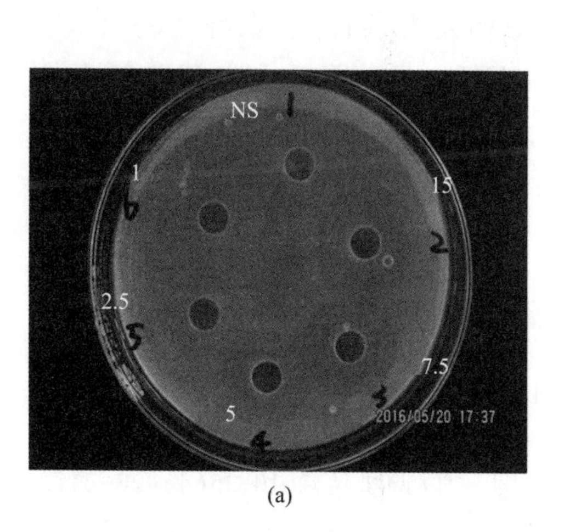

(a)

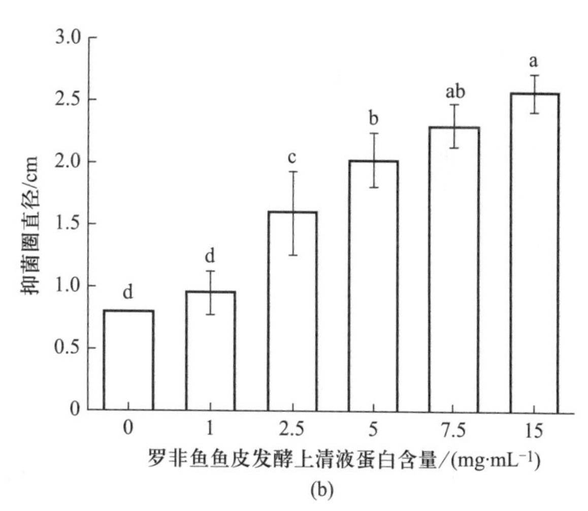

(b)

1—NS(生理盐水);2~6—罗非鱼鱼皮发酵上清,蛋白质量浓度分别为 15 mg/mL、7.5 mg/mL、5 mg/mL、2.5 mg/mL、1 mg/mL

图 12 发酵产物对金黄色葡萄球菌生长影响

5. 细胞增殖能力

如图 13 所示,罗非鱼鱼皮 36 h 发酵后上清液的蛋白含量在 6.25~25 μg/mL 时,能够显著促进 RAW264.7 细胞的增殖;当蛋白浓度继续增加为 50~100 μg/mL 时,对细胞增殖活性则影响不显著。说明罗非鱼鱼皮 36 h 发酵上清低蛋白浓度时可促进细胞增殖,高蛋白浓度对细胞增殖影响不显著。

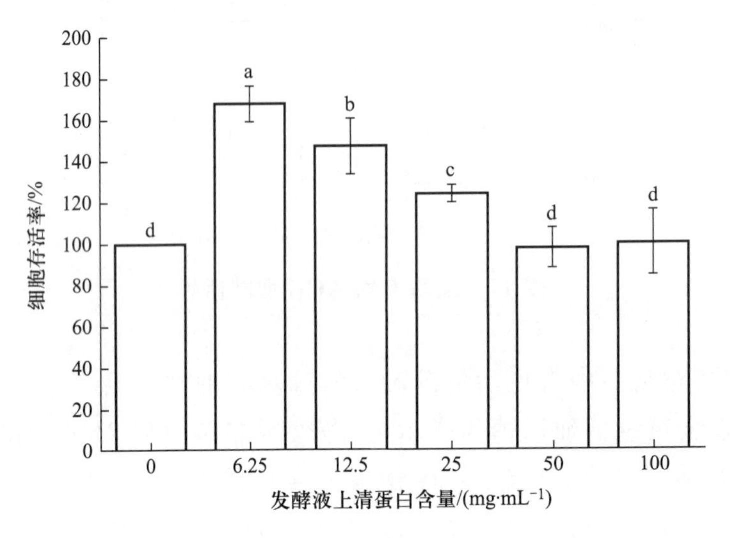

图 13 发酵产物对细胞存活率的影响

三、结 论

本研究采用单因素法优化罗非鱼鱼皮纳豆菌发酵条件,且发酵产物具有一定的溶纤活性和 ACE 抑制活性,可延长 TT 和 APTT,显著降低血浆 FIB 含量,但不影响 PT。同时,发酵产物含有多种蛋白酶,包括链激酶。因此,罗非鱼鱼皮纳豆菌发酵产物具有较强的溶栓、降压及抗凝血活性,对心血管疾病具有潜在的辅助治疗作用。

参 考 文 献

[1] 中华人民共和国农业部渔业局. 中国渔业统计年鉴[M]. 北京:中国农业出版社,2016.

[2] 王文勇,张英慧. 罗非鱼下脚料的综合利用研究进展[J]. 肉类工业,2016(11):46-49.

[3] 王旭冰,娄永江. 纳豆芽孢杆菌的开发与利用[J]. 中国调味品,2010,35(4):28-31.

[4] DABBAGH F, NEGAHDARIPOUR M, BERENJIAN A, et al. Nattokinase: production and application[J]. Applied Microbiology and Biotechnology, 2014, 98(22): 9199.

[5] SUMI H, HAMADA H, TSUSHIMA H, et al. A novel fibrinolytic enzyme (nattokinase) in the vegetable cheese Natto; a typical and popular soybean food in the Japanese diet[J]. Experientia, 1987, 43(10): 1110-1111.

[6] 中华人民共和国国家卫生和计划生育委员会. 食品中水分的测定:GB 5009.3—2010

[S]. 北京:中国标准出版社,2010.

[7] 国家质量监督检验检疫总局. 肉制品总糖含量测定:GB/T 9695.31—2008[S]. 北京:中国标准出版社,2008.

[8] 中华人民共和国国家卫生和计划生育委员会,国家食品药品监督检验检疫总局. 食品中蛋白质的测定:GB 5009.5—2010[S]. 北京:中国标准出版社,2010.

[9] 国家质量监督检验检疫总局. 食品中粗脂肪的测定:GB/T 14772—2008[S]. 北京:中国标准出版社,2008.

[10] 中华人民共和国国家卫生和计划生育委员会. 食品中灰分的测定:GB 5009.4—2010[S]. 北京:中国标准出版社,2010.

[11] SCHAGGER H, VON JAGOW G. Tricine-sodium dodecyl sulfate-polyacrylamide gel electrophoresis for the separation of proteins in the range from 1 to 100 KDa[J]. Analytical Biochemistry, 1987, 166(2): 368-379.

[12] 张晓楠,曹云新,程司堃,等. 用于测定小分子多肽的两种电泳方法的比较[J].中国生物工程杂志,2001,21(3):74-75.

[13] 路金芝,陈伟京,王俊,等. 基因工程产品心钠素的 Tris-Tricine-SDS-PAGE 电泳检测[J]. 中国医学科学院学报,2001,23(6):559-559.

[14] 宋园亮,黄文宇,张忠华,等. 云南传统发酵豆豉中高产豆豉纤溶酶菌株的筛选及其酶谱分析[J]. 生物技术通报,2011(5):126-131.

[15] AUNGKAWIPA M, SASITORN K, SUREELAK R, et al. Novel fibrinolytic enzymes from *Virgibacillus halodenitrificans SK*1-3-7 isolated from fish sauce fermentation[J]. Process Biochemistry, 2012, 47(12): 2379-2387.

[16] VIJAYARAGHAVAN P, VINCENT S G P, ARASU M V, et al. Bioconversion of agro-industrial wastes for the production of fibrinolytic enzyme from *Bacillus halodurans*, *IND18*: purification and biochemical characterization[J]. Electronic Journal of Biotechnology, 2016, 20: 1-8.

[17] 王金行,赵明. 血浆凝血酶原时间和活化部分凝血活酶时间的应用及其影响因素[J]. 中国医科大学学报,2002,31(1):71-72.

[18] LIU J, YU Z, ZHAO W, et al. Isolation and identification of angiotensin-converting enzyme inhibitory peptides from egg white protein hydrolysates[J]. Food Chemistry, 2010, 122(4): 1159-1163.

[19] MUNOZ A, ANANOU S, GALVEZ A, et al. Inhibition of *Staphylococcus aureus*, in dairy products by enterocin AS-48 produced in situ and ex situ: bactericidal synergism with heat[J]. International Dairy Journal, 2007, 17(7): 760-769.

[20] MUSHORE J, MATUVHUNYE M. Antibacterial properties of *Mangifera indica* on *Staphylococcus aureus*[J]. African Journal of Clinical and Experimental Microbiology, 2013, 14(2): 62-74.

[21] SUN L M, ZHU B W, LI D M, et al. Purification and bioactivity of a sulphated polysac-

charide conjugate from viscera of abalone *Haliotis discus hannai* Ino.[J]. Food and Agricultural Immunology, 2010, 21(1): 15-26.

[22] 王婷,王晓慧,马莹,等. 光棘球海胆多肽的制备及其生物活性[J]. 食品科学,2016,37(19):237-242.

[23] 叶小燕,曾少葵,余文国,等. 罗非鱼皮营养成分分析及鱼皮明胶提取工艺的探讨[J]. 南方水产科学,2008,4(5):55-60.

[24] 刘唤明,曾少葵. 发酵法制备罗非鱼皮胶原蛋白肽的工艺的研究[J]. 食品科技,2012(4):232-235.

[25] 令狐青青,张雪,童晓倩,等. 纳豆芽孢杆菌(*Bacillus natto*)发酵鱿鱼碎肉的工艺优化[J]. 食品科学,2015,36(19):148-152.

[26] DEEPAK V, KALISHWARALAL K, RAMKUMARPANDIAN S, et al. Optimization of media composition for Nattokinase production by *Bacillus subtilis* using response surface methodology[J]. Bioresource Technology, 2008, 99(17): 8170-8174.

[27] LIU J G, XING J M, CHANG T S, et al. Optimization of nutritional conditions for nattokinase production by *Bacillus natto* NLSSE using statistical experimental methods [J]. Process Biochemistry, 2005, 40(8): 2757-2762.

[28] 陈胜军,李来好,曾名勇,等. 罗非鱼鱼皮胶原蛋白降血压酶解液的制备与活性研究[J]. 食品科学,2005,26(8):229-233.

[29] SIVAKUMAR R, HORDURG K. ACE-inhibitory activity of tilapia protein hydrolysates [J]. Food Chemistry, 2009, 117(4): 582-588.

[30] 蒋立文,彭巧云,易灿,等. 纳豆提取物抑菌效果的初探[J]. 中国食品学报,2008,8(6):86-90.

[31] 李秀娟. 纳豆抗菌物质提取及抗菌性研究[D]. 天津:天津科技大学,2012.

[32] 陈建军,黄纯纯,张巧央,等. 微波等离子体选育高抗菌活性纳豆芽孢杆菌研究[J]. 食品与发酵科技,2012,48(2):21-24.

熟化方式对预制鲍鱼品质的影响

王 阳 侯雅文 李胜杰 祁立波 董秀萍
大连工业大学食品学院,国家海洋食品工程技术研究中心,大连

鲍鱼以其肉质柔嫩细滑、滋味鲜美、蛋白含量高、必需氨基酸丰富齐全、营养价值高[1],被人们视为海味珍品之冠。2015 年,我国的鲍鱼养殖产量近 12.80 万 t,虽然产量较大,但主要以鲜销为主。长期以来沸水煮制和蒸制[2-4]是人们食用鲍鱼的主要方式,食用方式较单一。研究表明,微波具有加热速度快、加热均匀等优点[5],目前主要应用于鹅肝和牛肉的真空低温(sous-vide)烹饪技术,可减少食物营养成分的损失,降低脂肪氧化[6-8],是很具前景的熟化新方法。

本实验以皱纹盘鲍为原料,比较了沸水煮制、蒸制、微波熟制及真空隔水加热预制鲍鱼的失重率、持水力、基本营养成分、质构特性及水分分布,同时进行了感官分析,为预制鲍鱼的熟化加工提供理论依据。

一、试 验

(一) 材料与仪器

皱纹盘鲍(*Haliotis discus hannai* Ino.),带壳质量约为 72 g,壳长约为 8.1 cm,3—5 月购于大连新长兴水产品批发市场。将鲜活鲍鱼去壳、去内脏,洗净后于冰水中平衡。

TA.XT.plus 质构分析仪,英国 Stable Microsystems;Ultra Scan Pro 分光色差仪;Z-323K 冷冻离心机,德国 Hermle;F-2700 荧光分光光度计,Hitachi High-Technologies Corporation;高效液相色谱仪 P1201,大连依利特分析仪器有限公司;紫外-可见分光光度计 UV-5200 Spectrophotometer,北京普析通用仪器有限责任公司。

(二) 试验方法

1. 鲍鱼预制

新鲜鲍鱼(fresh abalone)与水按 1 : 3 比例于 60 ℃水浴锅中水浴 20 min,然后速冻 12 h,得预制鲍鱼(pre-treated abalone,PTA),作为试验原料备用。

2. 样品处理

以 PTA 为原料,试验分 4 组:① 沸水煮制样品(boiling-water cooking samples, BWCS):水与样品比例为 1∶5,沸水加热 6 min,作为对照组;② 蒸制样品(steam cooking samples,SCS):蒸锅水沸腾后,放入样品蒸制 10 min;③ 微波样品(microwave cooking samples,MCS):微波炉(输出功率 900 W)加热样品 50 s;④ 真空隔水煮制(vacuum-sealed bag cooking samples,VSBCS):将样品抽真空包装,在 80 ℃水浴锅中加热 25 min。

3. 测定方法

(1) 基本营养成分测定:参照国家标准[9-13]。

(2) 质构分析。

TPA(texture profile analysis,质构分析):于鲍鱼腹足中间部位取圆柱形样品,样品直径为 1.27 cm、高度为 1.00 cm。测试条件:测试探头 P/50,测试速率均为 1 mm/s;压缩程度 75%;停留间隔 5 s;数据采集速率 400 P/s,触发值 5 g[14]。每个样品重复 5 次。

剪切力:于鲍鱼腹足中间部位取圆柱形样品,样品直径为 1.27 cm。测试条件:测试探头为 HDP/PS,测试速度为 1.00 mm/s,数据采集速率 400 P/s[14]。每个样品重复 5 次。

(3) 色泽测定。

用鲍鱼内部切面进行色差分析。根据测得的 L^*、a^*、b^* 计算白度值 W:

$$W = 100-[(100-L^*)2+a^{*2}+b^{*2}]^{1/2} \tag{1}$$

式中,L^* 表示亮度;a^* 表示红绿偏向;b^* 表示黄蓝偏向。每个样品重复 5 次[15]。

(4) 持水力测定。

持水力(water holding capacity,WHC)采用经 Farouk[16] 改进的加压滤纸法。将鲍鱼样品纵向切成 5 mm 厚片状,称其质量 m_1,取长条滤纸将其裹住,用 5 kg 力压鲍鱼样品 2 min,后称其质量 m_2。每个样品重复 5 次。持水力计算如下:

$$持水力 = [1-(m_1-m_2)/m_1]\times 100\% \tag{2}$$

式中,m_1 为加压后样品质量,g;m_2 为加压前样品质量,g。

(5) 氨基酸组成分析。

将样品中的蛋白全部水解成氨基酸残基后,使用 2,4-二硝基氟苯(DNFB)柱前衍生高效液相色谱法测定氨基酸含量。

(6) 失重率测定。

失重率,即质量损失率(mass loss rate,MLR)。参照 Li 等[17] 的方法,PTA 在不同熟化方式下熟化,熟化前称质量(m_b)。熟化后冷却到室温,用吸水纸吸干

表面水分,再次称质量(m_a)。每个样品重复5次。失重率表示为X_c:

$$X_c = (m_b - m_a)/m_b \times 100\% \tag{3}$$

式中,X_c为失重率;m_b为熟化前样品质量,g;m_a为熟化后样品质量,g。

(7)感官评定。

由10位食品专业研究人员组成评价小组,采用双盲法进行检验。对熟化后的样品感官进行综合评分,感官评定标准见表1,每个条件样本重复5个。

表1 感官评定标准

感官等级	7~9分	4~6分	1~3分
口感	肉质柔嫩,硬度适中,咀嚼性好,适口性好	肉质较好,硬度稍差,咀嚼性较差,适口性一般	肉质较差,硬度差,咀嚼性低,适口性差
组织形态	有完整的形态,组织致密,不松散,质地富有弹性	形态基本完整,质地较有弹性	组织松散,无完整形态,质地无弹性
风味	风味协调突出,有香味、无腥味	风味较好,有香味、无腥味	风味一般,基本无香味
色泽	富有光泽,金黄色	略有光泽,棕黄色	无光泽,暗黄色

(三)数据分析

实验所得数据以平均值±标准差表示,采用SPSS Statistics17.0的Duncan's多重比较方法进行显著性和相关性分析,设定差异水平判别标准为$P<0.05$。

二、结果与讨论

(一)感官评定

由表2可知,组织形态和色泽上,SCS和VSBCS优于MCS和BWCS,差异显著,形态均匀规整,较有光泽,可接受性较好,且SCS口感上显著优于其他样品,MCS和VSBCS两者评分值较接近,差异不显著;风味上,SCS、MCS、VSBCS并无显著差异。综合结果显示,SCS可接受性最好,这可能是因为蒸制方式较好地保留了鲍鱼的营养成分,有利于风味物质的形成。

表 2　不同熟化方式下的鲍鱼样品感官评定得分表

样品	组织形态	口感	风味	色泽
水煮样品(BWCS)	4.33±1.50[a]	3.83±2.00[a]	3.56±1.89[a]	3.83±1.62[a]
蒸制样品(SCS)	6.37±1.95[b]	6.77±1.50[b]	5.94±2.51[b]	5.94±1.67[b]
微波样品(MCS)	4.72±1.25[a]	4.44±1.49[a]	4.11±1.67[ab]	4.44±1.10[ab]
真空样品(VSBCS)	5.17±1.60[ab]	4.94±1.38[a]	4.56±1.59[ab]	5.17±1.27[ab]

注:同列字母不同表示差异显著($P<0.05$),后同。

(二) 失重率与持水力

由表 3 可知,BWCS 质量损失最多,持水力最小。SCS 质量损失最少,持水力最高,但 SCS、MCS、VSBCS 三者间失重率和持水力均无显著差异。这可能是沸水煮制过程样品失重率较大,较多的小分子蛋白、脂肪等随自由水分流出,保水性降低[18]。

表 3　不同熟化方式下的鲍鱼样品的失重率与持水力　　单位:%

样品	水煮样品(BWCS)	蒸制样品(SCS)	微波样品(MCS)	真空样品(VSBCS)
失重率(MLR)	19.90±1.30[b]	15.55±0.42[a]	16.20±0.95[a]	17.26±0.70[a]
持水力(WHC)	74.04±5.81[a]	90.47±2.32[b]	88.13±3.82[b]	87.65±5.05[b]

(三) 基本营养成分

由表 4 可知,熟化样品湿基水分含量最高,干基粗蛋白含量最高。SCS 水分含量和粗蛋白最高,其次是 MCS、VSBCS,BWCS 两者含量最少,差异显著;SCS 粗脂肪最高,BWCS 最少,MCS、VSBCS 含量介于两者之间;MCS 灰分含量最高为 3.28%(干基),其他三者之间无显著差异;VSBCS 碳水化合物含量最高为 26.36%(干基),其他三者间差异不显著。BWCS 粗蛋白、水分含量、粗脂肪和灰分最低。SCS 碳水化合物含量最低较低。综合以上结果,蒸制方式对预制鲍鱼整体营养成分保留较好。

表 4 不同熟化方式下鲍鱼样品的营养成分(除水分外,g/100 g 干重)

单位:%

样品	粗蛋白	粗脂肪	灰分	水分	碳水化合物
BWCS	63.49±0.21^{a}	1.48±0.43^{a}	2.30±0.09^{a}	75.81±0.47^{a}	19.04±3.57^{a}
SCS	76.54±0.99^{d}	2.91±0.38^{b}	2.91±0.07^{b}	78.90±0.23^{c}	16.63±1.08^{a}
MCS	69.16±1.10^{c}	1.59±0.42^{a}	3.28±0.20^{b}	78.27±0.18^{bc}	20.31±0.94^{a}
VSBCS	67.29±0.20^{b}	1.95±0.24^{ab}	3.11±0.29^{b}	77.17±0.36^{ab}	26.36±0.67^{b}

(四)质构特性

由表 5 可知,SCS、MCS、VSBCS 三者质构特性与 BWCS 有显著差异。BWCS 剪切力最大,SCS、MCS、VSBCS 三者较小,但三者间无显著差异;SCS 弹性和咀嚼性最大,BWCS 咀嚼性最小,差异显著,MCS、VSBCS 两者无显著差异;SCS、MCS、VSBCS 硬度均大于 BWCS;SCS、MCS、VSBCS 三者凝聚性无显著差异。这一结果与感官评定结果,BWCS 组织形态、口感感官得分较低,SCS 这三者得分较高,MCS、VSBCS 得分在两者之间相一致。本实验结果与杨玉娥[19]关于加热方式对猪里脊肉质构特性的影响的研究结果相一致。

表 5 不同熟化方式下的鲍鱼质构特性

样品	剪切力/g	硬度/g	弹性	凝聚性	咀嚼性	回复性
BWCS	4 133.51±331.39^{b}	2 497.68±356.51^{a}	0.75±0.09^{a}	0.64±0.10^{a}	1 233.99±468.06^{a}	0.34±0.04^{a}
SCS	3 399.97±527.48^{a}	3 337.18±631.08^{b}	0.93±0.03^{b}	0.79±0.07^{b}	2 472.92±529.82^{c}	0.42±0.03^{b}
MCS	3 585.39±478.08^{a}	3 361.37±334.08^{b}	0.88±0.09^{ab}	0.73±0.06^{b}	2 164.25±307.54^{b}	0.35±0.03^{a}
VSBCS	3 449.91±538.53^{a}	2 716.32±176.72^{a}	0.85±0.04^{ab}	0.80±0.05^{b}	1 841.82±176.63^{b}	0.42±0.04^{b}

(五)色泽

由表 6 可知,SCS 的 L^* 和白度值最大,MCS 的 L^* 和白度值最小,两者差异显著;4 种样品的 a^*、b^* 无显著差异。这可能是不同熟制方式下样品蛋白质与还原糖等发生美拉德反应,生成的颜色不同。另一方面可能是高温破坏样品中的色素,同时脂肪在受热氧化过程产生的自由基,也对样品中的色素产生破坏,使鲍鱼的颜色发生变化[20]。感官评分结果显示 SCS 总体色泽可接受性较好,结合色泽实验结果表明，人们对 L^*、a^*、b^* 及白度值较高的样品接受性较好。

表 6　不同熟化方式下的鲍鱼色泽

样品	L^*	a^*	b^*	白度(White)
BWCS	72.16±2.20[a]	0.77±1.91[a]	20.02±4.64[a]	65.60±4.51[ab]
SCS	79.53±1.47[b]	1.31±1.54[a]	20.15±3.10[a]	71.10±1.46[b]
MCS	68.63±2.99[a]	0.70±1.60[a]	19.96±4.72[a]	62.67±4.42[a]
VSBCS	71.92±2.78[a]	0.14±1.88[a]	17.01±5.72[a]	66.88±4.00[ab]

（六）相关性分析

由表 7 可知，各个指标间均有相关性。其中水分含量与失重率显著负相关，与弹性显著正相关；失重率与持水力和弹性显著负相关；持水力与弹性显著正相关，与剪切力显著负相关。粗蛋白与其他各个指标的相关性也较大（均在 0.7 以上），表明蛋白质含量的高低对样品的持水力和质构有较大的影响，尤其是对水分含量及弹性。水分含量与失重率、持水力、弹性和剪切力的相关性均在 0.8 以上，水分含量的多少能够很大程度地影响鲍鱼的品质。失重率与其他各个指标的相关性均在 0.9 左右，表明样品流失液的多少对样品品质影响非常大，因此研究如何控制熟化过程质量损失也很有意义。持水力与弹性和剪切力显著相关，样品持水力的高低能够显著影响样品的质构特性变化。弹性与剪切力的相关性在 0.9 以上，二者的微小变化均会对其他两个指标产生较大的影响。

表 7　水分含量、失重率、持水力、蛋白质含量与质构特性相关性分析系数矩阵表

指标	粗蛋白	水分质量分数	失重率	持水力	弹性	剪切力
粗蛋白	1.000	0.921	−0.876	0.796	0.928	−0.761
水分质量分数		1.000	−0.984*	0.915	0.985*	−0.841
失重率			1.000	−0.971*	−0.999 1**	0.915
持水力				1.000	0.958*	−0.982*
弹性					1.000	−0.916
剪切力						1.000

* $P<0.05$ 差异显著；

* $P<0.01$ 差异极显著。

（七）氨基酸分析

熟化鲍鱼蛋白质含量均在60%（干基）以上。由表8可知，新鲜样品、BWCS和SCS氨基酸种类齐全，均有18种。MCS、VSBCS均未检测到色氨酸，VSBSC还未检测到苯丙氨酸，这可能是色氨酸和苯丙氨酸在加热过程中可能发生了某些化学变化，使二者消失或低于仪器检出限。

熟化鲍鱼的必需氨基酸（essential amino acids，EAA）含量比新鲜低，而非必需氨基酸（nonessential amino acids，NEAA）含量与新鲜相比相差不大（VSBCS除外）。VSBCS中NEAA变化较大，其中甲硫氨酸减少，色氨酸、苯丙氨酸减少，半胱氨酸、甘氨酸、组氨酸含量增加，可能是减少的EAA发生反应转变成了NEAA。根据FAO/WHO模式标准，质量较好的蛋白质EAA/NEAA>60%。BWCS和SCS的EAA/NEAA约为51%，MCS中EAA/NEAA为49.35%，VSBCS中EAA/NEAA为42.84%，新鲜样品中EAA/NEAA为59.16%，郭远明等[1]的皱纹盘鲍和杂色鲍研究结果则为55.96%与56.53%。EAA/NEAA的下降可能源于加热造成的氨基酸流失，部分氨基酸高温下也可发生化学反应形成风味物质而减少。

鲜味氨基酸（delicious amino acids，DAA）是香味形成所必需的前体氨基酸，包括谷氨酸、天冬氨酸、苯丙氨酸、丙氨酸、甘氨酸和酪氨酸。由表8可知，Fresh、BWCS、SCS和MCS中的DAA种类齐全，但VSBCS未检测到苯丙氨酸；BWCS、SCS和MCS的DAA含量比新鲜高，但三者含量相差不大。Fresh中谷氨酸最高，占鲜味氨基酸总量的38.19%；BWCS中的谷氨酸含量最低，占鲜味氨基酸总量的32.90%。谷氨酸是含量最高的氨基酸，是鲍鱼鲜味的主要来源。

表8　不同熟化方式下的鲍鱼样品中的氨基酸含量　　单位：%

氨基酸	BWCS	SCS	MCS	VSBCS	新鲜样品
苏氨酸（Thr）	4.65±0.08	4.65±0.01	4.68±0.04	4.82±0.03	8.31±5.10
缬氨酸（Val）	4.58±0.61	4.77±0.30	4.44±0.02	4.52±0.07	4.81±0.23
甲硫氨酸（Met）	2.2±0.11	2.28±0.25	2.12±0.01	2.19±0.12	3.24±0.10
异亮氨酸（Ile）	3.78±0.07	3.88±0.37	3.70±0.01	3.47±0.10	4.42±0.19
亮氨酸（Leu）	7.24±0.01	7.23±0.09	7.25±0.01	7.14±0.09	7.79±0.41
色氨酸（Trp）	0.67±0.01	0.72±0.12	ND	ND	0.85±0.09
苯丙氨酸（Phe）	3.40±0.08	3.30±0.01	3.31±0.02	ND	2.37±1.52
赖氨酸（Lys）	7.44±0.12	7.57±0.02	7.51±0.14	7.82±0.23	8.42±0.68

续表

氨基酸	BWCS	SCS	MCS	VSBCS	新鲜样品
EAA	33.96±0.54	34.40±1.17	33.01±0.29	29.96±0.64	39.21±8.32
天冬氨酸(Asp)	10.9±0.13	10.03±0.04	10.08±0.05	10.1±0.08	10.30±0.60
谷氨酸(Glu)	15.55±0.17	15.80±0.13	16.12±0.02	16.01±0.11	17.05±0.95
丝氨酸(Ser)	5.02±0.02	5.01±0.09	5.08±0.03	5.04±0.08	5.22±0.31
精氨酸(Arg)	11.08±0.17	11.42±0.25	11.41±0.05	11.65±0.12	11.53±0.43
甘氨酸(Gly)	9.04±0.17	9.20±0.21	9.34±0.09	9.56±0.17	6.37±0.43
脯氨酸(Pro)	4.75±0.64	4.67±0.09	4.73±0.03	4.76±0.06	4.33±0.24
丙氨酸(Ala)	6.12±0.02	6.14±0.02	6.21±0.02	6.24±0.06	6.28±0.33
半胱氨酸(Cys)	0.36±0.11	0.38±0.23	0.25±0.08	0.36±0.12	0.28±0.07
组氨酸(His)	1.54±0.09	1.40±0.01	1.46±0.05	3.29±0.03	2.64±1.30
酪氨酸(Tyr)	2.25±0.22	2.57±0.77	2.21±0.15	2.92±0.27	2.28 ±0.52
NEEA	65.81±1.13	66.61±1.84	66.89±0.57	69.93±1.10	66.28±5.93
DAA	47.26±0.79	47.04±1.18	47.27±0.33	44.83±0.69	44.65±4.35
EAA/NEAA	51.60	51.64	49.35	42.84	59.16

三、结　　论

熟化加工会造成鲍鱼腹足不同程度的质量损失,持水力下降;其中水煮样品失重率最高,持水性最差,蒸制、微波、真空样品的失重率较低,持水性较好,但三者间差异不显著。熟化加工会对样品的营养成分保留及质构特性产生较大影响。蒸制鲍鱼蛋白质(76.54%干基)和水分(78.90%)保留较好,水煮鲍鱼蛋白质流失较多;蒸制、微波、真空鲍鱼的嫩度、弹性均优于水煮样品。综合本试验测定指标,蒸制是较适宜的鲍鱼加工方式。

参 考 文 献

[1] 郭远明,张小军,严忠雍,等. 皱纹盘鲍和杂色鲍肌肉主要营养成分的比较[J]. 营养学报,2014,36(4):403-405.

[2] KHAN M A, ALI S, ABID M, et al. Enhanced texture, yield and safety of a ready-to-eat salted duck meat product using a high pressure-heat process[J]. Innovative Food Science and Emerging Technologies, 2014, 21(4): 50-57.

[3] MORA B, CURTI E, VITTADINI E, et al. Effect of different air/steam convection cooking methods on turkey breast meat: physical characterization, water status and sensory properties [J]. Meat Science, 2011, 88(3): 489-497.

[4] MONIKA M K, EWA D, BARBARA J, et al. The effect of muscle, cooking method and final internal temperature on quality parameters of beef roast [J]. Meat Science, 2012, 91(2): 195-202.

[5] 徐培娟,刘晶晶. 微波技术在食品工业中的应用[J]. 食品工程,2007(2):20-22.

[6] PULGAR J S D, GAZQUEZ A, RUIZ-CARRASCAL J. Physico-chemical, textural and structural characteristics of sous-vide cooked pork cheeks as affected by vacuum, cooking temperature, and cooking time[J]. Meat Science, 2012, 90(3): 828-835.

[7] ROLDAN M, ANTEQUERA T, MARTIN A, et al. Effect of different temperature-time combinations on physicochemical, microbiological, textural and structural features of sous-vide cooked lamb loins[J]. Meat Science, 2013, 93(3): 572-578.

[8] CHRISTENSEN L, ERTBJERG P, LJE HANNE, et al. Relationship between meat toughness and properties of connective tissue from cows and young bulls heat treated at low temperatures for prolonged times[J]. Meat Science, 2013, 93(4): 787-795.

[9] 中华人民共和国国家卫生和计划生育委员会. 食品中水分的测定:GB 5009.3—2010[S]. 北京:中国标准出版社,2010.

[10] 中华人民共和国国家卫生和计划生育委员会,国家食品药品监督管理总局.食品中蛋白质的测定:GB/T 5009.5—2010[S]. 北京:中国标准出版社,2010.

[11] 中华人民共和国国家卫生和计划生育委员会,国家食品药品监督管理总局. 食品中脂肪的测定:GB/T 5009.6—2010[S]. 北京:中国标准出版社,2010.

[12] 中华人民共和国国家卫生和计划生育委员会. 食品中灰分的测定:GB 5009.4—2010[S]. 北京:中国标准出版社,2010.

[13] 中华人民共和国国家质量监督检验检疫总局,中国国家标准化管理委员会. 肉制品总糖含量测定:GB/T 9695.31—2008[S]. 北京:中国标准出版社,2008.

[14] 肖桂华,朱蓓薇,董秀萍,等. 热加工条件对鲍鱼腹足部分加工特性的影响[J]. 大连工业大学学报,2012,31(1):1-7.

[15] SKIPNES D, SKARA S O T. Optimization of heat processing of farmed Atlantic cod (*Gadus morhua*) muscle with respect to cook loss, water holding capacity, color, and texture [J]. Journal of Aquatic Food Product Technology, 2011, 20(3): 331-340.

[16] FAROUK M M, WIELICZKO K J, MERTS I.Ultra-fast freezing and low storage temperatures are not necessary to maintain the functional properties of manufacturing beef[J]. Meat Science, 2004, 66(1): 171-179.

[17] LI C, WANG D Y, XU W M, et al. Effect of final cooked temperature on tenderness, protein solubility and micro structure of duck breast muscle[J]. LWT-Food Science and Technology, 2013, 51(1): 266-274.

[18] 吴亮亮,罗瑞明,孔丰,等. 蒸煮时间对滩羊肉蒸煮损失、嫩度及水分分布的影响[J]. 食品与机械,2016(4):19-23.

[19] 杨玉娥,李法德,孙玉利,等. 加热方式对猪里脊肉质构特性的影响[J]. 农业机械学报,2007,38(11):60-64.

[20] 郑瑞生,王则金. 不同冻藏条件下鲍鱼质构及感官变化的研究[J]. 食品科技,2013,38(5):165-171.

南极磷虾油中氟的赋存形态及吸附脱除的研究

阴法文　周大勇　刘雁飞　赵　琪　周　新
宋　亮　秦　磊　启　航

大连工业大学国家海洋食品工程技术研究中心，大连

南极磷虾油富含以二十碳五烯酸(EPA)和二十二碳六烯酸(DHA)为代表的ω-3多不饱和脂肪酸(n-3 LC-PUFA)[1-2],这是南极磷虾油的特色功能性成分[3]。与鱼油的甘油三酯型n-3 LC-PUFA不同,南极磷虾油中的n-3 LC-PUFA多以磷脂形式存在。相关研究表明,磷脂型n-3 LC-PUFA对人体有更高的生物利用度,而磷脂作为一种更有效的生物递送方式,能够将n-3 LC-PUFA运送至大脑、心脏、肝脏等组织[4-6]。因此,与甘油三酯型n-3 LC-PUFA相比,磷脂型n-3 LC-PUFA对人体有更强的健康有益作用。

鉴于南极磷虾油的健康作用,研究者在南极磷虾油生物活性方面开展了很多研究。目前,南极磷虾油的抑制肝脂肪变性[7-8]、降血糖[8]、消炎[9-10]、抗氧化[10-11]、抗高脂血症[8,12]、调节中枢神经[13-14]、保护心脏[15]等活性已被广泛报道。南极磷虾油除了富含n-3 LC-PUFA外,还含有其他功能性成分,如虾青素、脂溶性维生素和类黄酮以及甾醇等[16-18]。

虽然南极磷虾油生物活性方面的研究很多,但关于其氟的研究则相对较少。众所周知,南极磷虾的氟含量较高,这在一定程度上制约着南极磷虾的加工及安全利用。而南极磷虾油主要采用有机溶剂浸提南极磷虾粉加工制得,由于磷虾油富含n-3 LC-PUFA和虾青素等热敏性成分,所以不适宜进行精炼加工,这也直接导致制得的南极磷虾油中可能含有氟。

在自然界中,氟通常存在于水、食物、土壤和一些矿物质(氟磷灰石等)中[19]。氟也是人类需要的一种有毒元素,是牙齿和骨骼不可缺少的矿物质。适量的摄入氟(3~4 mg/d)可以预防龋齿和增强骨质,但长期摄入过量的氟则会导致氟骨症的发生。因此,有必要对氟含量较高的食物进行氟脱除。在众多氟脱除技术中,吸附除氟技术凭借其简单易操作等优点,受到研究者的广泛关注。但目前吸附除氟技术多应用于水溶液中,在油脂体系中的应用则十分少见。

经推测，南极磷虾油中的氟极有可能为自由型和结合型两种形式，而结合型氟则可能与其他成分（脂质成分和/或非脂质成分）相结合。对于南极磷虾油中可能存在的自由型氟和与非脂成分相结合的氟，采用吸附法有可能脱除该部分氟。鉴于此，本研究探索了南极磷虾油中氟的赋存形态，并尝试对其中的氟进行了吸附脱除，可以为正确评价南极磷虾油的食用安全性提供依据。

一、试　　验

（一）原料

热干燥南极磷虾粉、冻南极磷虾全虾、冻南极磷虾虾肉由辽渔集团股份有限公司提供。其中，热干燥南极磷虾粉经加热干燥、粉碎后于船上制得；冻南极磷虾全虾、冻南极磷虾虾肉于实验室中经冷冻干燥后粉碎制得冻干南极磷虾全虾粉、冻干南极磷虾虾肉粉。将各虾粉原料置于-20 ℃冰箱备用。

（二）样品制备

1. 正己烷浸提法

以南极磷虾粉为原料，按料液比 1∶4（虾粉质量∶溶剂体积，g/mL）的比例加入正己烷，室温下搅拌 30 min。然后 4 ℃下静置过夜，取上清液，于 5 500*g*、4 ℃条件下离心 10 min。再于 35 ℃下真空旋转蒸发除去正己烷，得到南极磷虾油。

对于不同蛋白含量的南极磷虾油，制备过程中对浸提液分别静置 0.10 h、0.25 h、0.50 h、0.75 h、1.00 h、2.00 h、6.00 h、12.00 h、24.00 h 等时间，其后的离心过程则省去。

2. 超临界 CO_2 萃取法

以南极磷虾粉为原料，采用超临界 CO_2 萃取技术，于 40 ℃、25 MPa 条件下萃取 60 min，即得到南极磷虾油。

（三）南极磷虾油中氟的吸附脱除

取 2 g 南极磷虾油溶解于 80 mL 正己烷中，加入 4 g 吸附剂，再于室温（20±3）℃下磁力搅拌 2 h。然后于 5 000*g*、4 ℃条件下离心 10 min。将上清液真空旋转蒸发除去溶剂，即得除氟后的虾油样品。

（四）南极磷虾油中氟的吸附脱除

氟的检测主要采用总离子强度缓冲剂（TISAB）标准加入法，具体步骤：将待测液倒入 100 mL 塑料烧杯中，投入磁性搅拌子，插入氟离子复合电极，在电磁搅拌下读取样品的稳定电位值 E_1(mV)，然后加入一定体积的氟标准溶液，再测定其电位值 E_2(mV)，根据下式计算样品中的氟含量：

$$C_F=\frac{M}{m}\times\frac{50+V}{50}\times\frac{1}{10^{\frac{E_1-E_2}{S}}-1}$$

式中，C_F为样品的氟质量分数，mg/kg；M 为加入的标准氟的质量，μg；m 为样品质量，g；V 为加入氟标准液的体积，mL；S 为电极的斜率。

（五）蛋白检测

蛋白的测定主要采用 AOAC(1990)标准方法 981.10[20]，$N\times6.25$。

（六）统计学方法

实验数据均以平均值±标准偏差表示，并采用 SPSS16.0 统计学软件对实验所得各组数据进行单因素方差分析(One-way AVOVA 中的 SNK)，在 $P<0.05$ 时认为有统计学差异。

二、结果与讨论

（一）分析方法的准确度

添加不同量的氟标准物质于可食用花生油中，采用 TISAB 标准加入法进行检测。当氟添加量为 1 mg/kg、4 mg/kg、16 mg/kg、64 mg/kg、256 mg/kg 时，其相应检测准确度分别为 5.07%、1.48%、4.78%、6.57%、4.30%。该结果表明，在此浓度范围内，采用TISAB 标准加入法分析南极磷虾油中的氟含量，其结果准确可靠。

（二）不同种类南极磷虾粉的氟含量

采用 TISAB 标准加入法检测热干燥南极磷虾粉、冻干南极磷虾全虾粉、冻干南极磷虾虾肉粉的氟含量，分别为(1 674.02±128.3) mg/kg、(828.60±35.85) mg/kg 和(47.91±1.95) mg/kg，其相应蛋白含量则分别为(56.24±0.26)%、(59.61±1.77)%和(80.65±0.01)%。

南极磷虾的氟含量通常较高，Soevik 和 Braekkan 等研究发现，冻干脱脂磷虾粉的氟含量为 2 400 mg/kg[21]，而 Adelung 等则检测了冻干南极磷虾中的氟，为 1 058 mg/kg[22]。此外，南极磷虾各部位的氟分布并不均一，如虾壳中的氟含量最高,虾肉中的氟含量则相对较少。Adelung 等检测了冻干南极磷虾肉的氟含量,为4.5 mg/kg[22],而 Soevik 和 Braekkan 等的检测结果则为 570 mg/kg[21]。检测结果的差异可能由储藏过程中氟的迁移引起,在冷冻储藏过程中,南极磷虾壳中的氟会迁移至虾肉中。在本研究中,与冻干南极磷虾全虾粉相比,热干燥南极磷虾粉在热加工过程中会脱除部分虾肉和蛋白,从而引起氟含量的升高。而冻干南极磷虾虾肉粉的氟含量较低,也与其加工方式有着密切关系。本研究中使用的冻南极磷虾虾肉为捕捞上船后立即剥壳分离制得,这也最大程度降低了氟从虾壳到虾肉的迁移。

(三)不同浸提原料制得的南极磷虾油的氟含量

以热干燥南极磷虾粉、冻干南极磷虾全虾粉、冻干南极磷虾虾肉粉为浸提原料,以正己烷为浸提溶剂,制备南极磷虾油。对氟含量进行检测,分别为(91.52±0.43) mg/kg、(4.63±1.41) mg/kg 和(29.66±1.38) mg/kg。曹文静等研究发现,采用正己烷-乙醇混合溶剂(10∶1,体积比)浸提冻干南极磷虾制备的虾油中,氟含量为 85.30 mg/kg[23]。

对上述 3 种南极磷虾油的蛋白含量进行检测,分别为(4.86±0.02)%、(0.10±0.02)%和(2.27±0.08)%,结果表明虾油中的氟含量与蛋白含量可能存在一定相关性。由于南极磷虾油未进行精炼处理,所以含有一定量杂质,如脂蛋白、不溶性杂质等,而虾油中的氟就可能与脂蛋白有着密切关系。例如,热干燥南极磷虾粉为船上直接热干燥制备,由于经过加热工艺的处理,其含有的内源性蛋白酶可以被钝化,在储藏过程中其脂蛋白水解程度也相应较低。因此,采用正己烷浸提热干燥南极磷虾粉制备的虾油,其脂蛋白含量也相应较高,从而导致其氟含量比冻干南极磷虾全虾粉和冻干南极磷虾虾肉粉组高。

为进一步评价南极磷虾油中氟与蛋白的关系,可制备不同蛋白含量的南极磷虾油,进行进一步的探讨研究。

(四)不同蛋白含量的南极磷虾油中氟的研究

采用正己烷浸提热干燥南极磷虾粉,对浸提液静置不同时间(0.10 h、0.25 h、0.50 h、0.75 h、1.00 h、2.00 h、6.00 h、12.00 h、24.00 h)以脱除部分蛋白,制取南极磷虾油。

随着静置时间的延长,虾油的透光性有所改善,流动性也逐渐变好。经检测,其氟含量分别为(433.66±5.79)mg/kg、(256.56±1.27)mg/kg、(206.22±2.18)mg/kg、(185.31±8.35)mg/kg、(165.52±4.94)mg/kg、(145.64±1.14)mg/kg、(132.31±13.40)mg/kg、(119.06±0.37)mg/kg、(109.11±1.14)mg/kg,相应的蛋白

含量分别为(9.64±0.32)%、(7.16±0.22)%、(6.18±0.07)%、(6.03±0.50)%、(5.58±0.25)%、(5.07±0.04)%、(4.83±0.14)%、(4.58±0.02)%、(4.64±0.18)%。双变量分析结果表明,上述 9 种虾油的氟含量和蛋白含量之间存在显著正线性关系($R=0.989, P<0.01$)。为进一步验证此关系,可以制备不含蛋白的南极磷虾油,检测其是否含氟。

(五) 超临界 CO_2 萃取制得的南极磷虾油的氟含量研究

采用超临界 CO_2 萃取法制备了南极磷虾油,经检测发现其中不含有脂蛋白,也不含有氟,该结果进一步验证了南极磷虾油中的氟主要结合于残留的脂蛋白中。

(六) 南极磷虾油中氟的吸附脱除

采用不同吸附剂脱除南极磷虾油中的氟,检测除氟前后虾油中的氟含量,计算氟脱除率。研究结果表明,活性白土、氧化钙、活性炭、氯化钙、活性氧化铝和壳聚糖的氟脱除率分别为 70.66%、14.49%、11.97%、9.32%、0.94%和 0.52%,相应的蛋白脱除率分别为(35.94±2.10)%、(4.52±0.18)%、(4.14±0.07)%、(3.81±0.07)%、(0.21±0.10)%、(0.33±0.06)%。双变量分析结果表明,各种吸附剂的氟脱除率与蛋白脱除率之间呈显著正线性相关,该结果进一步确认了南极磷虾油中的氟结合于残留的脂蛋白中。

三、结　　论

虾油中的氟含量和蛋白含量之间呈显著正线性相关,而采用超临界 CO_2 萃取法制备的虾油,既不含蛋白,也不含氟,这说明南极磷虾油中的氟可能结合于残留的脂蛋白中。此外,可以采用活性白土、氧化钙等吸附剂脱除南极磷虾油中的氟,且各种吸附剂的氟脱除率与蛋白脱除率之间呈显著正线性相关。

参 考 文 献

[1] ULVEN S M. Metabolic effects of krill oil are essentially similar to those of fish oil but at lower dose of EPA and DHA, in healthy volunteers[J]. Lipids, 2011, 46(1): 37-46.

[2] SAVAGE G P, FOULDS M J. Chemical composition and nutritive value of antarctic krill (*Euphausia superba*) and southern blue whiting (*Micromesistius australis*)[J]. New Zealand Journal of Marine and Freshwater Research, 2010, 21(4): 599-604.

[3] 贺瑞坤,罗海吉. 南极磷虾油对人体健康的作用[J]. 食品研究与开发,2013,34(20): 130-133.

[4] GHASEMIFARD S, TURCHINI G M, SINCLAIR A J. Omega-3 long chain fatty acid "bioavailability": a review of evidence and methodological considerations[J]. Progress in Lipid Research, 2014, 56(56): 92-108.

[5] PICQ M, CHEN P, PEREZ M, et al. DHA metabolism: Targeting the brain and lipoxygenation[J]. Molecular Neurobiology, 2010, 42(1): 48-51.

[6] ROSSEISL M, JILKOVA Z M, KUDA O, et al. Metabolic effects of n-3 PUFA as phospholipids are superior to triglycerides in mice fed a high-fat diet: possible role of endocannabinoids[J]. PLoS One, 2012, 7(6): e38834.

[7] FERRAMOSCA A, CONTE A, BURRI L, et al. A krill oil supplemented diet suppresses hepatic steatosis in high-fat fed rats[J]. PLoS One, 2012, 7(6): e38797.

[8] TANDY S, CHUNG R W S, WAT E, et al. Dietary krill oil supplementation reduces hepatic steatosis, glycemia, and hypercholesterolemia in high-fat-fed mice[J]. Journal of Agricultural and Food Chemistry, 2009, 57(19): 9339-9345.

[9] DEUTSCH L. Evaluation of the effect of Neptune Krill Oil on chronic inflammation and arthritic symptoms[J]. Journal of the American College of Nutrition, 2007, 26(1): 39-48.

[10] GRIMSTAD T, BJORNDAL B, CACABELOS D, et al. Dietary supplementation of krill oil attenuates inflammation and oxidative stress in experimental ulcerative colitis in rats[J]. Scandinavian Journal of Gastroenterology, 2012, 47(1): 49-58.

[11] GIGLIOTTI J C, DAVENPORT M P, BEAMER S K, et al. Extraction and characterisation of lipids from Antarctic krill (*Euphausia superba*)[J]. Food Chemistry, 2011, 125: 1028-1036.

[12] ZHU J J, SHI J H, QIAN W B, et al. Effects of krill oil on serum lipids of hyperlipidemic rats and human SW480 cells[J]. Lipids in Health and Disease, 2008, 7(1): 30.

[13] MARZO V D, GRIINARI M, CARTA G, et al. Dietary krill oil increases docosahexaenoic acid and reduces 2-arachidonoylglycerol but not N-acylethanolamine levels in the brain of obese Zucker rats[J]. International Dairy Journal, 2010, 20(4): 231-235.

[14] PISCITELLI F, CARTA G, BISOGNO T, et al. Effect of dietary krill oil supplementation on the endocannabinoidome of metabolically relevant tissues from high-fat-fed mice[J]. Nutrition & Metabolism, 2011, 8(1): 51.

[15] FOSSHAUG L E, BERGE R K, BEITNES J O, et al. Krill oil attenuates left ventricular dilatation after myocardial infarction in rats[J]. Lipids in Health and Disease, 2011, 10: 245.

[16] YOSHITOMI B, YAMAGUCHI H. Chemical composition of dried eyeballs from *Euphausia superba* and *Euphausia pacifica*[J]. Fisheries Science, 2007, 73(5): 1186-1194.

[17] WINTHER B, HOEM N, BERGE K, et al. Elucidation of phosphatidylcholine composition in krill oil extracted from *Euphausia superba*[J]. Lipids, 2011, 46(1): 25-36.

[18] 施佳慧,吕桂善,徐同成,等. 磷虾油的脂肪酸成分及其降血脂功能研究[J]. 营养学

报,2008,30(1):115-116.

[19] GHOSH A, MUKHERJEE K, GHOSH S K, et al. Sources and toxicity of fluoride in the environment[J]. Research on Chemical Intermediates, 2015, 39: 2881-2915.

[20] WILLIAMS S. Official methods of Analysis of the Association of Official Analytical Chemists[M]. Washington: Association of Official Analytical Chemists, 1990.

[21] SOEVIK T, BRAEKKAN O R. Fluoride in Antarctic Krill (*Euphausia superba*) and Atlantic Krill (*Meganyctiphanes norvegica*)[J]. Journal of the Fisheries Board of Canada, 1979, 36(11): 1414-1416.

[22] ADELUNG D, BUCHHOLZ F, CULIK B, et al. Fluoride in tissues of krill *Euphausia superba* Dana and *Meganyctiphanes norvegica* M. Sars in relation to the moult cycle[J]. Polar Biology, 1987, 7(1): 43-50.

[23] 曹文静,惠欢庆,沈俊涛,等. 混合溶剂提取南极磷虾油的工艺研究[J]. 油脂加工, 2013,38(12):6-9.

PMP-HPLC-MS^n研究弱酸降解鲍鱼性腺多糖产生的寡糖

于 奇[1] 鲁姣姣[1] 宋 爽[1,2,3]

1. 大连工业大学食品学院,大连;
2. 国家海洋食品工程技术研究中心,大连;
3. 海洋活性多糖开发应用技术国家地方联合工程实验室,大连

近些年来,随着国内外学者对多糖研究的不断深入,发现多糖具有抗肿瘤、提高免疫力、降血糖、抗衰老等多种功效[1-4]。但由于多糖分子质量大、分子体积大、水溶性差,这极大地限制了多糖生物活性的发挥[5]。而大量研究表明,当采用降解手段有效降低功能多糖的分子质量后,其生物活性常常有显著提升[6-7]。弱酸降解法是制备低分子质量多糖的常用手段[8-11],但需要注意的是,在制备低分子质量多糖产物的同时,还可能产生小分子寡糖。寡糖由于分子质量小,更易吸收,生物利用度更高,所以可能具有更为显著的生理活性,包括抗病毒、抗氧化、抗血栓和抗凝血活性[12-15]等。但是在以往的报道中,研究者们往往只关注于弱酸降解产生的低分子质量多糖,而忽略了同时产生的小分子寡糖副产物。为了保证多糖经弱酸降解处理的产品的品质和安全,本研究将考察弱酸降解时产生的小分子寡糖。

多糖降解产生的寡糖可能存在多种同分异构体,而且缺乏生色团或荧光团,直接检测较为困难,常常采用柱前或柱后衍生化色谱法分离和检测,以改善其分离选择性和提高检测灵敏度。1-苯基-3-甲基-5-吡唑啉酮(PMP)柱前衍生化法因反应条件较温和、产物无立体异构、紫外和质谱检测灵敏度较高,得到较为广泛的应用[16-19]。对于寡糖链的结构分析,质谱具有灵敏度高、可获得多种结构信息和适于分析混合物等优点,通过与衍生化方法及色谱分离技术联用,成为水解产物中寡糖定性定量的理想手段[20]。

鲍鱼性腺多糖具有抗凝血[21]、抗氧化[22]、增强免疫力[23]、抗癌[24]等多种活性。本研究分析了一种鲍鱼性腺多糖(AGSP)在弱酸降解过程中产生的寡糖,考察了酸降解条件对寡糖产率的影响,为鲍鱼性腺多糖的高效合理利用提供科学依据。

一、试　　验

（一）材料与试剂

AGSP 由本实验前期提取制备自鲍鱼性腺[25]。1-苯基-3-甲基-5-吡唑啉酮（化学纯），国药集团化学试剂有限公司；三氟乙酸（分析纯）、乙酸铵（色谱纯），阿拉丁；氨水（分析纯）、氯仿（分析纯），天津市石英钟厂霸州市化工分厂；甲醇（色谱纯）、乙腈（色谱纯），美国 Specturm chemical MFG 公司。

（二）仪器与设备

AL204 电子天平，梅特勒-托利多仪器（上海）有限责任公司；XW-80 漩涡混合器，上海精科实业有限公司；HH-S 水浴锅，巩义市予华仪器责任有限公司；LXQ 液相色谱-线性离子阱质谱仪（配有电喷雾离子源及 Xcalibur 数据处理系统），Thermo Scientific 公司；CoolSafe 110-4/Scan Speed 40 冻干浓缩一体机，丹麦 Labogene 公司。

（三）方法

1. 酸水解

称取 AGSP 样品 15 mg，用 1.00 mL 水溶解。8 个 5 mL 具塞水解管中各加入 100 μL AGSP 溶液，然后再分别加入 25 μL、50μL、125μL、200μL、275μL、350μL、425μL、500 μL 的 4 mol/L 的三氟乙酸水溶液，最后均补水至 1.00 mL，使三氟乙酸的最终浓度分别为 0.1 μL、0.2 μL、0.5 μL、0.8 μL、1.1 μL、1.4 μL、1.7 μL、2.0 mol/L。并称取 AGSP 标准品 5 mg 于 1 个 5 mL 具塞水解管中，加入 1.00 mL 的 2 mol/L 的三氟乙酸。密封后，在 100 ℃烘箱中水解 1 h。冷却至室温后采用冻干浓缩一体机除去溶剂，然后加入 0.5 mL 水再次冷冻浓缩除去溶剂，重复 3 次，以除去三氟乙酸。

2. PMP 柱前衍生化

加入 400 μL 的氨水溶解水解管中的残渣，再加入 400 μL 0.3 mol/L 的 PMP 甲醇溶液，70 ℃水浴 30 min，完成衍生化反应。然后加入 1 mL 甲醇，离心浓缩除去溶剂，重复 3 次，以除去氨水。加入 1 mL 水溶解残渣，再加入 1 mL 的氯仿，振荡后静置，除去氯仿，重复萃取 3 次以除去多余的 PMP，水层作为供试液。经 0.22 μm 微孔滤膜过滤后，进行 HPLC-MS^n 分析。

3. HPLC-MS^n 液质分析

色谱条件：Silgreen ODS C18 色谱柱（250 mm×4.6 mm，5 μm）；柱温 30 ℃；

流动相 20 mmol 乙酸铵-乙腈(78∶22,*V/V*);流速 1 mL/min。

质谱条件:离子源 ESI 源;喷雾电压 4.5 kV;毛细管温度为 275 ℃;毛细管电压为 37 V;鞘气 40 AU;辅助气 10 AU;正离子模式检测;扫描方式为全扫描(Full Scan);扫描范围为 *m/z* 100~2 000。

二、结果与讨论

(一) 寡糖的鉴定

虽然酸降解特异性差,但不同单糖的糖苷键水解的难易程度还是存在差异,其中糖醛酸的糖苷键最难水解[26],所以在含糖醛酸多糖的水解过程中能够大量生成非还原端为糖醛酸的二糖,同时生成四糖等偶数寡糖的概率也相对有所增加。本实验通过对降解产物 PMP 衍生化后,高效液相色谱-离子阱质谱检测,从 AGSP 的酸降解产物中共发现了 2 种二糖和 1 种四糖。

两种二糖 PMP 衍生物准分子离子均为 *m/z* 687.3[已糖+己糖醛酸+2PMP-$2H_2O+H]^+$,保留时间分别在 21 min 和 24 min 左右(图 1),相应二糖命名为 DS1 和 DS2。如图 2 所示,DS1 和 DS2 的 PMP 衍生物的质谱裂解模式基本一致,*m/z* 687.3 的分子离子峰在二级质谱产生 *m/z* 511[已糖+2PMP-$H_2O+H]^+$的子离子,而 *m/z* 511 的离子在三级质谱裂解出 *m/z* 175[PMP+H$]^+$的子离子。所以推断 DS1 和 DS2 均为己糖醛酸连于己糖形成的二糖。另外,通过与前期已鉴定的二糖衍生物[25]的保留时间比对,确定 DS2 为 β-GlcA(1→2)-Man,是 AGSP 主链裂解的二糖,结构如图 3 所示。

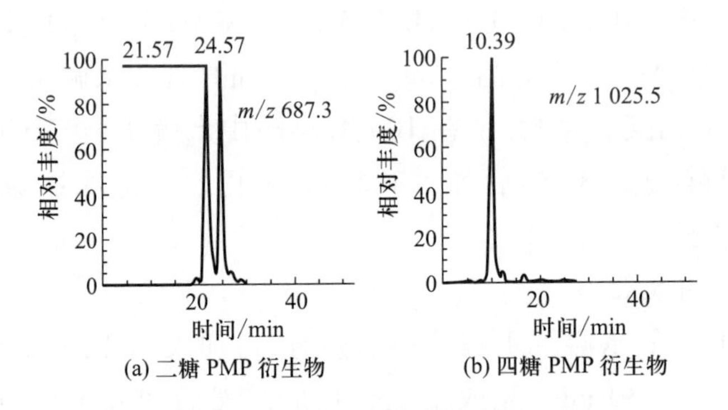

(a) 二糖 PMP 衍生物　　(b) 四糖 PMP 衍生物

图 1　AGSP 降解产物选择离子色谱图

在 AGSP 酸降解产物中发现的四糖被命名为 TS,它的 PMP 衍生物的质荷比为 1 025.5[2 已糖+2 葡萄糖醛酸+2PMP-$4H_2O+H]^+$,其在二级质谱中裂解出了 *m/z* 849、687 和 511 的子离子,而 *m/z* 687 的离子在三级质谱也裂解得到了 *m/z*

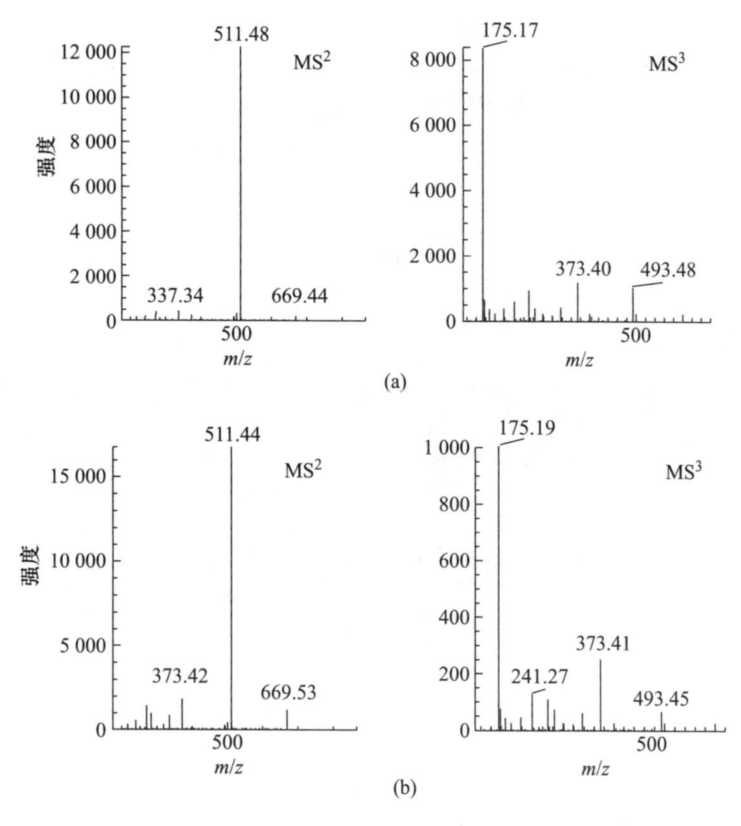

图 2 DS1(a)和 DS2(b)的二级(MS^2)和三级(MS^3)质谱图

511 离子(图 4)。由这些质谱信息可以推断出该四糖是由糖醛酸、己糖、糖醛酸、己糖依次连接而成,而进一步与前期已鉴定的四糖衍生物[25]的保留时间的对比,可以确定其结构为 β-GlcA(1→2)-α-Man(1→4)-β-GlcA(1→2)-α-Man,如图 5 所示,是由两个 DS2 连接而成。本研究中,还对 HPLC-MS^n 中的其他信号较强离子进行了分析,发现了一些单糖 PMP 衍生物,但并未发现其他寡糖衍生物。由于糖醛酸的糖苷键不易被断裂,所以 AGSP 降解产生的寡糖含偶数单糖,除了二糖、四糖,还可能有六糖、八糖等,但可能由于聚合度较大的寡糖结构中存在的己糖糖苷键较多,易被酸进一步降解,所以产率很低,故未被检测出。另外,在弱酸降解条件下 AGSP 能够生成一些低分子量多糖[25],但由于它们分子质量大,难溶于甲醇溶液,在 PMP 衍生化中发生沉降,所以未显示出信号。

(二)酸浓度对寡糖产率的影响

因为二糖和四糖的生成需要糖醛酸的糖苷键保持而非糖醛酸的糖苷键全部或部分断裂,所以二糖和四糖的产率与酸浓度并不一定呈正相关。本研究考察了在较弱的酸降解条件范围内,二糖和四糖的产率的变化情况。

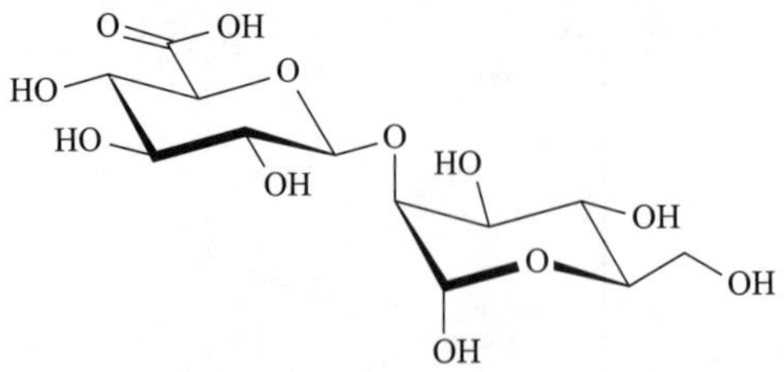

(a)

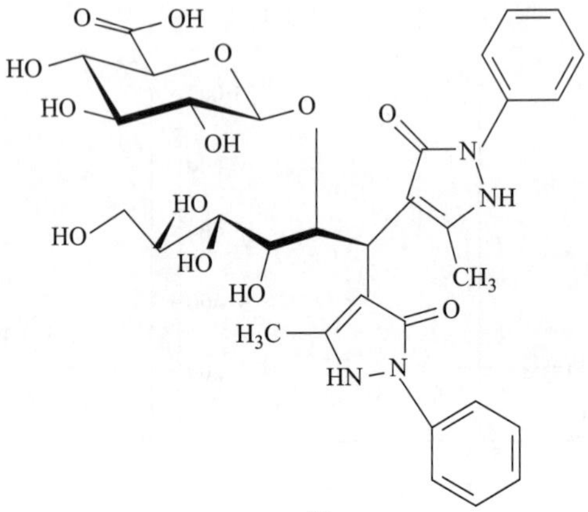

(b)

图 3　DS2(a)和 DS2 的 PMP 衍生物(b)结构

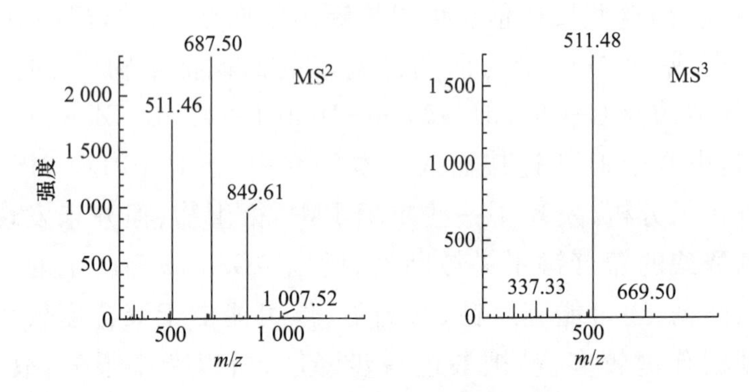

图 4　TS PMP 衍生物的质谱图

AGSP 经不同浓度的 TFA 降解获得的产物,经 PMP-HPLC-MS^n 检测后,分别从总离子流中提取二糖和四糖 PMP 衍生物的准分子离子 m/z 687.3 和 1 025.5,对相应色谱峰进行积分,根据峰面积比较各寡糖在不同酸浓度降解时的产率。如图 6 所示,三种寡糖均是在最低试验酸浓度 0.1 mol/L 时产率最少,随着酸浓度的增加产率有明显的升高趋势,在最高试验浓度 2.0 mol/L 时达到最高。其

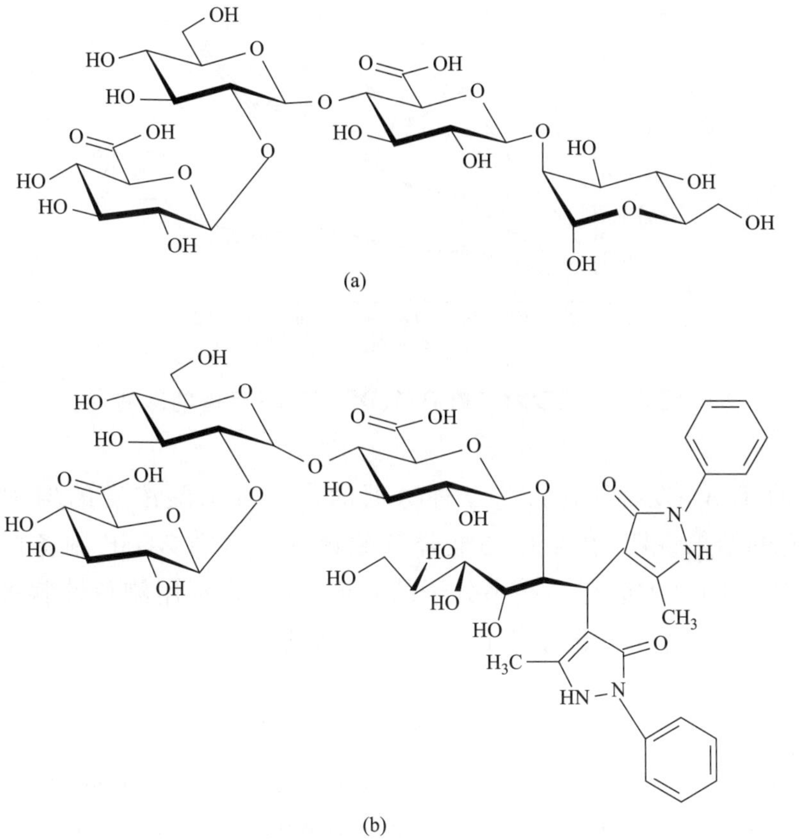

(a)

(b)

图 5　TS(a)及其 PMP 衍生物(b)的结构

中,DS1 产率随酸浓度变化最为敏感,这可能与它的糖苷键的特性有关。DS2 和 TS 产率的变化趋势相似,由于 TS 是由两个 DS2 连接而成,对 GlcA 和 Man 的糖苷键的裂解情况影响着这两种寡糖的产率。

由以上结果可知,在弱酸降解的条件下能够产生二糖和四糖寡糖片段,而且在试验的条件范围内,产量随酸浓度的增加呈升高趋势。弱酸降解法常应用于降低多糖分子质量,本研究的结果说明产物中除了低分子质量多糖,还可能产生一些小分子寡糖。由于小分子寡糖易吸收、生物利用度高[27-28],而且可能具有更高的生物活性[29-30],所以不能被忽视。

三、结　　论

通过 PMP-HPLC-MS^n 检测发现,鲍鱼性腺多糖 AGSP 在弱酸降解时能够产生两种二糖(DS1 和 DS2)和一种四糖(TS),两种二糖均是由已糖醛酸通过糖苷键连于已糖,其中 DS2 结构为 β-GlcA(1→2)-Man,TS 为 β-GlcA(1→2)-α-Man(1→4)-β-GlcA(1→2)-α-Man。而且,在 100 ℃加热 1 h 的条件下,0.1~

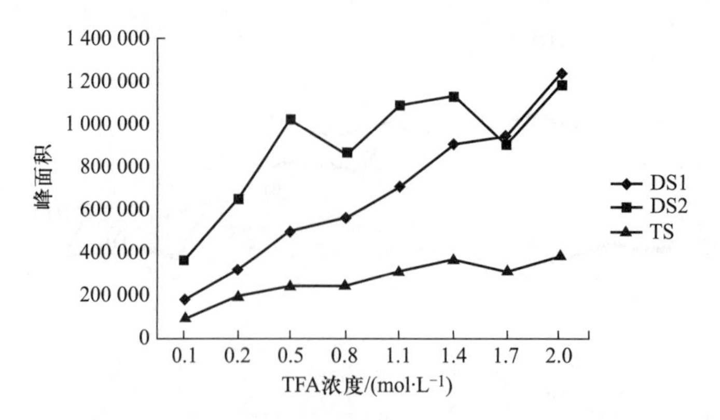

图 6 酸浓度对二糖 DS1、DS2 和 TS 产率的影响

2.0 mol/L 的 TFA 浓度范围内,这三种寡糖的产率都随酸浓度的增加呈升高趋势。本研究的结果说明,在采用弱酸降解鲍鱼性腺多糖 AGSP 制备低分子质量多糖时,产物中同时还会有一些小分子的寡糖,在开发利用鲍鱼性腺多糖时应予以考虑。对这些寡糖的功能活性还有待进一步研究。

参考文献

[1] HUANG T T, LIN J, CAO J F, et al. An exopolysacchaide from Trichoderma pseudokoningii and its apoptosis activity on human leukemia K562 cells[J]. Carbohydrate Polymers, 2012, 89(2): 701-702.

[2] CHENG H R, LI S S, FAN Y Y, et al. Comparative studies of the antiproliferative effects of ginseng polysaccharides on HT-29 human colon cancer cells[J]. Medical Oncology, 2011, 28(1): 175-181.

[3] REN C J, ZHANG Y, CUI W Z, et al. A polysaccharide extract of mulberry leaf ameliorates hepatic glucose metabolism and insulin signaling in rats with type 2 diabetes induced by high fat-diet and streptozotocin[J]. International Journal of Biological Macromolecules, 2014, 72: 951-959.

[4] ZENG W C, ZHANG Z, JIA L R. Antioxidant activity and characterization of antioxidant polysaccharides from pine needle (*Cedrus deodara*) [J]. Carbohydrate Polymers, 2014, 108: 58-64.

[5] 陈蕾, 吴皓. 多糖降解方法的研究进展[J]. 中华中医药学刊, 2008, 26(1): 133-135.

[6] 郭峰君, 胡靖, 赵雪. 海带岩藻聚糖硫酸酯降解及基本结构分析[J]. 食品工业科技, 2014, 35(18): 93-97.

[7] ZHANG Z S, WANG X M, ZHAO M X, et al. Free-radical degradation by $Fe^{2+}/V_c/H_2O_2$ and antioxidant activity of polysaccharide from *Tremella fuciformis*[J]. Carbohydrate Polymers, 2014, 112: 578-582.

[8] LI H Y, MAO W J, HOU Y J, et al. Preparation, structure and anticoagulant activity of a low molecular weight fraction produced by mild acid hydrolysis of sulfated rhamnan from *Monostroma latissimum*[J]. Bioresource Technology, 2012, 114: 414-418.

[9] YAMADA T, OGAMO A, SAITO T, et al. Preparation and anti-HIV activity of low-molecular-weight carrageenans and their sulfated derivatives[J]. Carbohydrate Polymers, 1997, 32(1): 51-55.

[10] WU M Y, HUANG R, WEN D D. Structure and effect of sulfated fucose branches on anticoagulant activity of the fucosylated chondroitin sulfate from sea cucumber *Thelenata ananas*[J]. Carbohydrate Polymers, 2012, 87(1): 862-868.

[11] LI B, LIU S, XING R G, et al. Degradation of sulfated polysaccharides from *Enteromorpha prolifera* and their antioxidant activities[J]. Carbohydrate Polymers, 2013, 92(2): 1991-1996.

[12] KATSURAYA K, NAKASHIMA H. Synthesis of sulfated oligosaccharide glycosides having high anti-HIV activity and the relationship between activity and chemical structure[J]. Carbohydrate Research, 1999, 315(3/4): 234-242.

[13] YUAN H M , ZHANG W W , LI X, et al. Preparation and in vitro antioxidant activity of κ-carrageenan oligosaccharides and their oversulfated, acetylated and phosphorylated derivatives[J]. Carbohydrate Research, 2005, 340(4):685-692.

[14] CHEVOLOT L, MULLOY B, RATISKOL J, et al. A disaccharide repeat unit is the major structure in fucoidans from two species of brown algae[J]. Carbohydrate Research, 2001, 330(4): 529-535.

[15] 李红燕. 宽礁膜抗凝血活性多糖及其寡糖的制备和结构研究[D]. 青岛: 中国海洋大学: 2011.

[16] HONDA S, SUZUKI S, TAGA A. Analysis of carbohydrates as 1-phenyl-3-methyl-5-pyrazolonederivatives by capillary/microchip electrophoresis and capillary electrochromatography[J]. Journal of Pharmaceutical and Biomedical Analysis, 2003, 30: 1689-1714.

[17] 王仲孚, 张英, 林雪, 等. 1-苯基-3-甲基-5-吡唑啉酮(PMP)柱前衍生化寡糖链的HPLC分离及其激光解吸电离质谱分析[J]. 化学学报, 2007, 65(23): 2761-2764.

[18] WU X D, JIANG W, LU J J, et al. Analysis of the monosaccharide composition of water-soluble polysaccharides from *Sargassum fusiforme* by high performance liquid chromatography/ electrospray ionisation mass spectrometry[J]. Food Chemistry, 2014, 145: 976-983.

[19] CAO J L, WEN C R, LU J J, et al. Characterization of acidic polysaccharides from the mollusks through acid hydrolysis[J]. Carbohydrate Polymers, 2015, 130: 268-274.

[20] 王承健,王仲孚. 糖链的生物质谱分析[J]. 生命科学, 2011, 23(6):569-576.

[21] 徐美玲, 孙黎明, 周大勇, 等. 皱纹盘鲍性腺多糖体外免疫活性和抗凝血活性的研究[J]. 水产科学, 2009, 28(9): 498-500.

[22] ZHU B W, YANG J F, LI D M, et al. Structure investigation of polysaccharide from abalone,*Haliotis discus hannai* Ino. viscera[J]. Journal of Biotechnology, 2008, 136: 591-592.

[23] 沈鸣，陈建伟. 氨基多糖的药理研究进展[J]. 上海医药，2001，22(6)：268-269.

[24] 朱莉莉，孙黎明. 鲍鱼内脏蛋白多糖体内对 H22 肝癌的抑制作用[J]. 营养学报，2009，31(5)：478-485.

[25] WANG H X, ZHAO J, LI D M, et al. Structural investigation of an uronic acid-containing polysaccharide from abalone by graded acid hydrolysis followed by PMP-HPLC-MS^n and NMR analysis[J]. Carbohydrate Research, 2015, 402: 95-101.

[26] DE K K, TIMELL T E. The acid hydrolysis of glycosides: IV. Hydrolysis of aldobiouronic acids[J]. Carbohydrate Research, 1967, 4(2): 177-181.

[27] WANG W, ZHANGP, YU G L, et al. Preparation and anti-influenza A virus activity of κ-carrageenan oligosaccharide and its sulphated derivatives[J]. Food Chemistry, 2012, 133(3): 880-888.

[28] 牟海津. 酶法制备新 k-卡拉四、六糖的化学及生物学研究[D]. 青岛：中国海洋大学：2003.

[29] 卢穹宇. 两种方法降解的肝素寡糖的制备及其对 HUVEC 细胞因子分泌的影响[D]. 青岛：山东大学：2009.

[30] 张真庆，江晓路，管华诗. 寡糖的生物活性及海洋性寡糖的潜在应用价值[J]. 中国海洋药物，2003(3)：51-56.

即食海参经多次冻融循环后品质变化

祖崟雪　谭明乾

国家海洋食品工程技术研究中心,大连工业大学食品学院,大连

即食海参在形态和营养上是最接近新鲜海参的一种海参产品。由于其产品性质的不稳定,多在冷冻的条件下进行贮藏和流通。目前我国冷链系统尚未十分完善,反复冻融的现象在贮运中难以避免。现阶段有关即食海参的研究多集中于加工方法或其中的生物活性物质,未见对即食海参反复冻融后的产品性质进行研究。因此对即食海参反复冻融后的品质变化进行研究具有十分重要的意义。

一、材料与方法

(一) 材料与仪器

新鲜海参:购自大连刘家桥市场,每只海参质量为(90±5) g。用冰盒低温运输到实验室后立即对其进行预处理。用干净剪刀从肛门处沿腹部中心线剖至体长的 1/3,将内脏清除后用流水清洗体壁,置于避光的冰上备用。

MesoMR23-060V-1 核磁共振成像分析仪,上海纽迈电子科技有限公司;UltraScan Pro 测色仪,美国 HunterLab 公司;TA.XT.plus 物性测试仪,英国 SMS 公司。

(二) 方法

1. 原料预处理

海参放入沸水中煮 15 min 定型,冷却并沥干水分后放入热封袋中真空封口,随后放入高压锅中在 109 ℃条件下压制 5 min,得到即食海参。

2. 即食海参的反复冻融

将即食海参置于-20 ℃的冰箱中冷冻 12 h,在-25 ℃的室温中解冻 90 min。将这一次冷冻-解冻过程称为一次冻融循环。反复冻融 25 次。

3. 低场核磁共振测试及 MRI 成像

（1）样品 CPMG 信号采集。

实验使用磁场强度为 0.5 T 的永磁体，使用前确定磁体温度稳定在 32 ℃。实验使用直径为 40 mm 的变温线圈，开启控温设备，将线圈测试腔内温度调至(25±1) ℃，待温度稳定后放入标准硫酸铜溶液，开启 FID 序列确定仪器中心频率并寻找 90°及 180°脉冲宽度。随后切换至 CPMG 序列采集样品的横向驰豫信号，采样参数：SF+O1 为 21.16 MHz，90°脉冲时间 P_1 为 13 μs，180°脉冲时间 P_2 为 26 μs，重复采样等待时间 T_w 为3 000 ms，SW 为 100 kHz，RFD 为 0.080 ms，模拟增益 RG1 为 20.0 db，数字增益 DRG1 为 1，前置放大增益 PRG 为 1，累加次数 NS 为 4，回波个数 NECH 为 10 000。

（2）样品 MRI 信号采集。

采用多层自旋回波(SE)序列对解冻后的海参进行磁共振成像，参数设置：层数，4；视野 Fov，100 mm×100 mm；层厚，3.5 mm；层间隙，0.7 mm；Read size，256；Phase size，192；T_1 加权成像的重复时间 TR，160 ms；回波时间 TE，18.124 ms；扫描次数 Average，4；T_2 加权成像的重复时间 TR，1 600 ms；回波时间 TE，50 ms；扫描次数 Average，8。

4. 理化指标测定方法

（1）解冻损失的测定。

将解冻后的样品从热封袋中取出，滤纸吸干表面水分，称重并记录数据。解冻损失计算公式如下：

$$w = (m_0 - m_n) / m_0 \times 100\% \tag{1}$$

式中，w 表示质量损失；m_0 为未冻结样品质量；m_n 为冻融 n 次后样品质量，n 为冻融次数。

（2）加压失水率的测定。

采用压力法[1]。将海参样品切成长×宽为 1.5 cm×1.5 cm 的小块，称重并记录质量 m_0，在样品上层放 2 层滤纸，下层放 3 层滤纸。用物性测试仪施加 5 000g 的力于样品之上并保持2 min，再次对样品进行称重并记录质量 m，样品加压失水率参照公式[2]：

$$加压失水率 = (1 - m/m_0) \times 100\% \tag{2}$$

式中，m_0表示未受压样品的质量；m 为受压后样品的质量。

（3）颜色的测定。

将经预处理后的样品切成长×宽为1.5 cm×1.5 cm 的小块，利用测色仪测定样品的 L^*、a^* 和 b^*。为保证测试结果的准确性，每个样品需测定 3 次，每个条件需准备 5 个平行样品[3]。

（4）质构特性分析。

TPA 质构分析采用物性测试仪进行，探头选取 P/50 型号，样品处理成长×宽为 1.5 cm×1.5 cm 大小，测试前、测试及测试后速度均为 1.0 mm/s，压缩程度为 75%，触发力 5g，两次压缩间隔时间为 5 s。

5. 数据分析

采用 Microsoft Office Excel 2013 及 Origin 8.5 软件对所得数据进行统计和绘图。数据间的显著性差异采用单因素方差分析（one-way ANVOA），分析软件为 SPSS 17.0。

二、结果与讨论

（一）即食海参反复冻融后低场核磁共振检测及 MRI 成像

采用多指数拟合分析的方法对实验得到的 CPMG 信号值进行分析，得到能够更好反映样品内部水分状态和分布的 T_2横向驰豫图谱（图 1）。图 1（a）中出现 4 个峰，代表未冻结的即食海参样品中存在 4 种水分组分，按照 4 个峰顶点所对应的驰豫时间由小到大分别将其命名为 T_{2b}、T_{21}、T_{22}和 T_{23}。因此其所对应的驰豫时间的范围分别为 0～10 ms，10～100 ms，100～1 000 ms，因此可推测 T_{2b}和 T_{21}属于结合水、T_{22}为束缚水、T_{23}为自由水。

对即食海参中的水分进行 T_1和 T_2加权成像并对其相对信号强度进行分析可知，随着冻融次数的增加，即食海参的 T_1和 T_2加权像中样品的亮度均逐渐下降，反映出冻融次数的增加会引起水分的流失。

总体来说，解冻时间的延长和冻融循环次数的增加使即食海参中水分的流动性增加，海参组织对其中水分的束缚能力逐渐减弱，组织的持水能力明显减弱。

（二）即食海参反复冻融后感官及理化品质变化

1. 颜色和质构

采用 L、a、b^* 色度标尺来表示样品颜色，随着冻融次数的增加，即食海参体壁外侧的亮度值从 25.73 逐渐下降到 0.61。有研究显示[4]，冰晶的破坏使组织中的大量水分渗出并堆积到食品表面，从而改变食品对光线的散射程度，导致食品亮度的改变。

对即食海参进行 TPA 分析。未经冻融处理的硬度在 4 732.09g，到解冻 25 次时，硬度降至最小，为 1 790.60g。硬度随冻融循环次数的增加而呈现显著下降的趋势。弹性呈现先略微下降后明显升高再显著下降的变化趋势。相比于咀

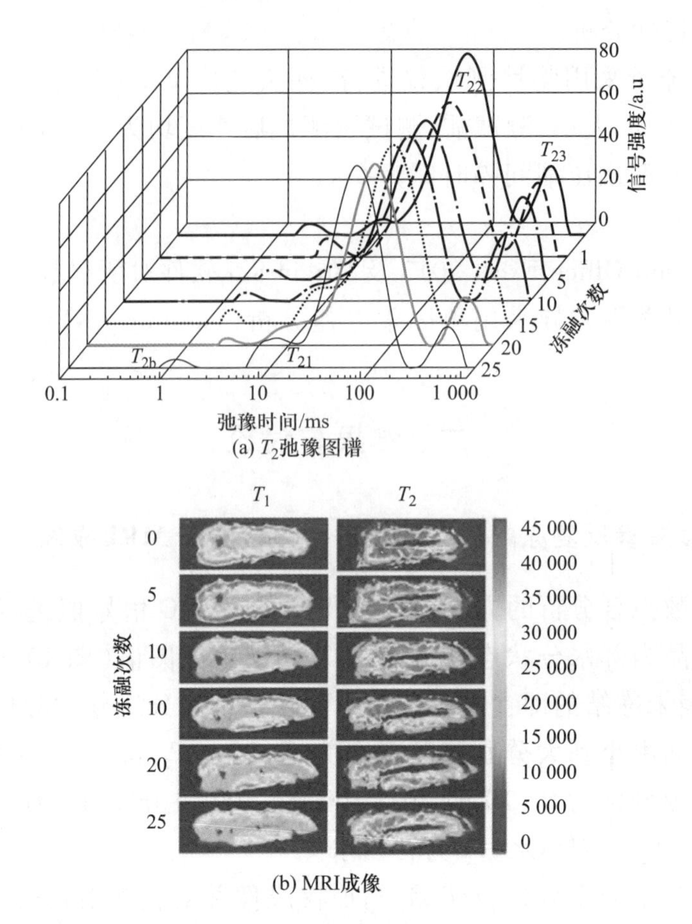

(a) T_2弛豫图谱

(b) MRI成像

图 1　反复冻融循环对即食海参的水分分布的影响

嚼性，即食海参的弹性在前 10 次冻融循环中变化较不明显。咀嚼性由硬度、弹性、黏聚性三者共同决定，是食品质地的一个综合指标。黏聚性和回复性均未表现出明显的变化趋势。反复冻融中质构参数的改变极有可能与冰晶对即食海参组织结构的破坏与组织中水分的流失有关[5]。

2. 解冻损失与加压失水率

经过 5、10、15、20、25 次冻融循环后，即食海参样品的解冻损失分别达到 21.49%、33.12%、39.69%、44.40%和 46.60%，呈现较为显著（$P<0.05$）的上升趋势。冻融循环次数增加的同时，即食海参的持水力逐渐减弱，减弱的速度随着冻融次数的增加而减慢。由此可见，反复冻融是冻藏食品质量损失的一个重要途径，因此，在诸如即食海参等高值产品的生产、储存、流通过程中应尽可能地避免温度的波动，减少产品的冻融次数。

（三）即食海参反复冻融后微观结构变化

未经冻结处理的即食海参样品具有致密且均匀的组织结构，胶原蛋白纤维之间连接紧密，无明显孔洞。反复冻融5次后，组织结构遭到破坏，纤维间出现了许多分布较均匀的细小孔洞；随着冻融循环的继续增加，细小的孔洞逐渐增大，并出现了一些大型的孔洞，整个组织呈现出越来越疏松的网状结构；至25次循环结束，组织间充斥巨大的孔洞，组织结构严重破损。相似的结果在反复冻融对牛背最长肌影响的研究中出现[6]。微观结构的研究结果更加直观地验证了反复冻融对即食海参结构与品质的极大破坏作用。

（四）即食海参反复冻融后微观结构变化

相关性分析结果显示（表1），在不同次数冻融循环之间，A_{22}与解冻损失、解冻失水率、样品亮度和硬度之间有较好的相关性，相关系数分别为0.999（P<0.01）、-0.998（P<0.05）、0.995（P<0.01）和0.932（P<0.05）。表示自由水含量的A_{23}则与亮度L^*、a^*及回复性指标间存在较好的相关性，其对应值分别为0.893（P<0.05）、-0.936（P<0.05）和0.948（P<0.05）。T_{22}、T_{23}、P_{22}、P_{23}等反应食品内部水分组分和分布比例等性质的NMR参数与颜色、失重率等感官理化指标之间并没有明显的相关性。

表1　即食海参反复冻融25次的NMR参数与理化指标相关性分析

参数	T_{22}	T_{23}	A_{22}	A_{23}	P_{22}	P_{23}
失重率	0.697	-0.844	0.999**	-0.947	0.614	-0.202
失水率	-0.980	0.689	-0.998*	-0.843	-0.092	0.992
L^*	0.385	0.332	0.995**	0.893*	-0.551	-0.563
a^*	0.365	-0.559	-0.663	-0.936*	0.840	-0.105
b^*	-0.152	0.870	0.520	0.694	-0.020	0.127
硬度	0.463	0.409	0.932*	0.801	-0.239	-0.522
弹性	-0.138	0.372	-0.295	-0.194	0.718	0.415
黏聚性	-0.729	0.518	-0.480	-0.166	0.059	0.589
咀嚼性	0.190	0.518	0.411	0.409	0.322	-0.027
回复性	-0.213	0.545	0.722	0.948*	-0.641	0.082

*代表相关性显著（P<0.05）；

**代表相关性极显著（P<0.01）。

三、结　　论

非冻结状态的即食海参中存在4种状态的水分组分。其中，束缚水和自由水是即食海参样品中最主要的2种水分状态。2种水分的流动性随冻融循环次数的增加而增大，自由水在多次冻融循环中的流失情况愈加严重，在解冻过程中束缚水与自由水存在互相转换的现象。

过多的冻融循环对即食海参的感官（颜色、质构）和理化（持水力、蛋白含量）性质均有不利影响。经过多次冻融的样品颜色变差，质构疏松，持水能力明显下降。随着冻融循环次数的增加，即食海参的微观组织结构遭到的破坏愈加严重。

参考文献

[1] FAROUK M M, WIELICZKO K J, MERTS I. Ultra-fast freezing and low storage temperatures are not necessary to maintain the functional properties of manufacturing beef[J]. Meat Science, 2004, 66(1): 171-179.

[2] RAWDKUEN S, BENJAKUL S, VISESSANGUAN W, et al. effect of chicken plasma protein and some protein additives on proteolysis and gel-forming ability of sardine (*Sardinella gibbosa*) surimi[J]. Journal of Food Processing and Preservation, 2007, 31(4): 492-516.

[3] HE X L, LIU R, NIRASAWA S, et al. Effect of high voltage electrostatic field treatment on thawing characteristics and post-thawing quality of frozen pork tenderloin meat[J]. Journal of Food Engineering, 2013, 115(2): 245-250.

[4] HOPKINS D L, LAMB T A, KERR M J, et al. Examination of the effect of ageing and temperature at rigor on colour stability of lamb meat[J]. Meat Science, 2013, 95(2): 311-316.

[5] SÁEZ M I, SUÁREZ M D, CÁRDENAS S, et al. Freezing and freezing-thawing cycles on textural and biochemical changes of meagre (*Argyrosomus regius* L.) fillets during further cold storage[J]. International Journal of Food Properties, 2015, 18(8): 1635-1647.

[6] 夏秀芳,孔保华,郭园园,等. 反复冷冻-解冻对猪肉品质特性和微观结构的影响[J]. 中国农业科学,2009,42(3):982-988.

后　　记

科学技术是第一生产力。纵观历史，人类文明的每一次进步都是由重大科学发现和技术革命所引领和支撑的。进入21世纪，科学技术日益成为经济社会发展的主要驱动力。我们国家的发展必须以科学发展为主题，以加快转变经济发展方式为主线。而实现科学发展、加快转变经济发展方式，最根本的是要依靠科技的力量，最关键的是要大幅提高自主创新能力。党的十八大报告特别强调，科技创新是提高社会生产力和综合国力的重要支撑，必须摆在国家发展全局的核心位置，提出了实施“创新驱动发展战略”。

面对未来发展之重任，中国工程院将进一步加强国家工程科技思想库的建设，充分发挥院士和优秀专家的集体智慧，以前瞻性、战略性、宏观性思维开展学术交流与研讨，为国家战略决策提供科学思想和系统方案，以科学咨询支持科学决策，以科学决策引领科学发展。

工程院历来重视对前沿热点问题的研究及其与工程实践应用的结合。自2000年元月，中国工程院创办了中国工程科技论坛，旨在搭建学术性交流平台，组织院士专家就工程科技领域的热点、难点、重点问题聚而论道。十多年来，中国工程科技论坛以灵活多样的组织形式、和谐宽松的学术氛围，打造了一个百花齐放、百家争鸣的学术交流平台，在活跃学术思想、引领学科发展、服务科学决策等方面发挥着积极作用。

中国工程科技论坛已成为中国工程院乃至中国工程科技界的品牌学术活动。中国工程院学术与出版委员会将论坛有关报告汇编成书陆续出版，愿以此为实现美丽中国的永续发展贡献出自己的力量。

中国工程院